河南省农业面源污染现状及防治

董润莲　丁　飒　张清敏　等著

黄河水利出版社
·郑　州·

图书在版编目(CIP)数据

河南省农业面源污染现状及防治 / 董润莲等著. 郑州 : 黄河水利出版社, 2024. 9. -- ISBN 978-7-5509-4019-2

Ⅰ. X501

中国国家版本馆 CIP 数据核字第 2024TQ5017 号

组稿编辑:杨雯惠　电话:0371-66020903　E-mail:yangwenhui923@163.com

责任编辑　陈彦霞　　责任校对　文云霞

封面设计　黄瑞宁　　责任监制　常红昕

出版发行　黄河水利出版社

地址:河南省郑州市顺河路 49 号　邮政编码:450003

网址:www.yrcp.com　E-mail:hhslcbs@126.com

发行部电话:0371-66020550

承印单位　河南瑞之光印刷股份有限公司

开　　本　787 mm×1 092 mm　1/16

印　　张　11.5

字　　数　273 千字

版次印次　2024 年 9 月第 1 版　　2024 年 9 月第 1 次印刷

定　　价　120.00 元

作者名单

主　　笔: 董润莲　丁　飒　张清敏

副 主 笔: 何新生　袁彩凤　杨伟纳

参著人员: 唐　幸　苏嫚丽　王洁仪　黄尚峥

吴翠芬　张　志　王梦园　张晓果

孙一兵　路　忻　肖军仓　李　桢

王志勇　赵晏慧　孙湘群　张传普

刘从彬　李红亮　姚晓洁　靳晏儒

张　彬　刘　峻　王燕飞

前 言

近年来,国内诸多流域尺度的污染源调查解析表明:中国许多河湖、水库等地表水体中的氮、磷输入,主要来自农田种植、畜禽水产养殖等农业生产,以及农村、乡镇生活所产生的非点源污染。其中,种植业所引起的农田退水面源污染占农业面源污染的35%~50%。农业面源污染由于其分散性、随机性和难以控制等特点,已成为地表水体污染的主要来源之一。这包括了过量使用的化肥、农药以及畜禽粪便等通过地表径流和地下渗透进入河流、湖泊和水库,造成河流湖库的富营养化及水质污染。2022年全国地表水环境质量数据显示,全国地表水体中的主要污染指标为化学需氧量、高锰酸盐指数、总磷和总氮等。化学需氧量和高锰酸盐指数主要表征的是地表水体中有机物污染的程度,其中主要来源之一是农业种植尾水(农田退水)等的排放;地表水体中总磷、总氮主要表征的是面源污染的情况,如农业种植和畜禽养殖及农村生活污染等。

河南是农业大省,是我国重要的粮食生产基地,多年来为国家的农业生产和粮食安全作出了巨大贡献,但在粮食高产的背后也伴随着化肥、农药、农膜及养殖粪肥的不合理使用等带来的农业面源污染。其中,以农药、化肥、畜禽粪污、农业废弃物等源头排放为主的农田退水污染问题尤为突出。农田退水将过量氮、磷、农药甚至重金属等污染物质带入土壤、水体,不仅直接危害区域农业生态系统,影响农产品质量安全及农业发展,更对水环境质量的提升和水生态环境的进一步改善造成影响。

为全面深入研究河南省农业面源污染,特别是农业种植业生产源头投入引起的农田退水水环境影响及防治,河南省生态环境技术中心申报了《河南省农田退水污染控制对策研究》科研课题,并在立项之后迅速成立课题组,研究制定总体工作思路及主要工作路径,并联合河南润环生态环境研究院有限公司、生态环境部长江流域生态环境监督管理局生态环境监测与科学研究中心等单位,开展面源污染现状及小流域水环境调查与监测、典型治理技术案例调研等工作。该项目根据国家农业绿色发展等相关政策及河南省对农业面源污染治理与监督指导实施方案等的工作安排,选定豫西南排子河小流域作为重点研究对象,开展详细的水环境调查监测、岸上农业面源组成的调查及重点污染源的排查等工作,进而摸清排子河小流域面源污染构成、负荷占比及主要贡献来源;结合河南省农业面源国家监控监测数据平台和典型区域面源负荷调查及水环境实测等,分析了河南省主要农业生产区面源污染及水环境影响情况;分赴省内外十多个县(市)进行面源污染排放、控制技术、管理措施及典型工程案例调研,筛选可借鉴的典型技术及管理经验,完善科研成果,为我省下一步开展农业面源污染治理提供基础方案支撑。本书是在该项目研究成果的基础上完成的,并几经研讨修改,于2024年8月成稿。

本书共分为七章:第一章为概述,简要介绍农业面源污染的概念与特征、对水生态环境的影响、防治历程及政策、防治总体思路与技术等内容;第二章为河南省农业面源污染现状，主要包括河南省农业生产概况、河南省农业面源污染对水环境影响现状和河南省典型农业生产区面源污染及影响、河南省农业面源污染特征等；第三章为河南省农业面源污染成因分析，包括农业面源源头污染、农田退水污染、农村生活污水和黑臭水体污染等方面内容；第四章为农业面源污染防治技术，包括源头减量技术、资源循环利用、过程阻控技术和末端治理及零直排技术等；第五章为典型农业面源污染控制技术及应用，包括省内外典型农业面源污染控制技术案例等；第六章为河南省农业面源污染防治对策与建议，主要包括农业面源防控、农田退水拦截净化、农村生活污染防治及高位推动、示范带动、做好农技指导等对策建议；第七章为农业面源污染防治技术展望，主要包括面临的形势与挑战、污染防治的发展趋势以及未来研究的重点及技术展望。

本书的撰写与出版得到了河南省生态环境厅土壤处、河南省生态环境监测与安全中心、河南省农业农村厅、河南省水利厅，以及各相关市县生态环境局、农业农村局、水利局等单位领导及专家的指导和帮助。其中，南阳市生态环境局邓州分局、南阳市生态环境局内乡分局、内乡县农业农村局、信阳市生态环境局及罗山分局、罗山县农业农村局、开封市生态环境局尉氏分局、濮阳市生态环境局南乐分局等，给予了大力协助，在此表示衷心的感谢！

本课题的研究也得到了大理古生村农业面源精控小院许稳教授、盛虎教授及相关科研人员的热心指导与帮助，万分感谢！

期望该书的出版能为河南省农业面源污染防治及水生态环境质量的改善提升提供相应的工程范例及管理抓手。

与当前全球农业绿色发展及未来农业科技和环保领域日新月异的创新和发展相比，本书的编撰难免还有纰漏和不足之处，恳请读者能够提出宝贵的意见和建议，以便在今后的修订中补充完善。

河南省生态环境技术中心 董润莲

2024 年 8 月

目 录

前 言
第一章 概 述 …… (1)
第一节 农业面源污染的概念与特征 …… (1)
第二节 农业面源污染对水生态环境的影响 …… (4)
第三节 农业面源污染防治历程及政策 …… (5)
第四节 农业面源污染防治总体思路与技术 …… (8)
参考文献 …… (11)
第二章 河南省农业面源污染现状 …… (12)
第一节 河南省农业生产概况 …… (12)
第二节 河南省农业面源污染对水环境影响现状 …… (28)
第三节 河南省典型农业生产区面源污染及影响 …… (37)
第四节 河南省农业面源污染特征 …… (51)
参考文献 …… (53)
第三章 河南省农业面源污染成因分析 …… (54)
第一节 农业面源源头污染 …… (54)
第二节 农村生活污水和黑臭水体污染 …… (68)
第三节 农田退水污染 …… (70)
参考文献 …… (70)
第四章 农业面源污染防治技术 …… (72)
第一节 源头减量技术 …… (72)
第二节 资源循环利用 …… (91)
第三节 过程阻控技术 …… (101)
第四节 末端治理及零直排技术 …… (105)
参考文献 …… (120)
第五章 典型农业面源污染控制技术及应用 …… (123)
第一节 省外典型农业面源污染控制技术案例 …… (123)
第二节 河南省典型农业面源污染控制技术案例 …… (145)
参考文献 …… (157)
第六章 河南省农业面源污染防治对策与建议 …… (159)
第一节 农业面源源头防治对策建议 …… (159)
第二节 农田退水污染防治对策建议 …… (162)
第三节 农村生活污染防治对策建议 …… (163)
第四节 高位推动、示范带动、做好农技指导 …… (164)

参考文献 ……………………………………………………………………………… (165)
第七章　农业面源污染防治技术展望 ……………………………………………… (166)
第一节　面临的形势与挑战 ……………………………………………………… (166)
第二节　污染防治的发展趋势 …………………………………………………… (169)
第三节　未来研究的重点及技术展望 …………………………………………… (171)
参考文献 ……………………………………………………………………………… (176)

第一章 概 述

第一节 农业面源污染的概念与特征

一、农业面源污染

农业面源污染是指农业生产过程中由于化肥、农药、地膜等化学投入品不合理使用，以及畜禽水产养殖废弃物、农作物秸秆等处理不及时或不当，所产生的氮、磷、有机质等营养物质，在降水和地形的共同驱动下，以地表径流、地下径流和土壤侵蚀为载体，在土壤中过量累积或进入受纳水体，对生态环境造成的污染。

二、农业面源污染特征

农业面源污染的主要特征包括分散性、不确定性、滞后性和双重性等。

(1)分散性。农业面源污染的来源是分散和多样的，没有明确的排污口，地理边界和位置难以识别与确定。如化肥、农药流失和渗漏、农村地表径流、未处理的生活污水的排放，以及暴雨导致的初期生活污水的漫流、畜禽养殖与渔场养殖废水的排放和水土流失等都是农业面源污染的来源。这使得有效的监测变得困难。

(2)不确定性。与固定污染源的明确排放时间和组分不同，农业面源污染的发生受人为生产方式、自然地理条件、水文气候特征等因素影响，呈现出时间上的随机性和空间上的不确定性。如化肥和农药的使用量及使用时间具有明显的个体差异性，污水排放量的多少与灌溉方式的不同也随机发生。此外，降水的不确定性，导致农业面源污染在时间上和空间上的不确定性和随机性，因此给监测计量带来难度。

(3)滞后性。农业面源污染受到生物地球化学转化和水文传输过程的共同影响，农业生产残留的氮、磷等营养元素通常会在土壤中累积，并缓慢地向外部环境释放，对受纳水体环境质量的影响存在滞后性。

(4)双重性。农业面源污染物主要以氮、磷营养元素为主，若能有效利用对农业生产是一种资源。但如果这些营养物质在土壤中过量累积或进入受纳水体，会成为污染物，对人体和环境造成损害。

这些特征使得农业面源污染的治理和监管变得复杂，需要采用特定的措施和技术来有效管理和减少其对环境和健康的影响。加之农业生产者对环境保护的意识不足，缺乏有效的面源污染防治知识和技能，相关政策法规和管理措施不到位等，也会造成对面源污染控制的缺失。

三、农业面源污染的主要来源及类型

农业面源污染主要来源于以下几个方面。

（一）化肥污染

农业生产中农民为了提高产量，常大量使用化肥。化肥（主要包括氮肥和磷肥等）的不合理使用，导致土壤和水体中营养元素（尤其是氮和磷）过量累积，进而通过地表径流和地下渗漏进入受纳水体，引发水体富营养化。

（二）农药残留

农药包括多种化学物质，例如杀虫剂（用于防治各类害虫，包括有机磷类、氨基甲酸酯类、拟除虫菊酯类等）、杀菌剂（用于防治植物病害，如真菌、细菌和病毒等，包括多菌灵、甲基托布津等）、除草剂（用于控制杂草，以减少作物竞争，如草甘膦、百草枯等）、杀鼠剂（用于控制鼠害，保护农作物免受损害，如溴敌隆、磷化锌等）、植物生长调节剂（用于调节植物生长发育，改善作物品质和产量，如赤霉素、乙烯利等）等，不合理的使用和不当的处理方式会导致农药残留在土壤中或迁移至水体中，对生态环境和人体健康造成潜在风险。

（三）农膜污染

农膜是继种子、化肥和农药之后的第四大农业生产资料，在我国应用广泛。农膜主要包含地膜和棚膜，具备保温、保水、保肥、改善土壤理化性质、抑制草类生长等特点，极大地提高了农业生产效率，但也会造成塑料碎片和有关化学品的污染。邻苯二甲酸酯（PAEs）是一种重要的农用薄膜添加剂，可释放并污染环境。由于塑料薄膜不易降解，长年累月的使用导致农膜在土壤中残留和累积，形成“白色污染”。残膜在反复机械培养、风化和紫外线辐射等作用后，逐渐破碎为更小尺寸的塑料。在土壤侵蚀过程中，塑料碎片会随侵蚀土壤进入水环境，造成受纳水体的污染（见图 1-1）。同时，农膜中主要的塑化剂会在使用周期和丢弃后持续被释放进入水环境中，造成水环境污染。

图 1-1　农膜使用及污染

塑料垃圾在多种自然现象的作用下由大块废弃物逐渐分解形成粒径小于 5 mm 的塑料碎片、颗粒、纤维或薄膜，称为微塑料。微塑料对农田土壤的污染问题已成为一个重要的环境问题。微塑料的主要化学成分包括聚乙烯(PE)、聚丙烯(PP)、聚氯乙烯(PVC)、聚苯乙烯(PS)、聚对苯二甲酸乙二醇酯(PET)、聚酰胺(PA)及聚酯(PES)等。

微塑料通过多种途径(包括农业地膜、农村垃圾、污水灌溉、污泥、堆肥、空气传播等)污染农田。塑料制品尤其是农用地膜的大量使用和低回收率导致塑料垃圾在农田中的大量残留，塑料垃圾在紫外线辐射、风化和微生物降解等环境因素作用下产生大量的微塑料，是农田中微塑料的主要来源之一。微塑料进入土壤后，在外界物理、化学与生物等因素扰动或作用下，会发生不同尺度的迁移转化甚至生物反应，造成广泛的环境生态影响。土壤中微塑料的来源和迁移见图 1-2。

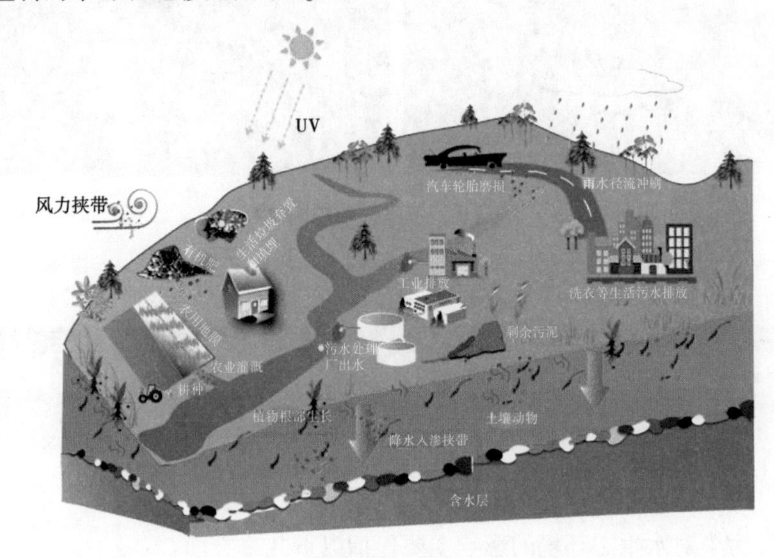

图 1-2 土壤中微塑料的来源和迁移

(四) 内分泌干扰物

内分泌干扰物(EDCs)，又称环境激素，是能干扰生物体内分泌系统的外源性化学物质，其作为一种新型持久性有机污染物，具有憎水性、低剂量效应和半衰期长等特征。目前有 5 种典型内分泌干扰物，包括双酚类(BPs)、多溴联苯醚类(PBDEs)、烷基酚类(APs)、邻苯二甲酸酯类(PAEs)和有机磷酸酯类(OPEs)。水环境中农药类内分泌干扰物主要来源于农业活动，包括用于控制害虫保护农作物免受损害的杀虫剂，用于控制杂草提高作物产量的除草剂，用于防治植物病害保护作物健康生长的杀菌剂等。它们通过土壤淋溶、地表径流、喷洒漂移、土壤侵蚀以及挥发等过程进入环境。影响农药向水环境迁移转化的因素包括农药施用方式、农药剂型、天气条件、土壤类型、地形地貌、耕作方式和作物类型等。另外，水环境中农药类内分泌干扰物可来源于农田退水和大气沉降等。农药类内分泌干扰物进入水环境中，降低水环境质量，导致水生生态环境恶化，影响到水生生态系统的结构和功能以及水生生物的多样性，从而打破了水生生态系统的平衡，对人体生存环境也造成潜在危害。

(五) 畜禽养殖废弃物

畜禽养殖废弃物是指在畜禽养殖过程中产生的粪便、尿液以及其他有机废弃物。随着畜禽养殖产业规模的不断扩大，畜禽粪便、养殖废水等畜禽养殖废弃物排放量也不断攀升，加之养殖业和种植业的不断分离，畜禽养殖粪污的消纳能力远低于其产生量，导致畜禽养殖产业已成为当前农业面源污染的重要来源。畜禽粪便和尿液中含有大量的有机物和营养元素，如果未经妥善处理，会通过地表径流和地下渗漏进入水体，造成严重污染，尤其是对磷污染“贡献”突出。畜禽养殖污染见图 1-3。

图 1-3　畜禽养殖污染

第二节　农业面源污染对水生态环境的影响

农业面源污染对水生态环境的影响主要包括以下几个方面：

（1）水体富营养化（见图 1-4）。农业活动中使用的化肥、农药，以及畜禽养殖废弃物中的氮、磷等营养物质，通过地表径流和地下渗透进入水体，导致水体中营养物质浓度升高，造成水体富营养化，引发藻类和其他水生植物的大量繁殖。富营养化甚至会导致水质恶化、水生态系统失衡、鱼类和其他水生生物的生存环境受到破坏。

（2）水质恶化。农药残留、重金属和其他有毒有害物质通过农业面源污染进入水体，直接影响水质，危害水生生物和人类健康。这些物质可能在食物链中积累和放大，造成长期的环境问题。

（3）水资源减少。农业活动中的水土流失会挟带大量泥沙进入水体，造成水库、湖泊、河流的淤积，减少有效库容和水资源量。这不仅影响了水资源的可持续利用，还可能增加洪涝灾害的风险。

（4）水体景观和休闲娱乐价值下降。水质恶化和生态系统破坏会降低水体景观的吸引力，影响人们的休闲娱乐活动，如游泳、钓鱼等。这间接影响了地区的社会经济和文化生活。

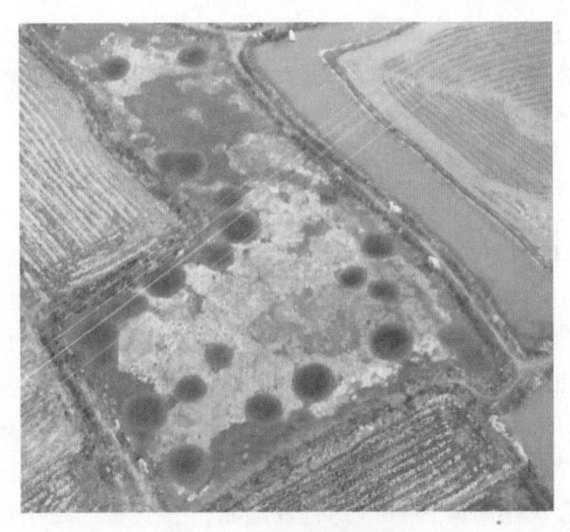

图 1-4 水体富营养化

第三节 农业面源污染防治历程及政策

一、农业面源污染防治发展历程

我国农业面源污染防治的历程是一个逐步深化和系统化的过程，其发展可以从以下几个方面进行概述：

(1)20 世纪 80 年代至 90 年代初期。农业面源污染问题开始受到重视。由于农业生产迅速发展，化肥、农药等化学品的使用量大幅增加，导致土壤和水体污染问题日益严重。同时，农村生态环境问题也逐渐凸显出来。

(2)20 世纪 90 年代中期至 21 世纪初。政府开始意识到农业面源污染问题的严重性，并采取了一系列措施进行防治。例如，推广测土配方施肥、农药减量增效等技术，提倡生态农业和有机农业。此外，政府加大了对农业面源污染的监管力度，制定了相关法规和标准，加强了对农药、化肥等农业投入品使用的监控和管理。

(3)2008—2012 年。在党的十七大和十八大报告中，明确提出了加强农业面源污染防治的要求。政府加大了对农业面源污染防治的投入，推广了一系列农业环保技术和模式，如秸秆还田、绿肥还田、生物防治等。

(4)2013 年至今。政府提出了全面推进农业绿色发展和乡村振兴的战略，将农业面源污染防治作为重要内容。制定了一系列政策和规划，明确了农业面源污染防治的目标、任务和措施。政府还加大了对农业面源污染防治的科技研发和示范推广力度，推动了农业面源污染防治工作的深入开展。

总之，我国农业面源污染防治的发展历程是一个不断认识、实践和深化的过程。农业面源污染防治历程体现了从单一的技术研究到综合防治策略的转变，从政策制定到法治建设的完善，以及从政府主导到社会广泛参与的发展过程。未来，我国将继续加大农业面源污染防治力度，推动农业绿色发展和乡村振兴。

二、农业面源污染防治相关政策

（一）国家政策层面

进入“十四五”以来，农业面源污染防治更提上了重要层面。中共中央、国务院、生态环境部、农业农村部、国家发展和改革委员会等部门相继印发了《“十四五”推进农业农村现代化规划》（国发〔2021〕25号）、《农业面源污染治理与监督指导实施方案（试行）》（环办土壤〔2021〕8号）等一系列文件，用以推进农业面源污染治理与监督指导。

《“十四五”推进农业农村现代化规划》提出，到2025年，农村生态环境明显改善。农村人居环境整体提升，农业面源污染得到有效遏制，化肥、农药使用量持续减少，资源利用效率稳步提高，农村生产生活方式绿色低碳转型取得积极进展。推进高标准农田建设。实施新一轮高标准农田建设规划。高标准农田全部上图入库并衔接国土空间规划“一张图”。加大农业水利设施建设力度，因地制宜推进高效节水灌溉建设，支持已建高标准农田改造提升。实施大中型灌区续建配套和现代化改造，在水土资源适宜地区有序新建一批大型灌区。整治提升农村人居环境，因地制宜推进农村厕所革命、梯次推进农村生活污水治理、健全农村生活垃圾处理长效机制。加快数字乡村建设，发展智慧农业。建立和推广应用农业农村大数据体系，推动物联网、大数据、人工智能、区块链等新一代信息技术与农业生产经营深度融合。建设数字田园、数字灌区和智慧农（牧、渔）场。

《农业面源污染治理与监督指导实施方案（试行）》指导全国加快推进农业面源污染防治，促进水土环境质量改善，不断促进治理水平和治理能力现代化。主要措施具体如下：一是分区分类实施“源头减量-循环利用-过程拦截-末端治理”措施，开展化肥农药减量增效、秸秆“五料化”（秸秆饲料化、肥料化、燃料化、基料化、原料化等）利用、农膜回收等行动，促进畜禽粪污还田利用，推动种养循环，因地制宜建立农业面源污染防治技术库；二是以建立“政府-市场-农户”多元共管共治体系为核心，完善农业面源污染防治相关法律法规、标准体系、经济政策、共治模式等方面政策机制；三是以加强农业面源污染治理监督管理为核心，开展农业面源污染调查监测、负荷评估，建设农业生态环境野外观测超级站和农业面源污染监管平台，不断强化农业面源污染监管水平；四是强化示范引领，建设一批以污染防治、调查监测、绩效评估等为主要内容的试点示范工程，形成农业面源污染防治典型模式，完善农业面源污染调查监测体系，探索农业面源污染防治绩效评估。

《国家农业绿色发展先行区整建制全要素全链条推进农业面源污染综合防治实施方案》提出探索协同推进农业面源污染治理的有效模式、探索系统推进农业面源污染治理的技术路径。系统设计、统筹推进种植业、养殖业污染防治和农村生活污水治理，系统设计方案，整体推进源头减量、全量利用、末端治理、循环畅通，提升农业面源污染治理系统性。突出重点、聚力推进以长江、黄河流域为重点，立足各先行区不同生态类型和农业面源污染特征，聚合力量、突破难点，分类推进农业面源污染综合防治，探索可复制、可推广的防治模式，实现精准治污、科学治污。集成模式、创新推进。把科技创新作为防治农业面源污染的主要动力,分环节、分生态类型推进农业面源污染治理技术集成创新,构建单项突破和整体治理兼顾的技术支撑体系,提升整体防治水平。目前,河南省平顶山市、济源市、开封市兰考县、南阳市已入选国家农业绿色发展先行区。

《国务院办公厅关于加强入河入海排污口监督管理工作的实施意见》(国办函〔2022〕17 号)中采取一系列措施来减少农业面源对水环境的污染,主要举措包括:一是规范农业排口设置。对农业排口的设置进行规范,要求新建或改建的排口必须符合环境保护法律法规,并依法进行审批。二是推进农业污染治理。鼓励和支持农业生产者采用节水减排技术,推广清洁生产和循环农业,减少农业生产过程中的污染物排放。三是加强农业废水处理。在农村地区推广建设污水处理设施,对畜禽养殖废水、农田排水等进行有效处理,降低污染物排放。四是实施排污许可制度。对重点农业排口实行排污许可制度,通过许可管理控制农业面源污染物的排放。五是强化监测和执法。建立健全农业排口的监测网络,加强对农业排口的监测和执法检查,确保排口规范运行,及时发现和处理违法排污行为。六是加大资金和技术支持。政府应提供必要的资金支持和技术服务,帮助农业生产者改进生产方式,减少污染物排放。

(二)河南省政策层面

河南省是南水北调水源地和全国重要粮食生产核心区,是农业大省、粮食大省。为加强农业面源污染治理与监督指导、维护国家粮食安全、促进农业全面绿色转型升级,河南省生态环境厅、农业农村厅等十部门联合制定了《河南省农业面源污染治理与监督指导实施方案(试行)》(豫环文〔2022〕17 号),方案提出主要任务包括推进化肥农药减量增效行动,集成推广测土配方施肥、水肥一体化、机械深耕、增施有机肥等技术,示范推广缓释肥、水溶肥等新型肥料,改进有机肥等技术等。推进养殖业污染综合治理,基于土地消纳粪污能力,优化调整畜禽养殖布局,大力推广干清粪,粪污全量收集、发酵制肥等新工艺、新技术、新装备、新模式等。推进农膜及农药包装污染治理,加强农膜生产、销售、使用、回收、再利用等环节管理,强化农膜回收利用等。推进秸秆综合利用,因地制宜推进“五料化”利用水平。建立农业面源污染防治技术库,开展农业面源污染治理与监督指导试点示范,开展试点县(市、区)建设,开展示范区建设。加强农业面源污染治理监督管理,完善农业面源污染调查统计核算制度,建立农业面源污染监测体系,开展农业面源污染负荷评估,实施农业面源污染防治绩效评估,建立农业面源污染防治信息数据平台,加强农业面源污染执法监管。实施农业面源污染治理与监督指导工程、农业面源污染监测工程、农田氮磷流失减排工程、畜禽粪污资源化利用工程、农田废弃物回收处理工程。完善农业面源污染防治政策机制等。

为加快推进畜禽粪污资源化利用,河南省也相继发布了《河南省人民政府办公厅关于加快推进畜禽养殖废弃物资源化利用的实施意见》(豫政办〔2017〕139 号)、《河南省畜禽养殖污染防治攻坚三年行动实施方案》(2018—2020 年)和《河南省畜禽养殖污染防治规划(2021—2025 年)》等具体政策文件。这些文件以畜牧业高质量发展为目标,聚焦提升畜禽养殖污染防治能力,坚持源头防控、过程控制、末端利用的治理路径,着力构建种养结合、农牧循环的可持续发展新格局。并提出坚持以地定养、以养肥地、种养平衡、农牧结合,分类探索畜禽养殖废弃物资源化利用的治理路径、有效模式和运行机制。以肥料化利用为基础,因地制宜,宜肥则肥,宜气则气,宜电则电,实现畜禽养殖废弃物就地就近利用。以绿色生态为导向,落实各项补贴政策,培育畜禽养殖废弃物资源化利用产业。

第四节　农业面源污染防治总体思路与技术

一、农业面源污染防治总体思路

农业面源污染防治总体思路主要包括以下几个方面。

(一)源头减量与过程控制

(1)优化施肥技术。推广测土配方施肥、精准施肥,减少化肥尤其是氮、磷肥的过量使用,提高肥料利用率,降低农田径流中的氮、磷流失。

(2)科学用药。推行病虫害综合防治策略,鼓励生物农药、高效低毒低残留农药的使用,加强农药施用技术培训,避免农药滥用和过量喷洒,减少农药残留和径流污染。

(3)畜禽养殖管理。合理规划养殖场布局,实施粪污资源化利用,如建设沼气工程、堆肥发酵等设施,减少畜禽排泄物未经处理直接排放。

(二)生态农业与循环农业

(1)种植结构调整。推广种植绿肥、豆科作物,增强农田生态系统固氮能力,减少化肥依赖;发展间作、套种、轮作等模式,提高土壤养分循环利用效率。

(2)农田生态系统修复。通过建设农田防护林、植被缓冲带、湿地等措施,增强农田对污染物的拦截、吸附和降解能力,减少面源污染物进入水体。

(3)农业废弃物资源化。构建农业废弃物收集、运输、处理和利用体系,实现秸秆、废弃农膜等的回收再利用或无害化处置,减少环境污染。

(三)政策法规与监管机制

(1)完善法律法规。建立健全农业面源污染防治相关法律法规,明确各方责任,提供法治保障。

(2)强化监管执法。加强农业投入品市场监管,严惩违规生产和销售高污染、高风险农业投入品的行为;定期开展农业面源污染监测评估,对重点区域、重点环节进行严格监管。

(3)经济激励与补贴政策。设立农业面源污染防治专项基金,对采用环保生产方式的农户、企业给予财政补贴、税收优惠等支持,激发其参与污染治理的积极性。

(四)科技支撑与技术创新

(1)研发推广新技术。加大对农业面源污染防治关键技术的研发力度,如高效低耗的施肥、施药设备,新型环保型肥料、农药,以及农业废弃物处理技术等。

(2)建立监测预警系统。运用遥感、物联网、大数据等现代信息技术,构建农业面源污染监测预警平台,实时监控污染状况,为科学决策提供数据支持。

(五)公众参与与宣传教育

(1)提升农民环保意识。通过培训、讲座、宣传册等形式,普及农业面源污染防治知识,引导农民树立绿色发展理念,主动采取环保生产方式。

(2)公众参与监督。鼓励社会公众、环保组织等参与农业面源污染监督,形成政府、企业、公众共同参与的治理体系。

综上所述,农业面源污染防控的总体思路是坚持源头削减、过程控制、末端治理相结合,通过科技创新、政策引导、市场机制和公众参与等多措并举,构建系统化、精细化、长效化的农业面源污染防控体系,见图 1-5。

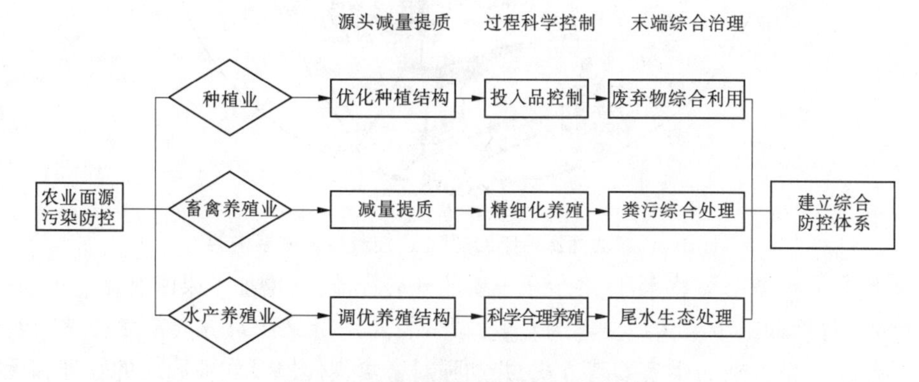

图 1-5 农业面源污染防控总体思路

二、农业面源防治主要技术(4R)

为了更有效地控制农业面源污染,中国科学院南京土壤研究所根据中国 30 多年的面源污染防控经验,提出了包括"源头减量-过程阻断-养分再利用-生态修复"的"4R 策略"。这一策略涵盖了从污染源头的控制到末端治理的全过程,旨在实现农业面源污染的系统化管理和有效削减。

农业面源污染治理的"4R"控制技术,即源头减量(reduce)技术、过程阻断(retain)技术、循环利用(reuse)技术和生态修复(restore)技术,四者之间相辅相成,构成一完整的技术体系链(见图 1-6)。

(一)源头减量(reduce)技术

源头减量技术即通过农业生产方式的改变来实现面源污染产生量的最小化。养分利用效率低且肥料投入过量,直接导致农田中氮和磷的过度排放。因此,降低源头的策略主要包括优化养分和水分管理过程,减少肥料的投入,提高养分利用效率,以及实施节水灌溉和径流控制。

针对高度集约化的农田,可根据作物高产养分需求规律以及土壤供肥特征等进行肥料优化管理,采用新型缓控释肥或新的按需施肥技术,提高肥料利用率,减少化肥用量;也可通过种植制度等的调整(例如多样化作物轮作、种植绿肥作物、农家肥和堆肥等有机物质的添加、合理密植和种植时间的调整)来减少化肥投入量;也可通过施用肥料增效剂、土壤改良剂等增加土壤对养分的固持,从而从源头上减少养分流失。针对果园的养分流

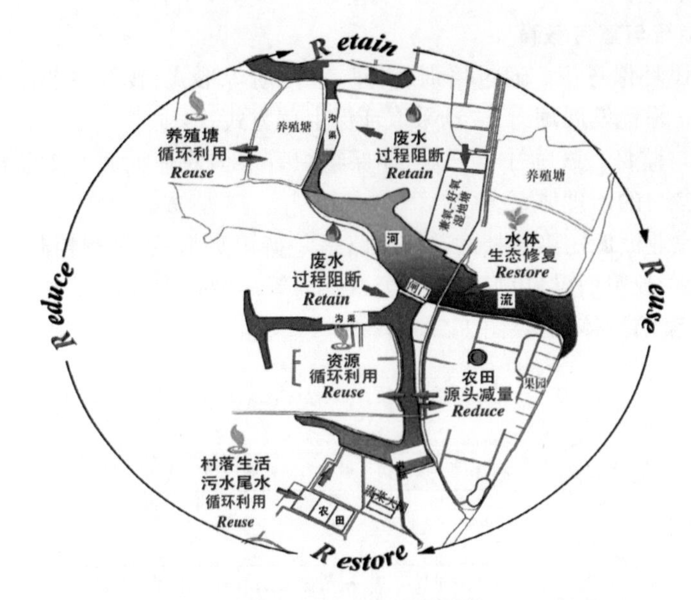

图 1-6　农业面源污染治理“4R”控制技术体系构架

失,可采用果园生草覆盖技术,既减少了土壤的地表径流,又增加了果园有益昆虫的数量,增加生物多样性而减少果树病虫害的发生,减少农药用量。针对分散畜禽养殖和农业固废,改传统的养殖方式为生态养殖方式,并加强对畜禽粪便以及农业固废的管理和无害化处理,减少露天堆放,从而减少污染的发生。针对陆域水产养殖,可采用优化投饵方式,并循环用水,实现养殖废水的循环利用,从而达到污染物的零排放或最小排放。

(二)过程阻断(retain)技术

过程阻断技术指在污染物向水体迁移过程中,通过一些物理的、生物的以及工程的方法等对污染物进行拦截阻断和强化净化,延长其在陆域的停留时间,最大化减少其进入水体的污染物量。该技术主要包括生态沟渠、缓冲带、生态池塘和人工湿地。一般来说,生态沟渠是农业领域最有效的营养保留技术之一。在生态沟渠中,排水中的氮、磷等营养物质可以通过沟渠中的生物进行有效的拦截、吸附、同化和反硝化等多种方式去除。此外,采取保护性耕作、免耕和生态隔离带等措施也是拦截农业面源污染的重要措施。

目前常用的技术有两大类:一类是农田内部的拦截技术,如农田生态田埂技术(通过适当增加排水口高度、田埂上种植一些植物等阻断径流)、生物篱技术、生态拦截缓冲带技术、设施菜地增设填闲作物技术(夏天蔬菜揭棚期种植甜玉米等填闲作物对残留在土壤中的多余养分进行回收利用,阻断其渗漏和径流)、果园生草技术(果树下种植草等减少地表径流量)。另一类是污染物离开农田后的拦截阻断技术,包括生态拦截沟渠技术、人工湿地技术、生态护岸边坡技术、土地处理系统等。这类技术多通过对现有沟渠塘的生态改造和功能强化,或者额外建设生态工程,利用物理、化学和生物的联合作用对污染物(主要是氮、磷)进行强化净化和深度处理,不仅能有效拦截、净化农田污染物,还能汇集处理农业地表径流以及农村生活污水等,实现污染物中氮、磷等的减量化排放或最大化去除。

(三)循环利用(reuse)技术

循环利用技术指将面源污水中的氮、磷等营养物再度进入农作物生产系统,为农作物提供营养,以达到循环利用的目的。对于畜禽粪便和农作物秸秆中的氮、磷养分,可通过直接还田,或养殖废水和沼液在经过预处理后进行还田。对于农村生活污水、农田排水及富营养化河水中的氮、磷养分,可通过旱田或稻田湿地系统对其消纳净化和回用。

(四)生态修复(restore)技术

生态修复是农业面源污染治理的最后一环,也是农业面源污染控制的最后一道屏障。狭义地讲,其主要指对水生生态系统的修复,这里的水生生态系统指的是农业区内的污水路径(如运河、沟渠、池塘和溪流),而不是最终的目的地水域(如湖泊和水库)。尽管在运输过程中采取了有效措施减少化肥投入和控制污染物输出,但仍有大量的有机质和氮、磷等污染物将不可避免地被释放出来。因此,需要对这些面源污水的输移路径进行水生生态修复,以提高其自净能力。通过一些生态工程修复措施,恢复其生态系统的结构和功能,包括岸带和护坡的植被、濒水带湿地系统的构建、水体浮游动物及水生动物等群落的重建等,从而实现水体生态系统自我修复能力的提高和自我净化能力的强化,最终实现水体由损伤状态向健康稳定状态转化。目前,常用的技术有河岸带滨水湿地恢复技术、生态浮床技术、生态潜水坝、水产养殖污水的沉水植物和生态浮床组合净化技术等多种修复技术。通过多种技术的应用组合,可以达到农业面源污染的有效控制。更广义地讲,生态修复是指农业生态系统的整体修复,通过恢复生态工程措施和提高系统的生物多样性,实现生态系统的健康良性发展。

综上,"4R"控制技术体系是以污染物削减为根本,从污染物的源头减量入手,根据治理区域的污染汇聚特征进行过程阻断,通过对养分的循环再利用减少污染物的入水体量,并对水体进行生态修复,从而实现水质改善的目的。源头减量-过程阻断-生态修复三者之间在逻辑上是一环紧扣一环,呈串联结构,但在实施的地域空间上则是互相独立的;水分利用则把三者在地域空间上有效地连接起来,使其成为一个复杂的网络体,从而达到污染控制技术在时间上和空间上的全覆盖,使整个系统的污染控制效果更好。要实现农业面源污染的有效控制,"4R"控制技术缺一不可。

参考文献

[1] THOMPSON R C, OLSEN Y, MITCHELL R P, et al. Lost at Sea: Where is All the Plastic? [J]. Science, 2004,304:838-838.

[2] 李鹏飞,侯德义,王刘炜,等.农田中的(微)塑料污染:来源、迁移、环境生态效应及防治措施[J].土壤学报,2021,58(2):314-330.

[3] 薛南冬,王洪波,徐晓白.水环境中农药类内分泌干扰物的研究进展[J].科学通报,2005,50(22):2441-2449.

[4] 杨林章,施卫明,薛利红,等.农村面源污染治理的"4R"理论与工程实践:总体思路与"4R"治理技术[J].农业环境科学学报,2013,32(1):1-8.

第二章 河南省农业面源污染现状

第一节 河南省农业生产概况

一、自然环境概况

(一)地理位置

河南省位于我国中东部,南北纵跨 530 km,东西横越 580 km,处于北纬 31°23′~36°22′和东经 110°21′~116°39′,东接安徽、山东,北接河北、山西,西连陕西,南邻湖北。全省总面积 16.7 万 km^2,在全国居第 17 位。河南省依托独特的地理位置优势,加速推进高铁、高速公路建设,着力构建陆空对接、多式联运的现代综合交通运输体系。

作为我国重要的粮食主产区之一,河南省在粮食生产方面有较为扎实的基础,连南贯北的交通优势,为发展现代农业提供了便利条件。

(二)地形地貌

河南省位于全国第二、第三阶梯接合部,处于山区向平原的过渡带,西北部、西部和南部群山环绕,海拔高度一般在 1 000 m 以上,东北部、东部、中部和西南部为平原和盆地,海拔高度 50~100 m,地势西高东低,山地、丘陵、平原和盆地面积占比分别为 26.6%、17.7%、55.7%。河南省的耕地主要集中分布在东部地区、南部,部分分布在西部、北部地区。河南省地形地貌如图 2-1 所示。

(三)气候气象

河南省大部分地区地处暖温带,南部跨亚热带,属北亚热带向暖温带过渡的大陆性季风气候,同时还具有自东向西由平原向丘陵山地气候过渡的特征,气候温和、四季分明、日照充足、降水充沛。全省由北向南年平均气温为 10.5~16.7 ℃,年均日照 1 285.7~2 292.9 h,全年无霜期 201~285 d。年均降水量 407.7~1 295.8 mm,降水以 6—8 月最多。受季风气候及地形差异影响,降水量时空分布极不均匀。其中,空间分布不均,豫南大别山区最大降水量为 1 400 mm,豫北最小降水量不足 600 mm;年际降水量变化较为剧烈(1964 年为 1 119 mm,1966 年为 496 mm);年内季节分配不均匀,夏秋多发洪涝,冬春少雨多发旱情,6—9 月降水量 350~700 mm,占全年降水量的 60%~70%。河南省降水量等值线见图 2-2。

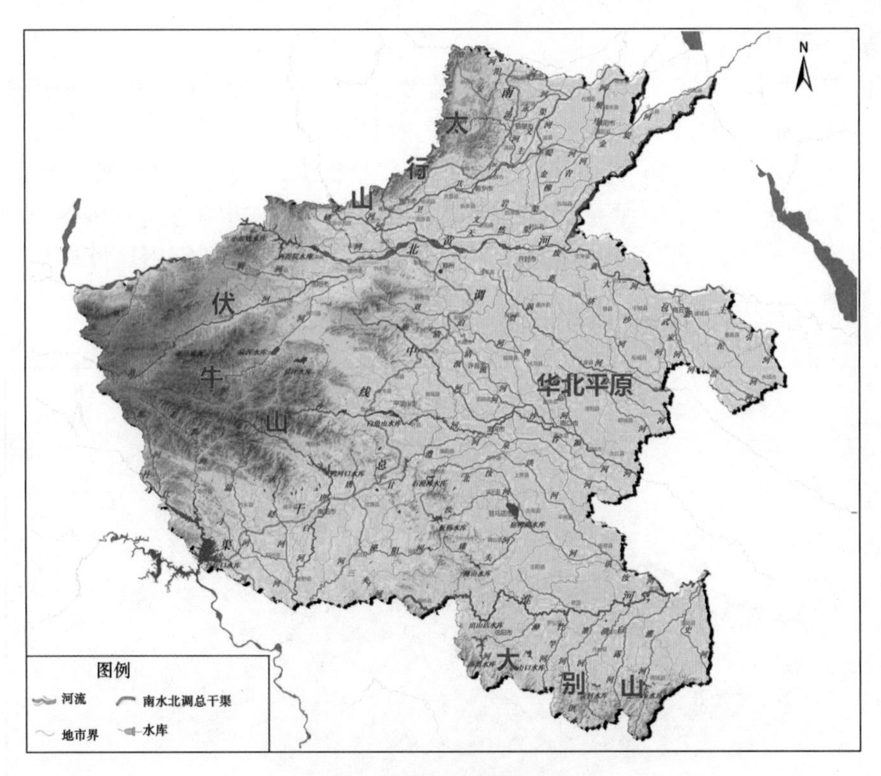

图 2-1　河南省地形地貌

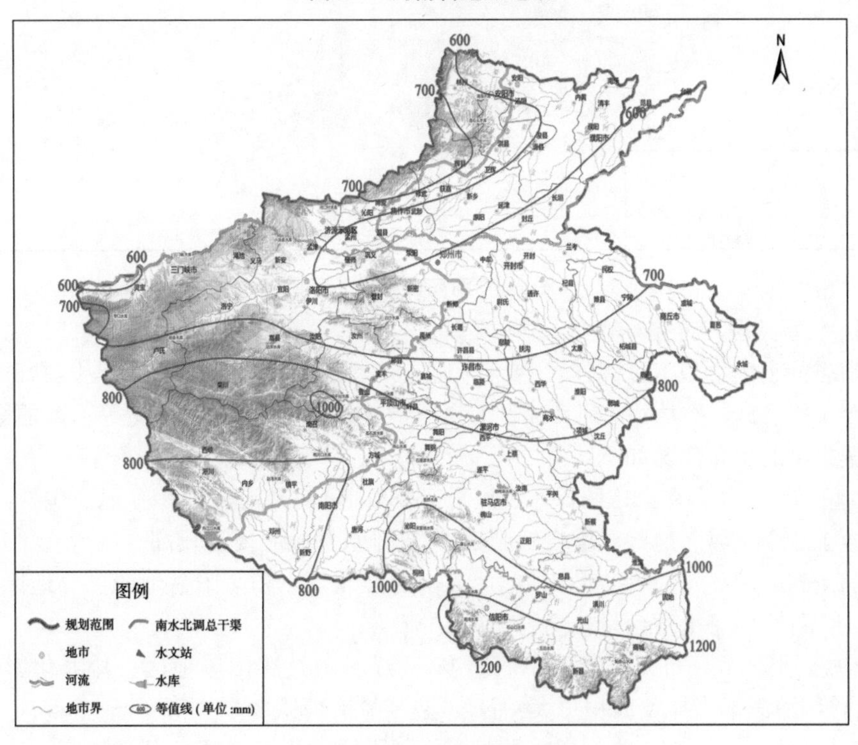

图 2-2　河南省降水量等值线

(四)水系河流

河南省地跨长江、淮河、黄河、海河四大流域,流域面积分别为 2.72 万 km^2、8.83 万 km^2、3.62 万 km^2、1.53 万 km^2。全省河流众多,流域面积 100 km^2 以上的河流共 560 条、1 000 km^2 以上的河流共 66 条,主要河流有两干二十五支,即黄河干流、淮河干流和流域面积 3 000 km^2 以上的沙颍河等 25 条重要支流。全省现有大中型水库 148 座,控制省内流域面积 5.02 万 km^2,占全省总面积的 30%,其中大型水库控制省内流域面积 3.17 万 km^2,占省内山丘区总面积的 39%。天然湖泊 8 处,累计面积占全省总面积的 0.1‰。河南省流域水系如图 2-3 所示。

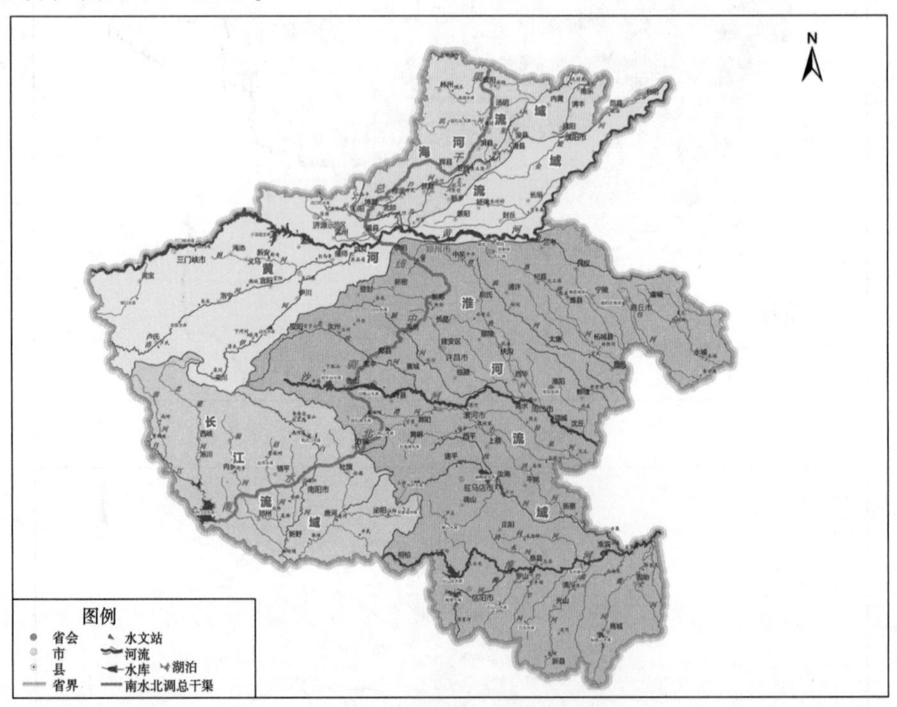

图 2-3　河南省流域水系

(五)土壤类型及分布

河南省的土壤类型丰富多样,主要有棕壤、黄棕壤、褐土、潮土、砂姜黑土、盐碱土和水稻土 7 个土类、15 个亚类。受到其独特的自然条件如气候、地貌和水文等因素的影响,河南省土壤类型的分布情况如下:

(1)潮土区。分布在京广线以东、沙颍河以北的黄河及海河冲积平原。包括砂土、淤土和两合土 3 个土属。这些土壤自然肥力不高,排水和施肥要求较高。

(2)砂姜黑土区。主要分布在沙颍河以南的淮北平原和南阳盆地的部分地区。土壤黏重,排水不良,但有机质含量较高,具有潜在肥力。

(3)盐碱土区。分布在黄河两岸的新乡、商丘、开封、濮阳等地区。盐碱化影响农作物生长,曾因灌溉不当导致面积扩大,后经改良措施有所减少。

(4)水稻土区。分布于淮河以南的洪积倾斜平原和淮河北岸的部分地区。土壤有机质含量较低,但仍然是河南省的高产土壤之一。

(5)褐土类。主要分布在豫西黄土丘陵的白土阶地、立黄土,低山丘陵区的红黏土等。肥力参差不齐,水土流失问题严重,需要采取水保措施。

(6)棕壤和黄棕壤。分布在秦岭入河南段至嵩山、方城北等地的中山山地。土层较薄,适宜林业用地,需要合理利用和保护。

(7)黄刚土亚类。主要分布在南阳盆地和信阳地区的低丘岗地上。土壤黏重,通气性差,有机质含量少,易旱易涝,属于低产土壤。

河南省的土壤类型复杂,不同土壤具有不同的肥力水平和适宜种植的作物类型。因此,农业生产需要根据土壤类型采取相应的耕作和改良措施,以提高土壤肥力和作物产量。同时,水土保持和土壤改良也是河南省农业可持续发展的重要方面。

二、社会环境概况

(一)人口与经济发展

截至2022年末,河南省全省常住人口为9 872万人。其中,乡村常住人口占全省常住人口的42.93%,且连续几年呈现下降趋势,城镇化人口则呈现上升趋势。

2022年全年河南省地区生产总值61 345.05亿元,比上年增长3.1%。其中,第一产业增加值5 817.78亿元,增长4.8%。三次产业结构比例为9.5∶41.5∶49.0。自2010年以来,河南省农林牧渔业总产值持续正增长,目前已连续两年(2021—2022年)保持在1万亿元以上。河南省细分产值整体表现为"农业总产值>牧业总产值>林业总产值>渔业总产值"的结构(2021年除外)。河南省农林牧渔业总产值及细分产值变化趋势见图2-4。

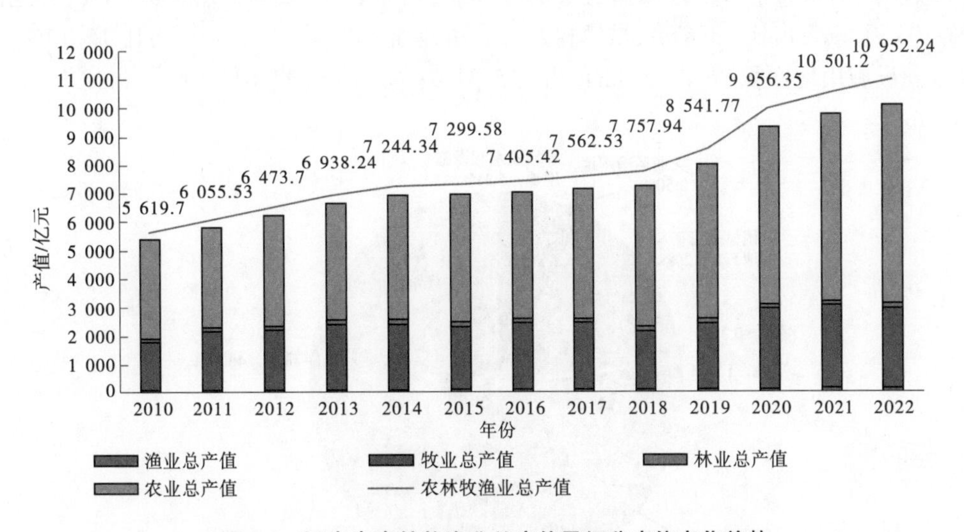

图2-4 河南省农林牧渔业总产值及细分产值变化趋势

(二)水资源利用

2022年,河南省用水总量为227.997亿m^3。其中,农业用水135.533亿m^3,占用水总量的59.44%;生活用水43.576亿m^3,占用水总量的19.11%;工业用水21.261亿m^3,占用水总量的9.33%;人工生态环境补水27.627亿m^3,占用水总量的12.12%,见图2-5。

全省耕地亩均水资源量 340 m^3,约占全国亩均水资源量的 1/4。

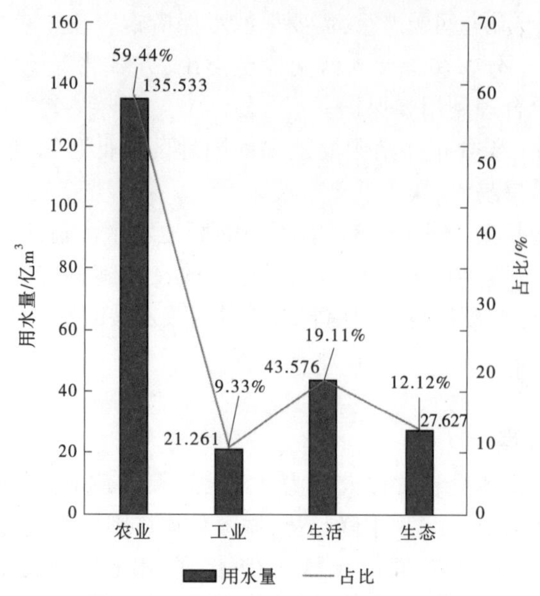

图 2-5　2022 年河南省水资源利用情况

三、农业生产概况

(一)农业用地

2022 年,河南省全省耕地面积 753.49 万 hm^2,占全省土地总面积的 46.21%;林地面积 434.93 万 hm^2,占比 26.67%;城镇村及工矿用地面积 246.52 万 hm^2,占比 15.12%;水域及水利设施用地面积 86.55 万 hm^2,占比 5.31%;草地面积 24.61 万 hm^2,占比 1.51%,见图 2-6。

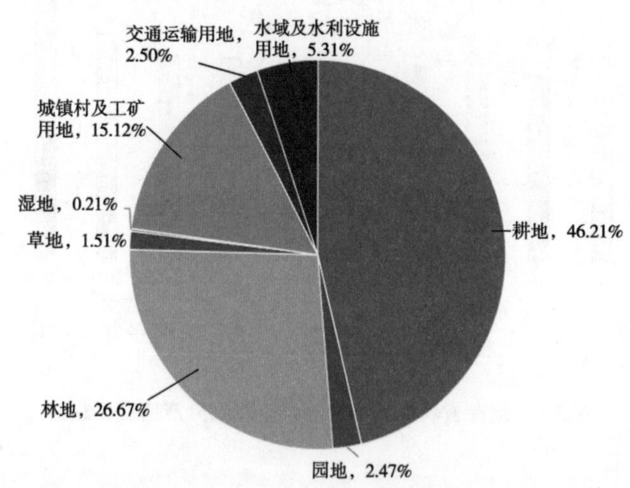

图 2-6　2022 年河南省土地资源不同类型占比示意

农业用地是指直接用于农业生产的土地,包括耕地、林地、草地、农田水利用地、养殖水面等。2022 年河南省农业用地占全省土地总面积的 80%以上,这表明农业用地在河南省的土地利用中占据相当大的比例。

(二)主要农作物种植情况

河南省主产粮食作物有小麦、玉米、水稻,是全国重要的粮食生产核心区,也是全国小麦第一生产大省。

1. 种植面积

2022 年,河南省农作物种植面积为 22 067. 27 万亩[1],在全国占比约 8. 65%。2010—2016 年,河南省农作物种植面积呈现明显的逐年增长态势,其后受产业结构调整等综合因素影响,在 2017 年、2019 年、2020 年分别下降 1. 14%、0. 47%、0. 18%,见图 2-7。

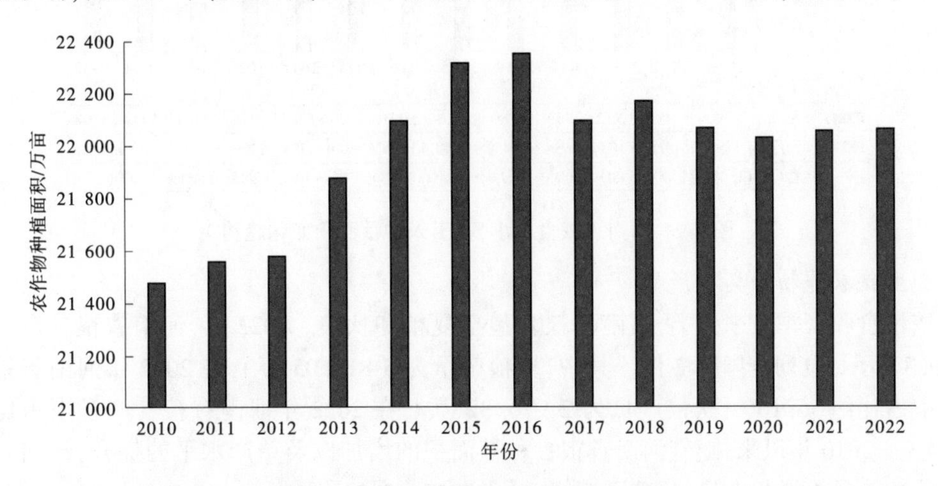

图 2-7　河南省农作物种植面积变化趋势

2022 年,河南省粮食种植面积为 16 167. 6 万亩,在 2022 年全国粮食种植面积(17. 75 亿亩)中占比约 9. 13%,位列全国第 2 位,全省粮食作物和经济作物占比分别为 72. 97%和 26. 63%,见图 2-8。

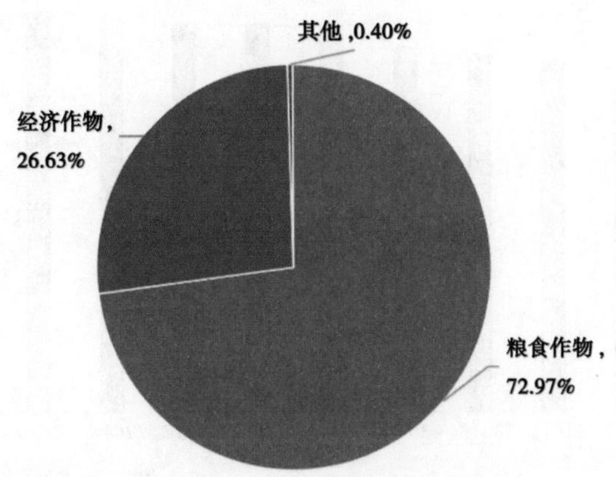

图 2-8　2022 年河南省农作物播种面积占比示意

在 2022 年河南省粮食种植面积中,全省小麦种植面积为 8 523. 68 万亩,占比约

[1] 1 亩 = 1/15 hm^2,全书同。

52.72%；玉米种植面积为 5 786.28 万亩，占比约 35.79%。自 2010 年以来，全省的小麦和玉米的种植面积基本保持稳定，见图 2-9。

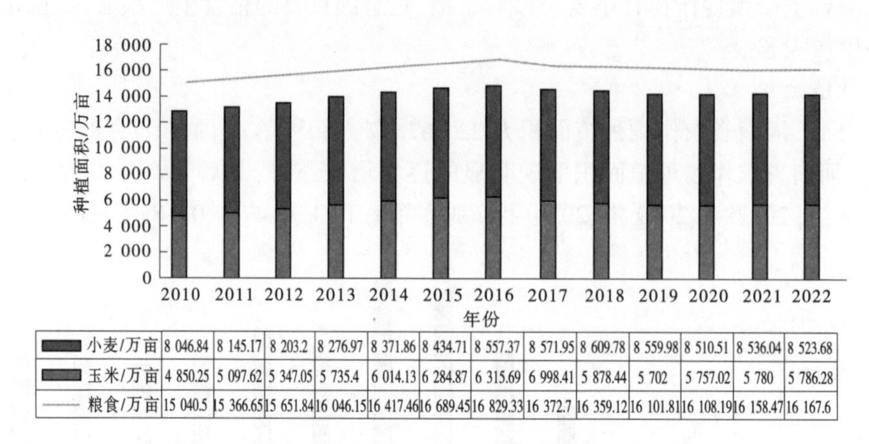

	2010	2011	2012	2013	2014	2015	2016	2017	2018	2019	2020	2021	2022
小麦/万亩	8 046.84	8 145.17	8 203.2	8 276.97	8 371.86	8 434.71	8 557.37	8 571.95	8 609.78	8 559.98	8 510.51	8 536.04	8 523.68
玉米/万亩	4 850.25	5 097.62	5 347.05	5 735.4	6 014.13	6 284.87	6 315.69	6 998.41	5 878.44	5 702	5 757.02	5 780	5 786.28
粮食/万亩	15 040.5	15 366.65	15 651.84	16 046.15	16 417.46	16 689.45	16 829.33	16 372.7	16 359.12	16 101.81	16 108.19	16 158.47	16 167.6

图 2-9　河南省粮食及小麦、玉米种植面积变化趋势

2. 主要农作物种类及产量

按粮食收获季节来分类，河南省粮食包括夏粮和秋粮。2022 年，河南省粮食产量为 6 789.37 万 t，位列全国第 2 位。其中，夏粮产量为 3 813.05 万 t，在 2022 年河南省粮食产量中占比约 56.16%；秋粮产量为 2 976.32 万 t，在 2022 年河南省粮食产量中占比约 43.84%。2010 年以来，随着河南省粮食种植面积的增加以及单产水平的提升，河南省粮食产量整体呈正增长态势，目前已连续 6 年（2017—2022 年）保持在 6 500 万 t 以上，常年保持"夏粮>秋粮"的产量结构，见图 2-10。

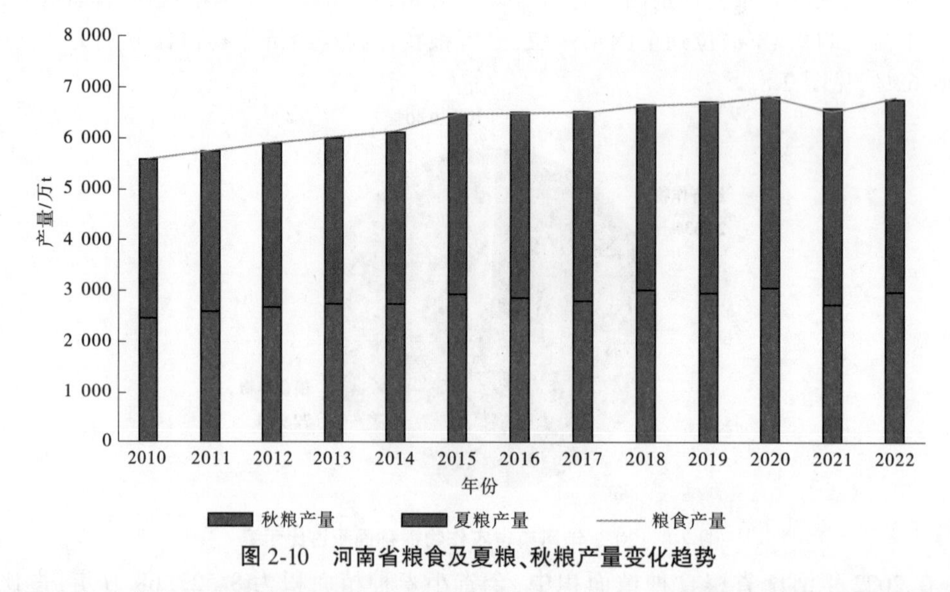

图 2-10　河南省粮食及夏粮、秋粮产量变化趋势

河南省农作物类型包括粮食作物和经济作物。2022 年，河南省每公顷粮食产量为 6.30 t，比全国粮食单产（5.8 t/hm^2）平均水平高 8.62%。主要粮食作物种类有小麦、玉米、稻谷和大豆等，小麦产量占粮食总产量的 56.16%，玉米占 33.51%，见图 2-11。

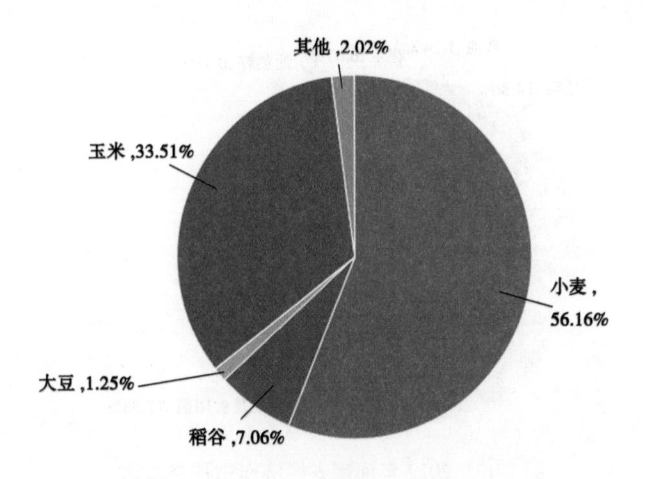

图 2-11　2022 年河南省粮食作物种类占比示意

2010 年以来，河南省小麦、玉米产量也整体随种植面积的增加以及单产水平的提升呈现波动增长趋势，如图 2-12 所示。

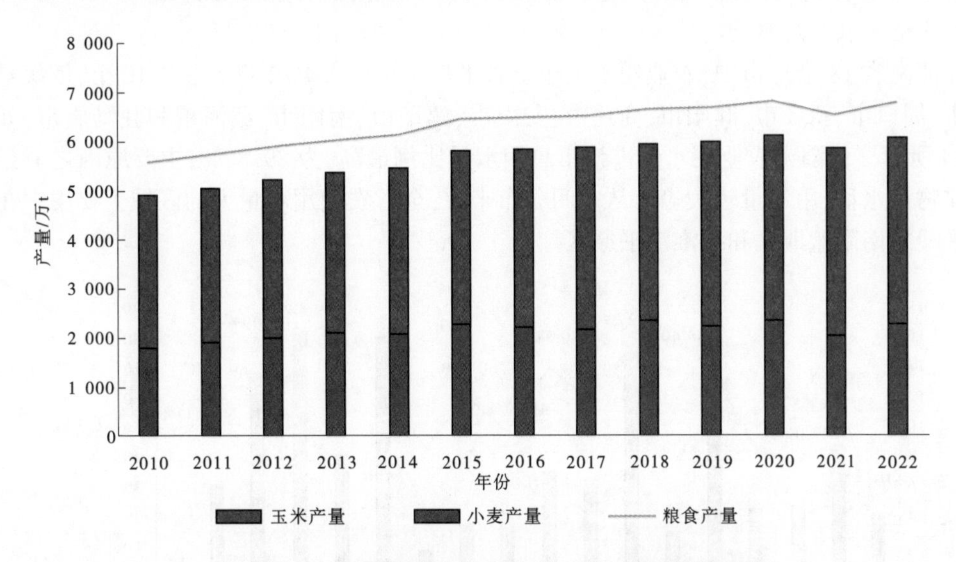

图 2-12　河南省粮食及小麦、玉米种植产量变化趋势

2022 年，河南省经济作物产量达 10 142.04 万 t，占全省农作物总产量的 59.90%。主要经济作物种类有蔬菜、食用菌、瓜果、花生、油菜籽、糖料、烟叶等，其中产量最高为蔬菜及食用菌，占经济作物产量的 77.35%（见图 2-13）。

（三）农田水利现代化建设

农田水利现代化是实现农业现代化的基础。中央多个一号文件都强调把农田水利作为农业基础设施建设的重点。

按照灌溉排水、管理技术、生态环境、经济效益和发展支撑等 5 个方面来综合评价河南省农田水利现代化水平，现阶段全省周口市、漯河市和鹤壁市达到了初步现代化阶段，其余地区均处于有待加强阶段。在构建农田水利现代化水平的 5 个方面，灌溉排水水平

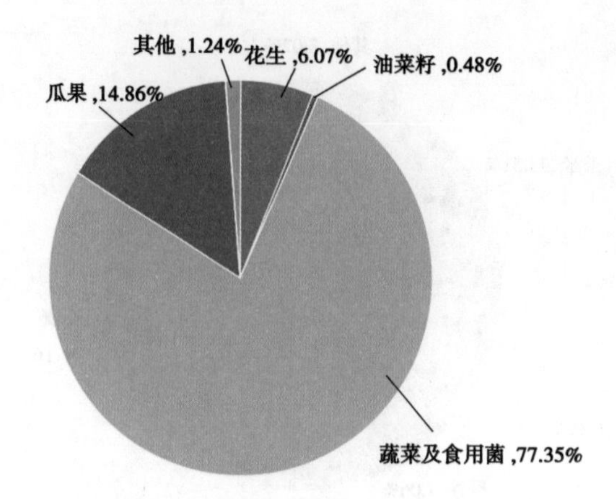

图 2-13　2022 年河南省经济作物种类占比

对河南省农田水利现代化水平的影响最大。

1. 耕地灌溉面积

2022 年,河南省耕地灌溉面积达 562.32 万 hm^2,占全国耕地灌溉面积的 7.99%。

2. 各地市农业用水情况

在河南省 18 个地市中,农业用水高于全省平均水平(59.4%)的地市共 10 个,依次是信阳市、周口市、新乡市、濮阳市、商丘市、安阳市、鹤壁市、南阳市、漯河市和驻马店市,如图 2-14 所示。信阳市农业用水量占该市总用水量比例最高,为 79.82%,主要原因之一是粮食作物为水稻,用水量较大等。从空间分布来看,全省农业用水量大的区域主要集中在地势平缓的南阳盆地区和黄淮海平原区。

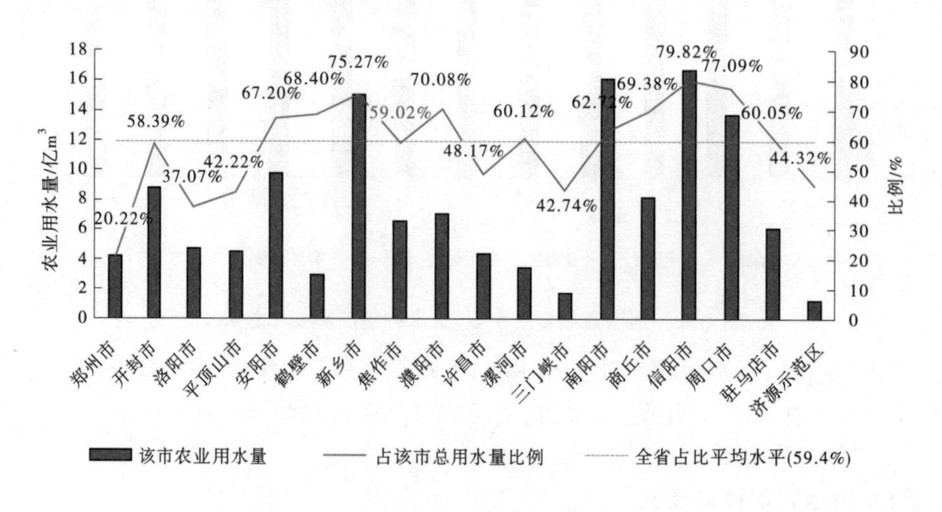

图 2-14　2022 年河南省各地市农业用水情况

3. 农田水利现代化建设

水是农业的命脉,水利设施建设是旱涝保收、稳产高产的基础。近年来,河南省每年投入大量资金用于农田水利现代化建设。一是建设农田节水灌溉设施,积极推广喷灌、微灌、管道灌溉等节水灌溉系统等。二是加强了排水设施的建设,通过设置排水沟、建设排水泵站等，确保农田排水畅通，提高农田耐涝能力。三是推进大中型灌区续建配套和节水改造，开展农田水利现代化改造。四是注重农田水利设施的智能化和信息化建设。通过引入先进的技术和设备，实现了对农田水利设施的远程监控和智能管理，提高了设施的运行效率和管理水平。

截至2022年，河南省已建成大中小型水库2 511座，其中，大型水库27座，中型水库121座，小型水库2 363座。塘坝有165 139座，窖池269 085座，机电井数量328.254 5万眼，规模以上机电井约125万眼。2022年全省拥有节水灌溉机械22.84万套，其中驻马店市占比最高，为33.45%；其次是开封市，占比为12.48%。

河南省采取“节水灌溉提效率，集成技术提单产”的轻简化技术模式，发展水肥一体化面积800多万亩，亩均减少灌溉用水30%以上、减少化肥施用量20%~30%，粮食作物实现亩增产10%~20%，水肥利用率显著提高。

（四）高标准农田建设

1. 高标准农田相关政策

1）国家高标准农田相关政策

中国在高标准农田建设方面的政策从最初的启动实施到不断优化策略、提高标准、拓宽资金来源、强化监督与管理，形成了一套较为完整且动态调整的政策体系。其主要体现在以下几个阶段：

（1）政策启动阶段。2013年，国务院批准实施《全国高标准农田建设总体规划》，标志着高标准农田建设作为提升国家粮食安全战略的重要举措正式启动。

（2）持续强化与明确方向。2014—2016年，中央一号文件连续强调实施和大规模推进高标准农田建设，显示了政策层面的持续重视和工作力度的增强。

（3）系统部署与目标设定。2019年，国务院办公厅发布的意见不仅对高标准农田建设进行了系统部署，还设定了到2022年建成10亿亩高标准农田的具体目标，并将其纳入地方政府考核，体现了政策执行的严肃性和紧迫性。

（4）长远规划与细化标准。2021年，《全国高标准农田建设规划（2021—2030年）》的发布，为未来十年的高标准农田建设提供了蓝图，进一步明确了建设标准、内容、任务及监管机制，同时将2030年的建设目标提高至12亿亩，确保粮食产能稳定。

（5）规范建设与改造升级。2022年，《高标准农田建设通则》的修订，以及《农业农村部关于推进高标准农田改造提升的指导意见》的出台，体现了政策在规范建设、鼓励多元融资、强调改造提升和严格保护高标准农田等方面的深化和完善。

（6）深化实施阶段。2023年中央一号文件再次强调加强高标准农田建设，提出了具体实施措施，如土壤改良、农田灌排设施改善、高效节水灌溉推广和长效管护机制建立，显示出对高标准农田建设持续性的关注和对细节的深入指导。

2）河南省高标准农田政策

作为农业大省、粮食生产大省，河南省倾力打造全国重要粮食生产核心区，把提升粮食产出能力和耕地地力作为保障国家粮食安全的核心。河南省政府办公厅先后印发了《关于印发河南省高标准农田建设规划（2021—2030年）的通知》（豫政办〔2022〕87号）、《河南省高标准农田建设评价激励实施办法》等，河南省农业农村厅、河南省财政厅印发了《关于印发〈河南省高标准农田示范区建设指南(第三版)〉的通知》、《关于印发〈河南省农田建设补助资金管理办法〉的通知》(豫财农水〔2020〕26号)、《关于印发〈河南省高标准农田建设标准〉的通知》(豫农文〔2022〕67号)、《关于印发〈2023年全省高标准农田建设工作方案〉的通知》和《关于印发河南省高标准农田示范区建设实施方案的通知》(豫政办〔2022〕92号)等一系列高标准农田及示范区建设的政策文件,按照建设标准化、装备现代化、应用智能化、经营规模化、管理规范化、环境生态化"六化"要求,集中连片建设高标准农田升级版,着力提升耕地地力、提高农业灌溉效率、改善农田生态环境,进一步加快建设农业强省和推进农业高质量发展。

从生产实践看,高标准农田建成以后,耕地质量一般提升1~2个等级,粮食产能平均提高10%~20%,亩均粮食产量提高100 kg,农田项目区机械化水平比非项目区高15~20个百分点。

2. 高标准农田建设内容

高标准农田建设是为减轻或消除主要限制性因素、全面提高农田综合生产能力而开展的田块整治、灌溉与排水、田间道路、农田防护与生态环境保护、农田输配电等农田基础设施建设和土壤改良、阻碍土层消除、土壤培肥等农田地力提升活动。主要建设内容包括:

(1)田块整治措施。合理划分和适度归并田块,平整土地,减小田面高差和坡降。适应农业机械化、规模化生产经营的需要,根据地形地貌、作物种类、机械作业效率、灌排效率和防止风蚀水蚀等因素,合理确定田块的长度、宽度和方向。田块整治后,有效土层厚度和耕层厚度应满足作物生长需要。该部分是农田整治的核心内容,是高标准农田建设的工程主体。

(2)建设灌溉与排水设施。适应农业生产需要,开展田间灌溉排水设施建设,有效衔接灌区骨干工程,合理配套改造和建设输配水渠(管)道和排水沟(管)道及渠系建筑物等,实现灌排设施配套。因地制宜推广高效节水灌溉技术、配套田间小型水源工程。

(3)修建田间道路。按照"有利生产、兼顾生态"的原则,优化田间道(机耕路)、生产路布局,合理确定路网密度、道路宽度,根据实际需要整修和新建田间道(机耕路)、生产路,配套建设农机下田(地)坡道、桥涵、错车道和回车场等附属设施,提高农机作业便捷度。平原区道路通达度100%,山地丘陵区道路通达度不小于90%。

(4)配套农田输配电设施。对适合电力灌排和信息化管理的农田,铺设低压输电线路,配套建设变配电设施,合理布设弱电设施,为泵站、河道提水、农田排涝、喷微灌、水肥一体化以及信息化工程等提供电力保障,提高农业生产效率和效益。

(5)农田防护和生态环境保护措施。根据农田防护需要,新建或修复农田防护林、岸坡防护、坡面防护、沟道治理工程,保障农田生产安全。推广生态型改造措施,以生态脆弱农田为重点,因地制宜加强生态沟渠及其他耕地利用设施建设,改善农田生态环境。

(6)土壤改良。采取掺黏、掺沙、施用调理剂、施有机肥、保护性耕作及工程措施等,开展土壤质地、酸化、盐碱化及板结等改良。

(7)障碍土层消除。采取深耕、深松等措施,消除障碍土层对作物根系生长和水汽运行的限制。

(8)土壤培肥。通过秸秆还田、施有机肥、种植绿肥、深耕深松等措施,保持或提高耕地地力。

河南省(滑县)高标准农田示范区见图2-15。

图2-15　河南省(滑县)高标准农田示范区

3. 河南省高标准农田建设情况

截至2022年末,河南省高标准农田建设累计总面积达到8 335.8万亩。全省高标准农田建成区年粮食生产能力达到1 326亿斤[1],约占全省粮食总产量1 357.88亿斤的97.65%(高标准农田粮食作物和经济作物种植比例76∶24)。同步已发展节水灌溉面积4 996万亩,节水灌溉率59.93%;发展高效节水灌溉面积3 000万亩,高效节水灌溉率35.99%。高标准农田灌溉水有效利用系数达0.673,高于全省平均水平0.622,年总节水能力达到约15亿m^3。农田道路通达率达到89%,农田防护率达到91%,耕地质量等级提高到4.16。

在河南省18个地市中,周口市高标准农田建设累计总面积最多,为1 060.92万亩;濮阳市高标准农田率最高,达到110.72%以上(第三次全国土地调查与第二次全国土地调查国土资源数据存在差异),如图2-16所示。

4. 河南省高标准农田示范区建设

2022年9月,河南省政府办公厅印发《河南省高标准农田示范区建设实施方案》(豫政办〔2022〕92号)。方案提出,2022—2025年,建设1 500万亩高标准农田示范区,增加粮食产能15亿kg以上。其中,2022年在新乡"中原农谷"及周口国家农业高新技术产业示范区等地建设200万亩高标准农田示范区;2023—2025年,在黄淮海平原和南阳盆地建设1 300万亩高标准农田示范区。同时要求,全省高标准农田示范区的亩均总投资一般不低于4 000元。全省将在豫北、豫东、豫南和南阳盆地4个粮食生产核心片区分别建设300万~500万亩规模的示范基地,将打造一批"吨粮县""吨半粮县"。

"中原农谷"和周口国家农业高新技术产业示范区是河南省未来农业科技创新高地和示范基地。"黄淮海平原"指黄河、淮海和海河的冲积平原,该区域地形平坦、土层深

[1] 1斤=0.5 kg,全书同。

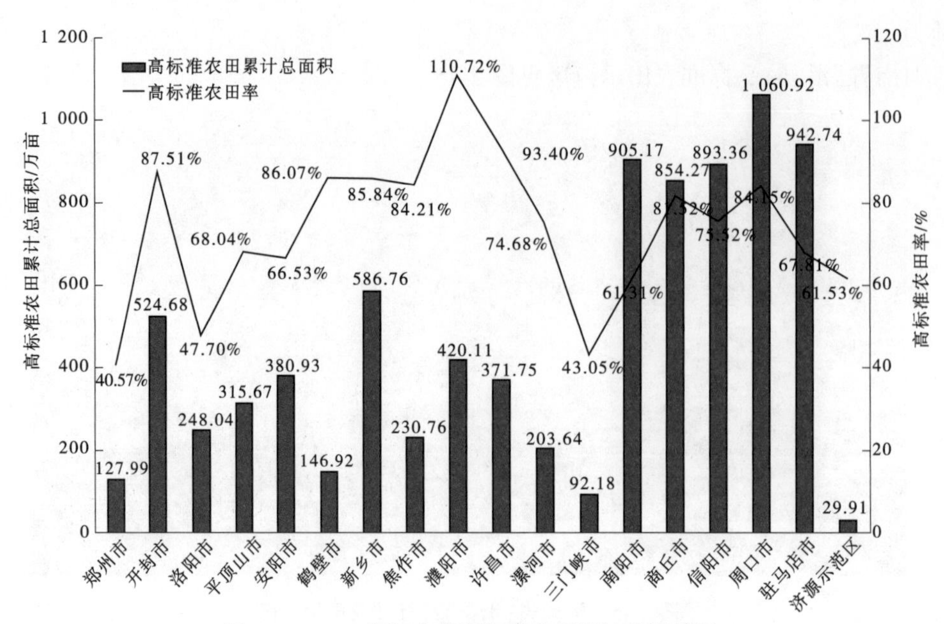

图 2-16　2022 年河南省高标准农田累计建设情况

厚、覆盖范围大,是河南省粮食主产区。而南阳盆地位于河南省西南部,该区域沉积了从周围山地丘陵冲刷下来的大量有机物质,土壤肥沃,也是河南省粮食重要产区和粮仓。以小麦为例,该区常年种植面积在 1 000 万亩左右。

5. 河南省高标准农田示范区实施重点

为确保农业的可持续发展和提升粮食生产安全性,示范区建设实施重点从强化农田灌排基础设施建设,通过土壤管理和改良措施以增加土壤肥力,推进现代农业技术的应用等多方面综合施策,旨在构建一个更加稳健、高效和环保的农业发展模式。

一是在高标准农田示范区建设中,对高效节水灌溉、排涝设施、田间道路、农田信息化、耕地地力、农田生态保护等 7 项关键工程设施提出了高于国家要求的建设标准和考核指标,确保全面达到国内领先。全省高标准农田示范区高效节水灌溉设施覆盖面达到 100%;每万亩高标准农田示范区开挖排涝沟渠 12 km 以上;硬化机耕路不少于 12 km,田间道路通达程度达到 100%;每个示范县配套建设 1 个高标准农田区域服务中心,每 5 万~10 万亩高标准农田建设 1 个农田生产科技监测站;每千克土壤有机质含量不低于 16 g,土壤酸碱度值保持在 6.0~7.5,土壤耕层达到 25 cm 以上,测土配方施肥覆盖率达到 100%。

二是重点发展节水灌溉,就必须发展节水灌溉设备,实现装备现代化。在灌溉装备上,明确要求种植面积超过 1 000 亩的地块,主要推广使用平移式喷灌机、中心支轴式喷灌机、卷盘式喷灌机等灌溉设备;种植面积 200~1 000 亩的地块,主要推广使用卷盘式喷灌机、固定式喷灌机、移动式喷灌机等灌溉设备;种植面积不超过 200 亩的地块,鼓励使用卷盘式喷灌机、滴灌和微喷带等灌溉设备;农户分散经营的地块,鼓励使用微喷带等灌溉设备。同时发展水肥一体化设备,在节水的同时减少化肥、有机液肥等使用量,提高水肥利用效率,减少排放(见图 2-17)。

三是推进物联网、大数据、移动互联网等信息技术在高标准农田示范区建设中的应

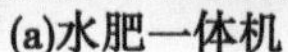

(a)水肥一体机

(b)自动伸缩喷灌

图 2-17　水肥一体机及自动伸缩喷灌

用。同时,配套建设高标准农田区域服务中心,开发建设智慧农业管理平台,涵盖农田综合信息采集、智能灌溉控制、耕地质量监测管理等应用功能,实现“一个屏幕(或智能终端)管理万亩良田”“一套农事管理系统服务百万亩良田”。

四是对农田防护与生态环境保护工程进行合理布局,以受大风、沙尘等影响严重区域为重点,加强农田防护与生态环境保护工程建设,完善农田防护林体系。同时,合理修筑护坡、沟道等设施,因地制宜构建生态沟渠、塘堰湿地系统,提高水土保持和防洪能力。其中,高标准农田示范区建成后,区域内受防护农田面积比例一般达到 100%,防洪标准达到 10~20 年一遇。

五是制定高标准农田示范区工程设施管护制度或工作方案,明确管护主体,落实管护经费和管护责任,建立管护长效机制。同时,结合项目实际和工程设施特点,创新管护模式,注重运用信息化技术手段提高管护效能。

(五)农药、化肥、农膜使用

1. 农药使用

2022 年河南省农药使用量达 9.2 万 t,占全国农药使用总量的 7.74%,位居全国第二。2022 年全国各省平均农药使用量为 3.96 万 t,河南省农药使用量为全国平均使用量的 2.32 倍。主要使用的农药种类包括敌敌畏等常规农药,以敌杀死为主的菊酯类农药,以多菌灵、粉锈宁等为主的杀菌剂,以乙草胺、盖草能、禾草克、2 甲 4 氯等为主的除草剂,100 多个品种复配农药以及其他类型农药等。目前,河南省已逐步建立健全环境友好、生态包容的农作物病虫害综合防控技术体系,农药使用品种结构更加合理,科学安全用药技术水平全面提升,化学农药使用总量保持持续下降趋势。

《河南省农药兽药使用减量行动实施方案(2022—2024 年)》(豫农发〔2022〕73 号)明确要加快生态调控、农业防治、理化诱控、生物防治、科学用药等绿色防控产品和技术的推广应用,减少农药使用。开展高效低毒低残留化学农药、生物农药等新农药、新剂型和高效智能施药机械的试验示范,组织全省植保机构开展新型高效低风险农药筛选试验 340 余项,筛选出了 52 项有推广前景的病虫草害防控新技术。2023 年,河南省主要农作物病虫害绿色防控覆盖率达到 54.76%。2022 年,制定了《河南省兽药使用减量行动实施方案》,强化兽用抗菌药全链条监管,加强兽用抗菌药使用风险控制及指导,支持兽用抗菌药替代产品应用。开展水产养殖用药减量行动。通过对示范基地开展病原菌耐药性监测,提高了示范户规范用药、精准用药的水平,水产兽药使用量同比减少8.8%,抗生素类药物的使用量同比减少10.9%。积极开展规范畜禽养殖用药专项整治行动。

《河南省到2025年化学农药减量化行动方案》(豫农文〔2023〕132号)提出到2025年,小麦、玉米、水稻等主要粮食作物化学农药使用强度(单位播种面积化学农药使用折百量,下同)力争比"十三五"期间降低5%;果菜茶等经济作物化学农药使用强度力争比"十三五"期间降低10%。全省主要农作物病虫害绿色防控覆盖率达到55%以上,果菜茶优势产区生产基地、绿色农业产业园区基本实现绿色防控全覆盖;小麦、玉米、水稻三大粮食作物统防统治覆盖率达到45%以上,农作物绿色高质高效生产示范区、现代农业产业园区实现统防统治全覆盖。

2. 化肥施用

河南省是粮食生产大省、化肥使用大省。化肥施用对粮食增产的贡献率在40%以上。2022年,河南省农用化肥施用量595.3万t,占全国农用化肥施用量的11.72%。2022年河南省单位耕地灌溉面积的农用化肥施用量为1 058.65 kg/hm^2(折算为70.58 kg/亩),相比全国平均水平,高出336.75 kg/hm^2(折算为22.45 kg/亩)。

2022年,河南省农用化肥施用量中,复合肥施用量最高,达318.3万t,占比53.47%;其次是氮肥施用量为157.6万t,占比26.47%;磷肥施用量为71.8万t,占比12.06%;钾肥施用量为47.6万t,占比为8.0%。2022年全省主要农作物化肥利用率达41.03%,推广测土配方施肥技术面积达2亿亩次以上,技术覆盖率达90%以上。

2023年5月,河南省印发《河南省到2025年化肥减量化行动方案》,提出到2025年,氮、磷、钾和中微量元素等养分比例结构更加合理,全省农用化肥施用量实现稳中有降;大力推进绿色种养循环农业试点,进一步提高有机肥资源还田量,到2025年有机肥施用面积占比增加5个百分点以上;持续推进测土配方施肥基础性工作,进一步提高测土配方施肥技术覆盖率,到2025年全省主要农作物测土配方施肥技术覆盖率稳定在90%以上;推广肥料新产品、新技术、新机具,进一步提高化肥利用率,到2025年全省三大粮食作物化肥利用率达到43%。

3. 农膜使用

农用塑料薄膜主要是棚膜和地膜,另外还包括遮阳网、防虫网、饲草用膜以及农用无纺布等。农膜可以起到增温、保水、防虫和防草等作用,使用农膜可将种植作物生产率提升20%~50%。2022年,河南省农用塑料薄膜使用量14万t,占全国总使用量的5.89%。河南县(市)农膜回收率平均值达到91.8%。河南省地膜覆盖面积达79.38万hm^2,占用耕地面积的10.59%。近20年间数据分析发现,我国地膜和棚膜的使用量年增长率分别为6.5%和5.9%,覆膜面积在2011年达到顶峰后小幅回落,此后年增长率保持在±1%,进入稳定期。

目前,河南省覆膜农田土壤均有不同程度的地膜残留,局部地区地膜残留污染严重,亩均残膜量达4~20 kg。地膜大多是高分子化合物聚乙烯,属于不可降解塑料,残膜现场焚烧、倾倒、掩埋或堆放处理不仅破坏景观,且破坏农田土壤结构,降低土壤渗透性,阻碍农作物根系生长,影响水分和养分吸收,导致农作物减产;被动物误食,会导致动物死亡。

由于河南省地膜用量和覆盖面积大，且普遍使用的地膜厚度较薄，回收困难，因此加强对降解地膜的开发与应用是农膜的重要发展趋势。

2017 年，农业农村部印发《农膜回收行动方案》，研究起草了《农膜管理办法》《关于加快推进农用地膜污染防治的意见》；2018 年，农业农村部将生物降解地膜替代技术列为十项重大引领性农业技术之一，全面推广全生物降解地膜替代普通 PE 地膜。

2022 年，河南省采取试点先行与示范推广相结合方式，集中打造一批试点示范区，加大加厚高强度地膜示范推广和全生物降解地膜示范应用。全省 17 个试点示范区有杞县、尉氏县、夏邑县、睢县、祥符区、南乐县、通许县、淅川县、新野县、淮阳区、扶沟县、郏县、淮滨县、兰考县、渑池县、息县、民权县。示范区的重点任务，一是要合力推广高强度地膜，在蔬菜、烟叶、瓜果等作物种植过程中，推广使用 0.015 mm 以上的加厚高强度地膜，延长地膜使用寿命，从源头保障地膜的可回收性。二是要示范应用全生物降解地膜，在马铃薯、花生、大蒜以及高附加值经济作物种植过程中，通过使用满足作物生长需求的全生物降解地膜覆盖来实现地膜减量。另外，还围绕种植业结构调整，积极推广直播、旱作沟播、垄作栽培、浅埋滴灌等无膜栽培技术，推动地膜使用源头减量化。同时，河南省在重点覆膜大县启动实施地膜科学使用回收试点项目，2022 年全省重点用膜地区推广应用加厚高强度地膜 300 万亩、全生物降解地膜 50 万亩，试点地区地膜回收率稳定在 80%以上。可降解地膜种植见图 2-18。

图 2-18　可降解地膜种植

（六）畜禽养殖

2022 年河南省畜禽出、存栏数量累计 202 176.57 万头（只），占全国出、存栏总数的 11.10%。畜禽存栏数达 77 784.17 万头（只），种类有大牲畜（牛、马、驴、骡）、猪、羊和家禽。其中，家禽年末存栏数达 71 090.33 万只；其次为猪，年末存栏数为 4 260.52 万头。

2022 年，河南省生猪出栏量为 5 918.83 万头，在全国生猪出栏量中占比 8.46%，位列全国第 3 位；存栏量为 4 260.52 万头，在全国生猪存栏量中占比 9.41%，位列全国第 1 位。自 2010 年以来，河南省生猪出栏量与存栏量相对稳定，2019 年出现明显下降，主要是由于非洲猪瘟爆发，见图 2-19。

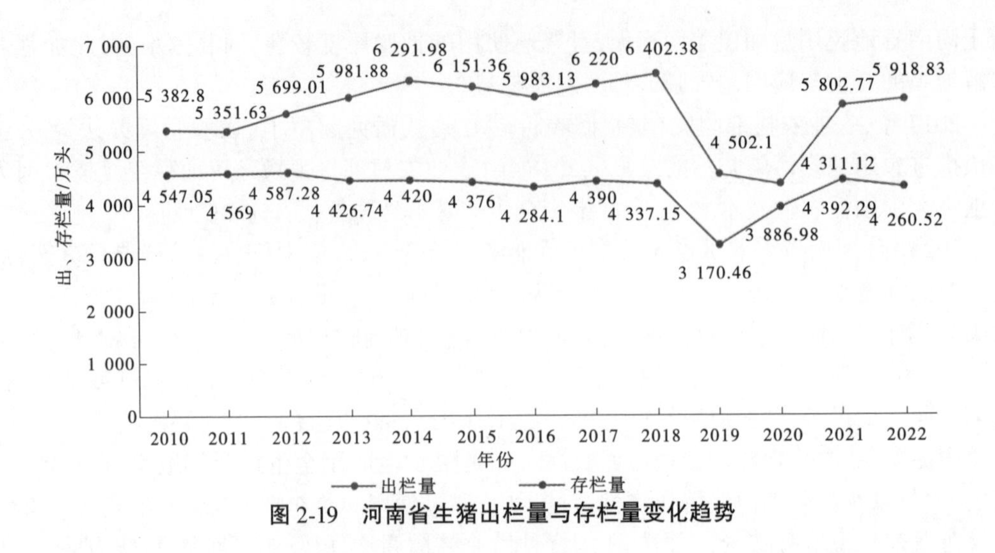

图 2-19　河南省生猪出栏量与存栏量变化趋势

第二节　河南省农业面源污染对水环境影响现状

农业面源对水环境的污染主要受种植业、养殖业以及农村生活污染等因素影响。种植业污染主要包括化肥、农药、农膜等的使用及不合理堆放导致汛期雨水冲刷或灌溉冲刷至地表水体造成污染；养殖业污染主要包括畜禽沼液施肥、养殖废水或粪污等的偷漏排以及雨水冲刷至地表水体造成污染；农村生活污染主要包括生活污水未经处理随意排放、生活垃圾随意丢弃至地表水体造成污染。

种植业由于氮肥、磷肥等化肥的施用会对水体氨氮、总氮、总磷有所贡献，另外农药中有机物质的存在也会对水体的 COD 有所贡献。养殖业未消耗的饲料和粪污排泄物、农村生活产生的污水和生活垃圾也会显著增加水中的氮和磷含量。

本次现状评价采用河南省农业农村面源控制断面统计数据进行分析，表征指标选取化学需氧量（COD）、氨氮（NH_3-N）、总磷（TP）、总氮（TN），共涉及 18 个省辖市约 133 个种植业流失控制断面、49 个养殖业污染控制断面以及 117 个农村生活污染控制断面。

一、种植业水环境污染现状

（一）化学需氧量（COD）

2021 年至 2023 年上半年，全省种植业流失控制断面化学需氧量（COD）浓度范围为 3~95 mg/L。化学需氧量（COD）最大值超出Ⅳ类标准达 2.17 倍，出现在海河流域。从全省统计结果看，种植业流失控制断面化学需氧量（COD）浓度达到或优于地表水环境质量Ⅳ类标准的断面比例为 85%，Ⅴ类和劣Ⅴ类断面比例为 15%，如图 2-20（a）所示。其中，劣Ⅴ类的断面比例为 7%，主要分布在海河流域和淮河流域，其次是黄河流域。劣Ⅴ类数量由大到小依次为:海河流域(7 个)>淮河流域(5 个)>黄河流域(4 个)>长江流域(1 个)。

(二)氨氮(NH_3-N)

2021 年至 2023 年上半年,全省种植业流失控制断面氨氮(NH_3-N)浓度范围为 0.026~20.3 mg/L。最大值超Ⅳ类标准 12.53 倍,位于淮河流域。从全省统计结果看,种植业流失控制断面氨氮(NH_3-N)浓度达到或优于地表水环境质量Ⅳ类标准的断面比例为 90%,Ⅴ类和劣Ⅴ类断面比例为 10%,如图 2-20(b)所示。其中,劣Ⅴ类的断面比例为 7%,主要分布在黄河流域和淮河流域,其次是海河流域。劣Ⅴ类数量由大到小依次为:黄河流域(6 个)=淮河流域(6 个)>海河流域(5 个)>长江流域(1 个)。

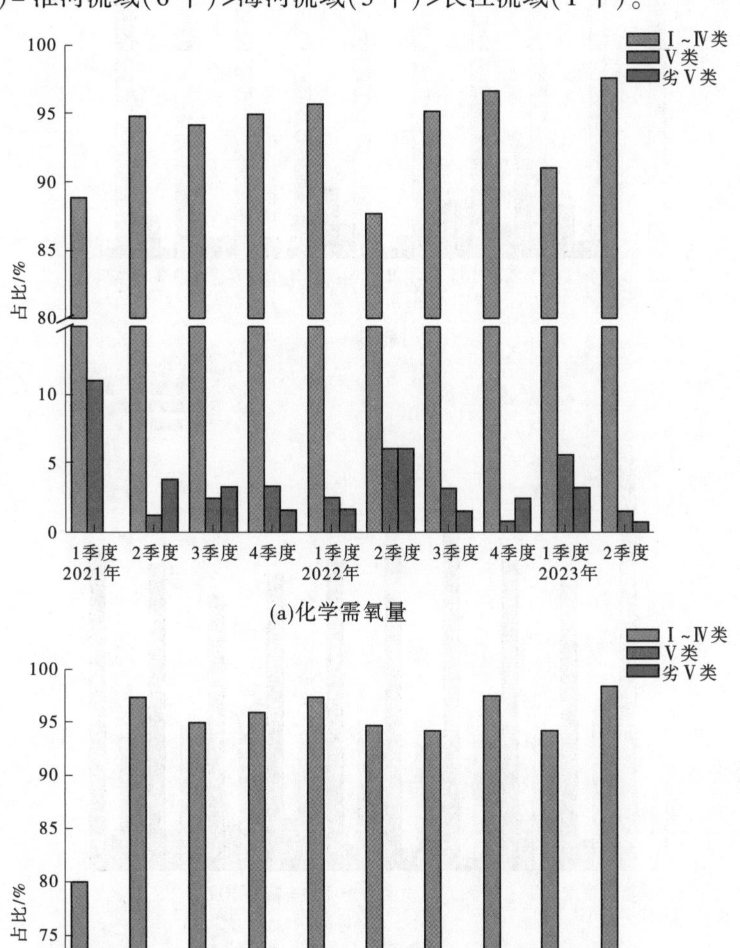

(a)化学需氧量

(b)氨氮

图 2-20　达到不同水质类别的种植业流失控制断面占比

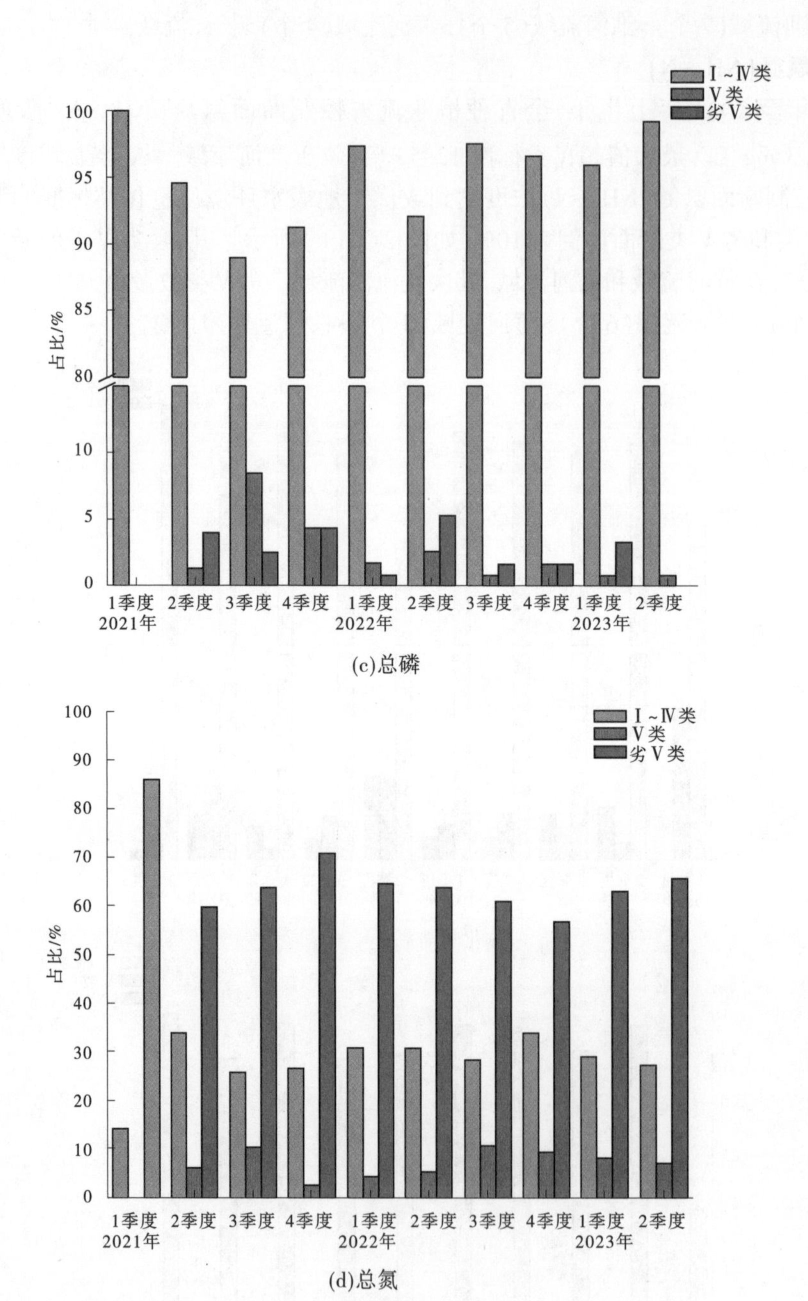

(c)总磷

(d)总氮

续图 2-20

(三)总磷(TP)

2021 年至 2023 年上半年,全省种植业流失控制断面总磷(TP)浓度范围为 0.01～1.86 mg/L,最大值超Ⅳ类标准 5.2 倍,位于淮河流域。从全省统计结果看,种植业流失控制断面总磷(TP)浓度达到或优于地表水环境质量Ⅳ类标准的断面比例为 85%, Ⅴ类和劣Ⅴ类断面比例为 15%,如图 2-20(c)所示。其中,劣Ⅴ类的断面比例为 6%,主要分布在淮河流域和海河流域，劣Ⅴ类数量由大到小依次为：淮河流域（6个）>海河流域（5个）>黄河流域（3个）>长江流域（2个），如图2-21所示。从时间上来看，水质为劣Ⅴ类的断面在夏季出现频次最高，其次是秋季。

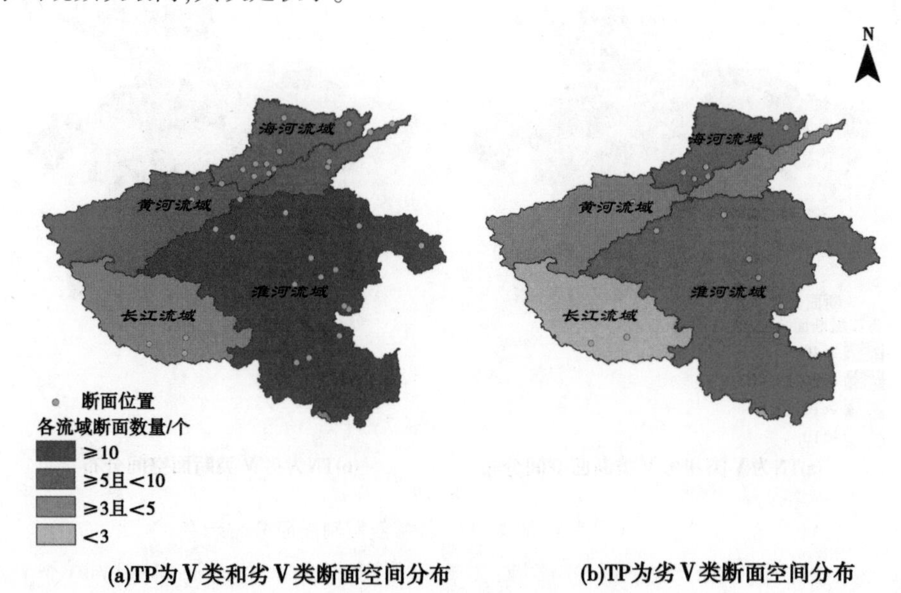

(a)TP为Ⅴ类和劣Ⅴ类断面空间分布　　(b)TP为劣Ⅴ类断面空间分布

图2-21　Ⅴ类和劣Ⅴ类（TP）种植业流失控制断面分布示意

（四）总氮（TN）

2021年至2023年上半年，全省种植业流失控制断面总氮（TN）浓度范围为0.15～24.2 mg/L，最大值超Ⅳ类标准15.13倍，位于淮河流域。从全省统计结果看，种植业流失控制断面总氮（TN）浓度达到或优于地表水环境质量Ⅳ类标准的断面比例不足40%，Ⅴ类断面比例约为11%，劣Ⅴ类断面比例高于50%，如图2-20（d）所示。

如图2-22所示，从不同流域分布来看，水质为Ⅴ类和劣Ⅴ类的断面主要集中分布在淮河流域，其次是黄河流域，数量由多到少依次为淮河流域（63个）>黄河流域（30个）>海河流域（19个）>长江流域（9个）。水质为劣Ⅴ类的断面主要集中分布在淮河流域，其次是黄河流域，数量由多到少依次为：淮河流域（57个）>黄河流域（30个）>海河流域（19个）>长江流域（8个）。从时间上来看，水质为Ⅴ类和劣Ⅴ类的断面在秋季（9—11月）出现频次最高，其次是春季（3—5月）。

二、养殖业水环境污染现状

（一）总磷（TP）

2021年至2023年上半年，全省养殖业流失控制断面总磷（TP）浓度范围为0.01～2.57 mg/L。最大值超Ⅳ类标准8.17倍，位于淮河流域。从全省统计结果看，如图2-23所示，除个别月份外，养殖业流失控制断面总磷（TP）浓度达到或优于地表水环境质量Ⅳ类标准的断面比例均为85%；从2022年7月到2023年上半年，达到或优于地表水环境质量Ⅳ类标准的断面比例为90%。如图2-24所示，从不同流域分布来看，水质为Ⅴ类和劣Ⅴ类的断面（占比15%）主要分布在淮河流域，其次是长江流域、黄河流域，海河流域无Ⅴ类和劣Ⅴ类，数量由多

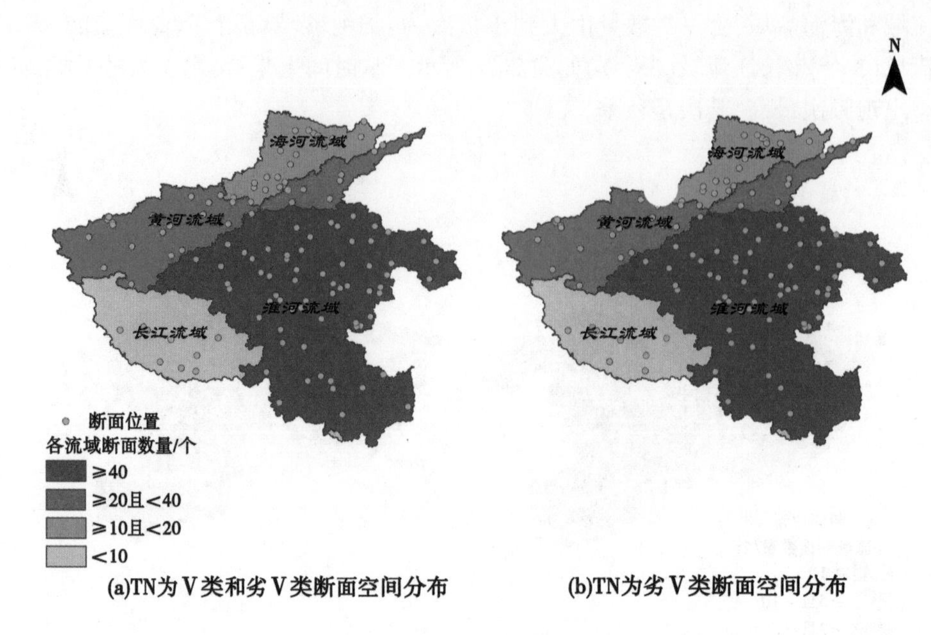

图 2-22　Ⅴ类和劣Ⅴ类(TN)种植业控制断面分布示意

到少依次为:淮河流域(10 个)>长江流域(2 个)>黄河流域(1 个)>海河流域(0 个)。水质为劣Ⅴ类的断面主要分布在淮河流域,其次是长江流域,黄河流域和海河流域无劣Ⅴ类,数量由多到少依次为淮河流域(7 个)>长江流域(1 个)>黄河流域(0 个)= 海河流域(0 个)。从时间上来看,水质为Ⅴ类和劣Ⅴ类的断面在秋季出现频次最高,其次是春季。

(二)总氮(TN)

2021 年至 2023 年上半年,全省养殖业流失控制断面总氮(TN)浓度范围为 0.34~28.9 mg/L。最大值超Ⅳ类标准 18.27 倍,位于海河流域。从全省统计结果看,如图 2-23 所示,养殖业流失控制断面总氮(TN)浓度达到或优于地表水环境质量Ⅳ类标准的断面比例不足 60%,水质为Ⅴ类和劣Ⅴ类的断面比例高于 40%。如图 2-25 所示,从不同流域分布来看,水质为Ⅴ类和劣Ⅴ类的断面主要分布在淮河流域,数量由多到少依次为:淮河流域(21 个)>海河流域(5 个)= 黄河流域(5 个)= 长江流域(5 个)。水质为劣Ⅴ类的断面主要分布在淮河流域,其次是长江流域、黄河流域和海河流域,劣Ⅴ类断面数量相当,数量由多到少依次为:淮河流域(19 个)>黄河流域(5 个)= 海河流域(5 个)= 长江流域(5 个)。从时间上来看,水质为Ⅴ类和劣Ⅴ类的断面在秋季出现频次最高,其次是春季。

三、农村生活污水环境污染现状

(一)总磷(TP)

2021 年至 2023 年上半年,全省农村生活污染控制断面总磷(TP)浓度范围为 0.01~3.13 mg/L。最大值超Ⅳ类标准 9.43 倍,位于淮河流域。

如图 2-26 所示,从全省来看,除个别月份外,农村生活污染控制断面总磷(TP)浓度达到或优于地表水环境质量Ⅳ类标准的断面比例均为 90%以上。如图 2-27 所示,从不同流域分布来看,水质为Ⅴ类和劣Ⅴ类的断面(占比约 10%)主要分布在淮河流域,其次是

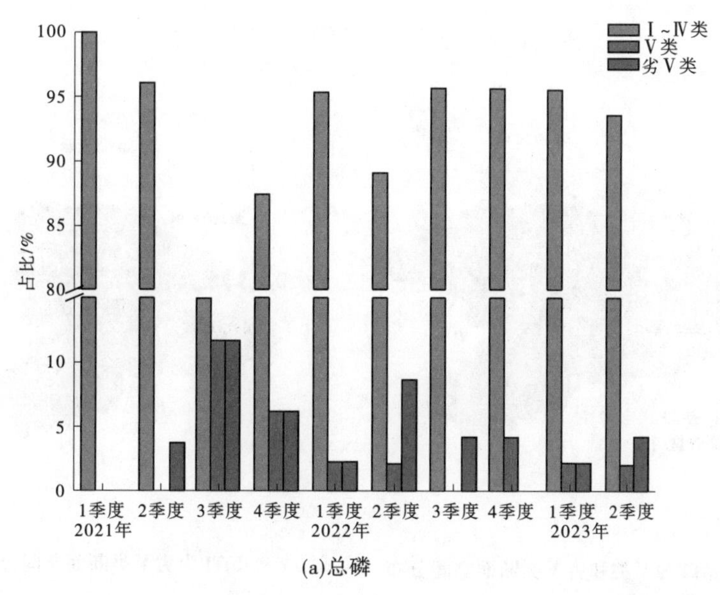

(a)总磷

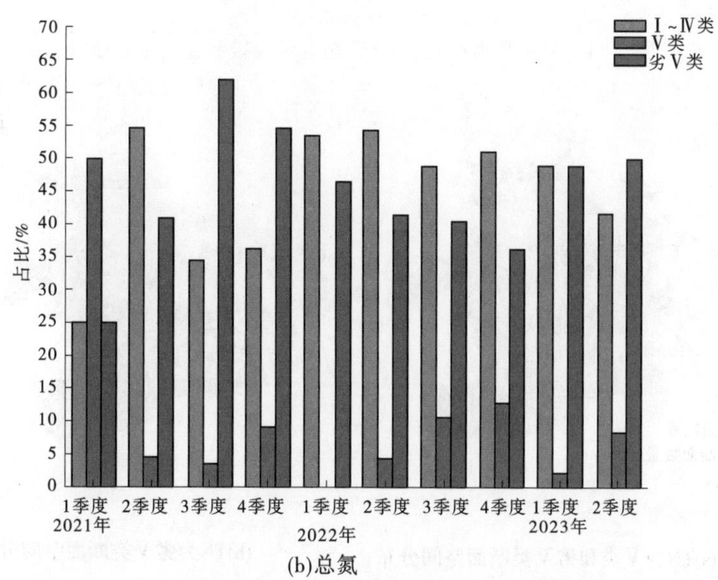

(b)总氮

图 2-23 达到不同水质类别的养殖业流失控制断面占比

海河流域,数量由多到少依次为:淮河流域(18个)>海河流域(11个)>黄河流域(3个)>长江流域(2个)。水质为劣Ⅴ类的断面主要分布在淮河流域,其次是海河流域,数量由多到少依次为:淮河流域(13个)>海河流域(4个)>长江流域(1个)=黄河流域(1个)。从时间上来看,水质为Ⅴ类和劣Ⅴ类的断面在秋季出现频次最高,其次是春季。

(二)总氮(TN)

2021年至2023年上半年,全省农村生活污染控制断面总氮(TN)浓度范围为0.12~47 mg/L。最大值超Ⅳ类标准30.33倍,位于淮河流域。

如图2-26所示,从全省来看,农村生活污染控制断面总氮(TN)浓度达到或优于地表

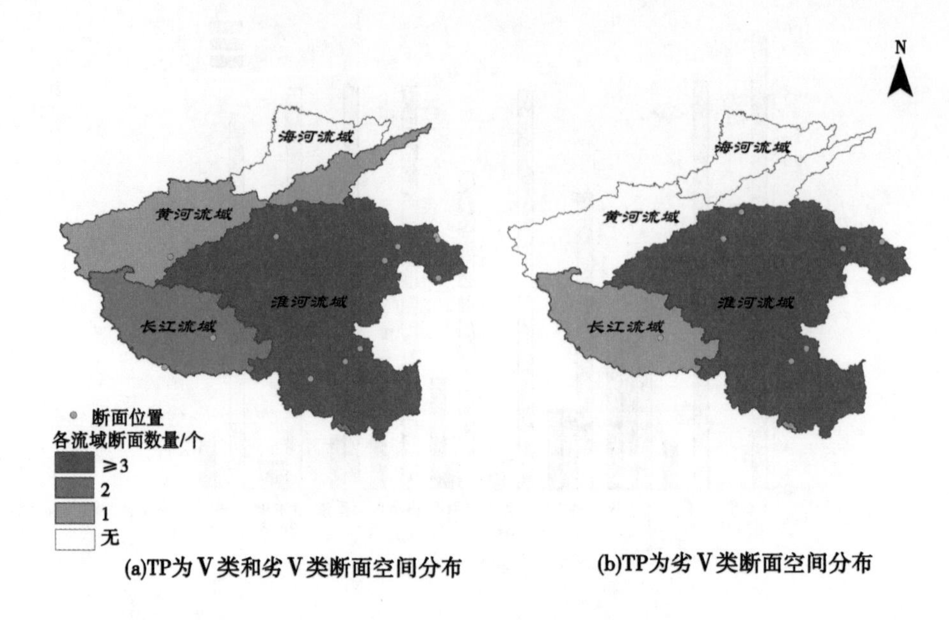

图 2-24 Ⅴ类和劣Ⅴ类(TP)养殖业污染控制断面分布示意

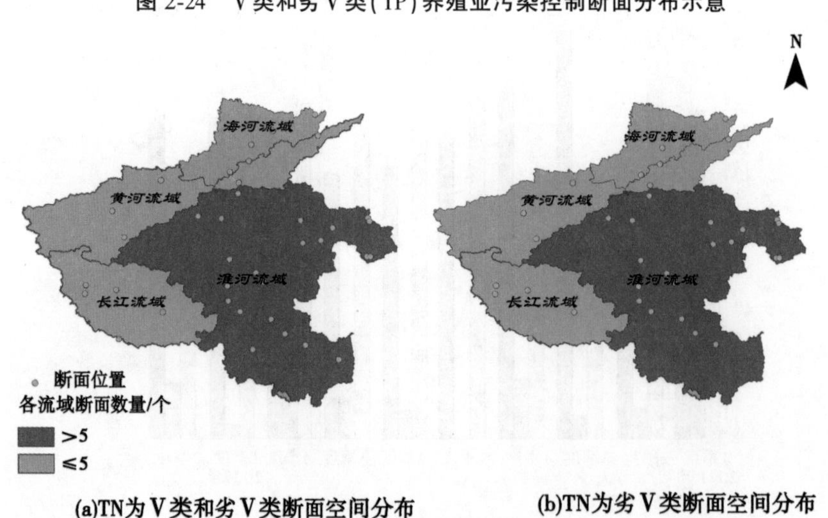

图 2-25 Ⅴ类和劣Ⅴ类(TN)养殖业污染控制断面分布示意

水环境质量Ⅳ类标准的断面比例不足 40%,水质为Ⅴ类和劣Ⅴ类的断面比例高于 60%,其中劣Ⅴ类的断面比例高于 50%。如图 2-28 所示,从不同流域分布来看,水质为Ⅴ类和劣Ⅴ类的断面主要分布在淮河流域,其次是黄河流域,数量由多到少依次为:淮河流域(58 个)>黄河流域(27 个)>海河流域(23 个)>长江流域(11 个)。水质为劣Ⅴ类的断面主要分布在淮河流域,其次是黄河流域,数量由多到少依次为:淮河流域(54 个)>黄河流域(27 个)>海河流域(23 个)>长江流域(10 个)。从时间上来看,水质为Ⅴ类和劣Ⅴ类的断面在春季出现频次最高,其次是秋季。

从全省种植业、养殖业及农村生活污水等面源污染监控断面统计结果看,总氮超标呈

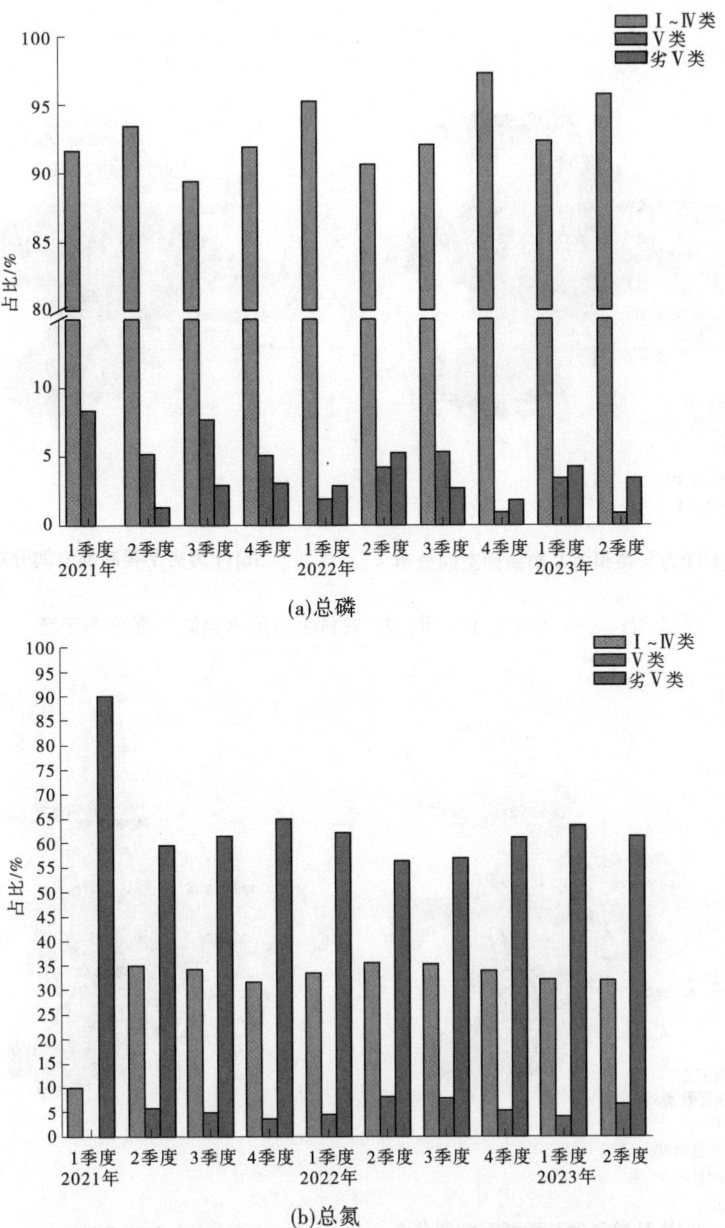

图 2-26　达到不同水质类别的农村生活污染控制断面占比

主要污染特征。最大值呈现:农村生活污水污染(47 mg/L)>养殖业排放污染(28.9 mg/L)>种植业污染(24.2 mg/L),总磷也呈相应规律。

四、农村黑臭水体现状

(一)水体数量及面积

根据河南省农村黑臭水体排查工作建立的管理台账,截至2023年底,全省共有1 296个农村黑臭水体列入国家和省管控清单,黑臭水体总面积为4 249 934.83 m²。其中,黑

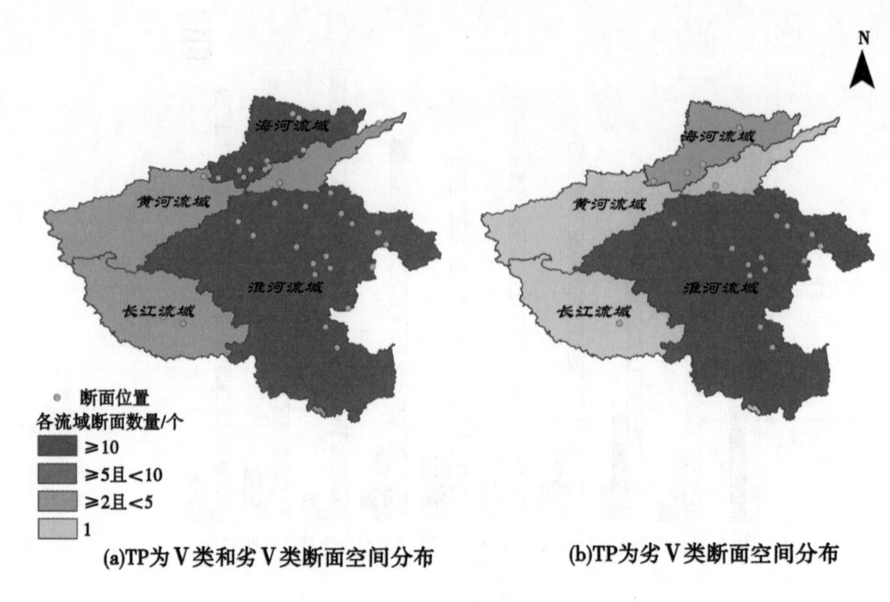

图 2-27　Ⅴ类和劣Ⅴ类水质(TP)农村生活污水控制断面分布示意

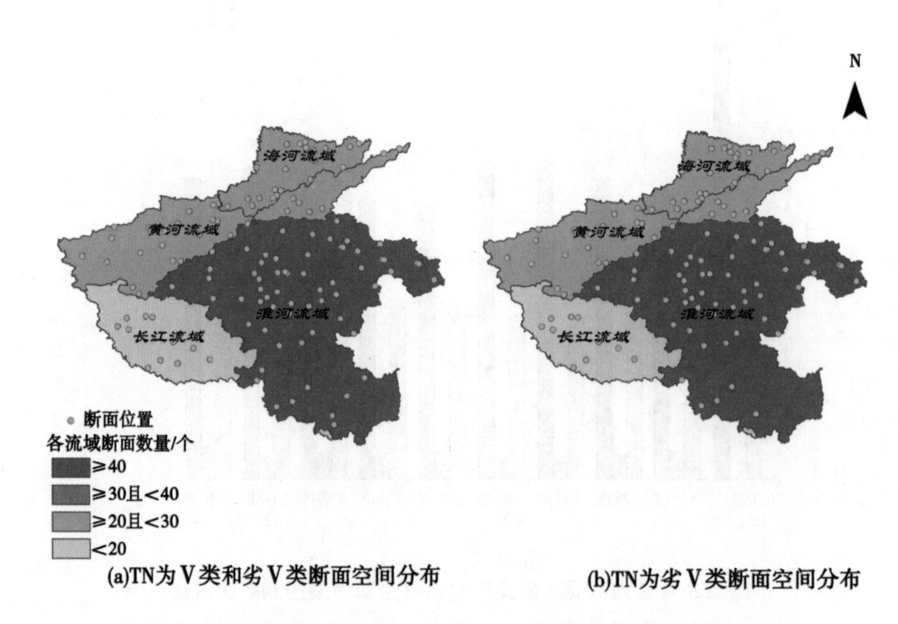

图 2-28　Ⅴ类和劣Ⅴ类水质(TN)农村生活污水控制断面分布示意

臭水体数量最多、面积最大的是周口市,分别占全省的 41.34%、56.88%;第二是漯河市,分别占全省的 27%、11.1%;第三为郑州市,分别占全省的 7.8%、9.86%;第四是平顶山市,分别占全省的 5.1%、6.02%。4 个市总数量、总面积分别占全省的 81.1%、83.9%。最少的为三门峡市。

(二)水体类型

河南省农村黑臭水体类型包括坑塘、沟渠、河道,其中属于坑塘类的数量和面积分别占全省的 76.4%、69.2%；属于沟渠类的数量和面积分别占全省的 20.2%、23.6%；属于河道类的数量和面积分别占全省的 3.4%、7.2%。水域面积在 1 000 m^2 以下的占 42.0%，其中塘类占 32.4%。周口、漯河、驻马店、信阳等市的塘类黑臭水体占比在 60%以上。

第三节　河南省典型农业生产区面源污染及影响

本书选取了豫西南地区典型农业生产区排子河流域作为重点调查研究对象，分别对干支流水环境、流域主要污染源，重点养殖企业、乡镇、农村污水处理设施建设运行等情况进行现场调查，由河南省生态环境技术中心委托生态环境部长江流域生态环境监督管理局生态环境监测与科学研究中心协同完成。

一、流域概况

（一）地理位置

排子河为清河一级支流，源出淅川县南部山丘，流入汉水，经汉江流入长江，河道全长 136.5 km，流域面积 1 938 km^2。属长江流域汉江中游河水系，主要支流有冢子河、小草河、王良西沟、东大沟、南大沟、南干退水渠等。

（二）地形地貌

排子河流域地势随排子河干流沿程逐渐降低（见图 2-29）。地势西北高、东南低，自西向东呈缓慢倾斜状。排子河上游地貌类型主要为低山、岗地、丘陵，其土壤类型主要为黄棕壤、侵蚀性黄棕壤亚类，较易发生水土流失；其他地貌类型以丘陵为主，土壤类型主要为黑土，属于水土流失轻度侵蚀区。

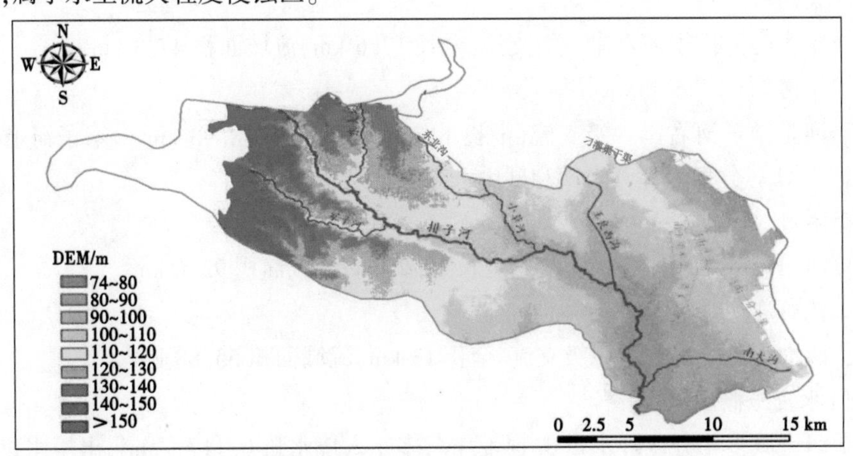

图 2-29　排子河流域地势

（三）气候特征

排子河流域地处北亚热带北缘，属亚热带季风型大陆性半湿润气候，受季风进退影响，寒来暑往、四季分明，年平均降水量723 mm左右，多年平均蒸发量为840.5 mm。区域平均气温15.1 ℃左右，年平均日照时数1 935 h，无霜期平均为229 d，年积温4 934.9 ℃。年日照时数2 003.1 h，日照率为46%。全年太阳辐射总量为110.92 kCal/cm^2，光合有效辐射总量为54.4 kCal/cm^2。光热资源可满足一年两熟制农作物生长的需要。据多年气象资料，该流域60%以上的降水集中在6—9月。

（四）河流水系

排子河流域河流众多，主要支流有东大沟、冢子河、小草河、王良西沟等，见图2-30。

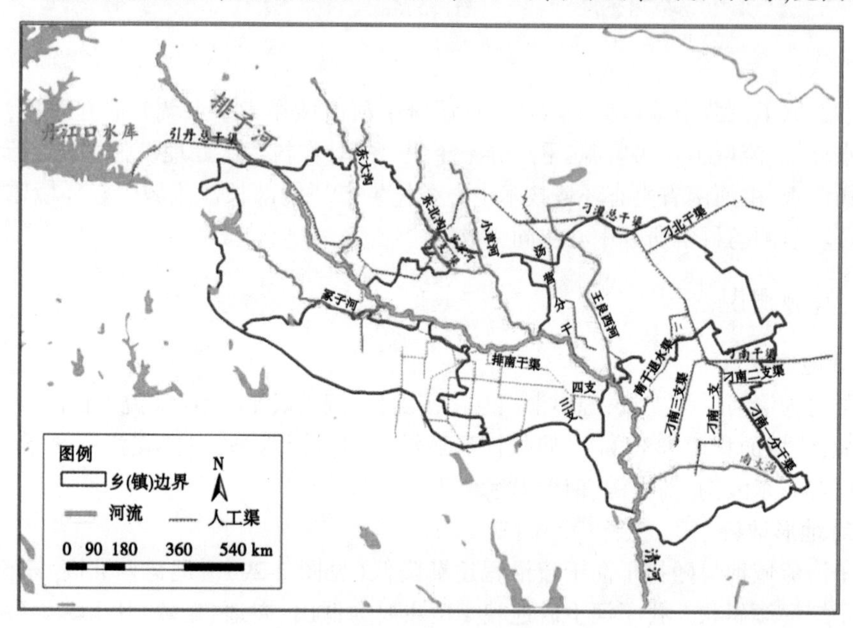

图2-30　排子河流域水系

1. 东大沟

彭桥东大沟为排子河左岸一级支流，全长17.6 km，流域面积47.3 km^2。

2. 冢子河

冢子河是排子河右岸一级支流，全长14 km，流域面积38.93 km^2。冢子河上游有两个小(2)型水库，分别为乔营水库和刘山水库。

3. 小草河

小草河是排子河左岸一级支流。全长19.2 km，流域面积92.6 km^2。

4. 王良西沟

王良西沟为排子河左岸一级支流，全长13 km，流域面积55.88 km^2。

（五）水资源概况

排子河流域多年分区降水量3.14亿m^3，多年入境水量0.117亿m^3，出境水量0.772亿m^3，年平均地表径流量为0.79亿m^3。排子河流域内地下水主要为平原浅层地下水，主要受大气降水补给，消耗于蒸发和水平排泄。在岗丘区、基岩低山及基岩浅埋区，地下水埋深较大，接受大气降水渗入补给，消耗于水平径流排泄。浅层地下水补给量受气象因素控制,丰水年补给量大,消耗量相对减少,水位明显上升。枯水年补给量减少,消耗量相对增大,水位下降明显。

(六)产业类型与经济指标

排子河流域常住人口13.46万人。流域主要以种植业和养殖业为主。2020年,排子河流域单位面积农用化肥施用量在30~60 kg/亩,农药使用量占比20%以上。流域规模以上养殖场有将近40家,主要分布在流域下游区域;规模以下养殖场约有90家,主要分布在流域中上游区域。

二、流域水环境管理要求及质量状况

“十四五”期间,国家对排子河在跨省断面水质考核目标为:2025年达到Ⅳ类要求,2024年前达到Ⅴ类要求。2035年,该断面将计划达到Ⅲ类水质要求。

根据排子河跨省断面和断面监测评价数据进行水质类别、超标指标变化及超标次数分析,总结排子河水环境质量变化特征及规律。

(一)排子河跨省断面水质状况

1. 2022年水质现状

1)水质类别

2022年该断面年度水质类别为Ⅲ类,达到了“十四五”考核目标。2022年监测的12个月中,该断面逐月水质在Ⅱ~劣Ⅴ类,其中有3次出现水质超标,占比25.0%,且有2次水质达到劣Ⅴ类(2月和8月),月度水质超标指标为氨氮和总磷,主要污染指标为氨氮、总磷和五日生化需氧量。2022年排子河跨省断面水质类别占比情况见图2-31。

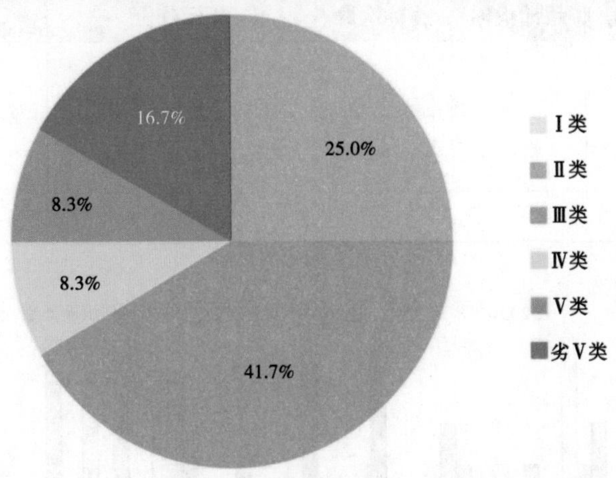

图2-31　2022年排子河跨省断面水质类别占比情况

2)超标指标变化

针对2022年排子河跨省断面年度水质和月度水质出现超标的氨氮和总磷2项指标分析发现:2022年氨氮逐月浓度在0.04~2.81 mg/L,其中,2022年8月浓度最高,浓度超标90%。2022年总磷逐月浓度在0.045~0.320 mg/L,其中,2022年2月和8月浓度最高,浓度超标70%,见图2-32。

对比氨氮和总磷2项指标的逐月浓度及超标倍数变化,发现这2项指标变化趋势存

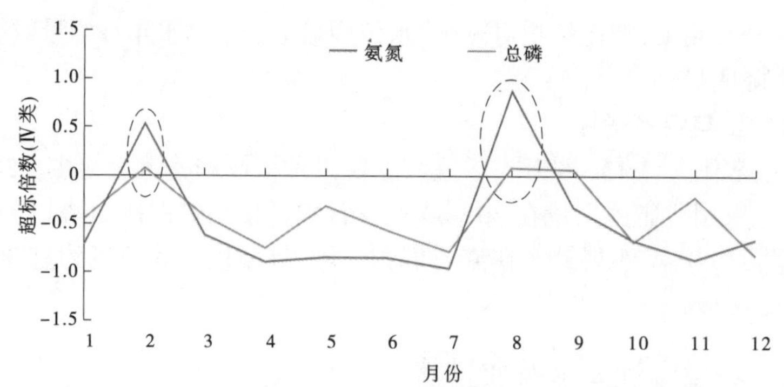

图 2-32　2022 年排子河跨省断面超标指标逐月浓度超标情况

在相似性，说明污染物可能来源于类似或同一污染源。

2.2020—2022 年水质变化

1）水质类别变化

2020 年该断面年度水质为Ⅳ类，满足“十四五”目标考核要求；2021 年该断面年度水质因氨氮浓度超标出现Ⅴ类水质；2022 年该断面年度水质为Ⅲ类，满足“十四五”目标考核要求。从逐月水质来看，2022 年超标次数较 2021 年有所减少，主要超标指标为氨氮和总磷。从月度超标时间来看，2019—2022 年超标月份未发现季节性和周期性规律，见表 2-1 和图 2-33。

表 2-1　2020 年以来排子河跨省断面水质情况

时间	年度水质		月度水质		
	水质类别	超标指标	超标次数	超标月份	主要超标指标
2020 年	Ⅳ	—	3	1、9、10	氨氮、总磷和五日生化需氧量
2021 年	Ⅴ	氨氮	5	1、5、6、8、12	氨氮、总磷和五日生化需氧量
2022 年	Ⅲ	—	3	2、8、9	氨氮、总磷

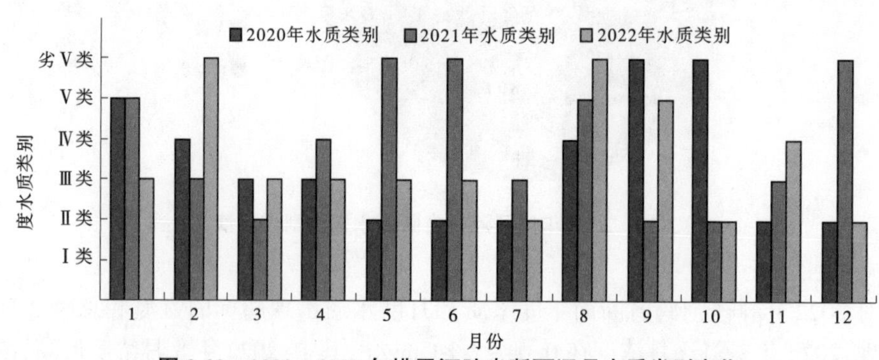

图 2-33　2020—2022 年排子河跨省断面逐月水质类别变化

2）指标变化情况

2020—2022 年，排子河流域的氨氮、总磷和五日生化需氧量 3 项指标均经历了先上升后下降的变化。特别是在2022年，这3项指标的年均浓度均有所下降，表明该流域的水质污染状况有所改善。氨氮的改善最为显著，年均浓度下降了近40%，而总磷和五日生化需氧量的下降幅度相对较小，但也显示出了污染程度减轻的趋势，如图2-34所示。

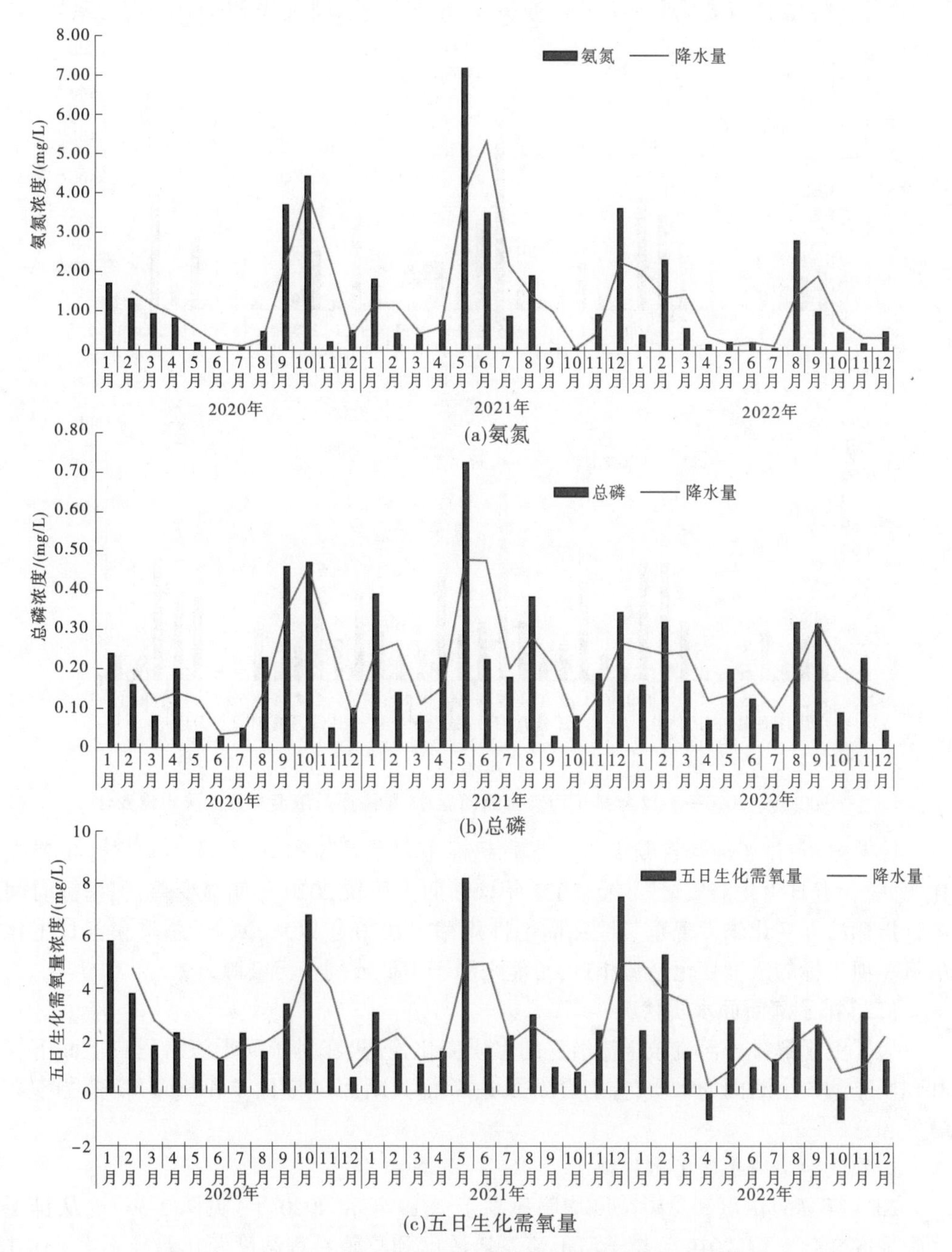

(a)氨氮

(b)总磷

(c)五日生化需氧量

图2-34　2020—2022年排子河跨省断面主要超标指标浓度变化

对比2020年以来氨氮、总磷和五日生化需氧量的逐月浓度变化，发现这3项指标变化趋势存在相似性，说明污染物可能来源于类似或同一污染源。

3）氨氮、总磷与降水关系

2020年以来，排子河流域月度降水量在2.3～516.4 mm（数据来源：生态环境部综合业务平台）。通过对比分析排子河跨省断面氨氮、总磷逐月浓度与月度降水量变化（见图2-35），5—10月氨氮浓度和总磷浓度较高，说明排子河水质与汛期有一定关系。

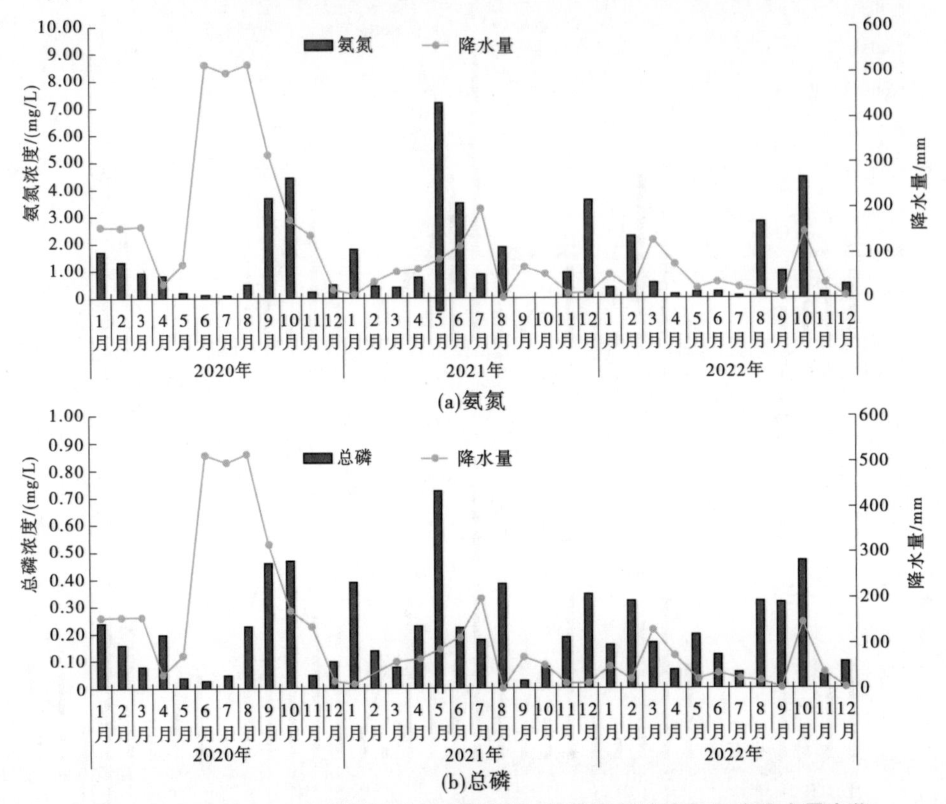

图2-35 2020—2022年排子河跨省断面氨氮、总磷逐月浓度与月度降水量变化

综上分析，排子河跨省断面年度水质超标主要受氨氮影响，月度水质超标主要受氨氮、总磷和五日生化需氧量影响。2021年该断面水质较2020年明显变差，但超标时间和超标指标浓度变化未发现季节性和周期性规律。2020年以来，氨氮、总磷和五日生化需氧量3项指标的浓度变化趋势相近，可能来源于类似或同一污染源。

（二）排子河断面水质状况

为了更了解排子河流域干流沿程的水质变化情况，在排子河干流沿程自上而下收集和现场监测5个断面的水质，分别设断面1、断面2、断面3、断面4和断面5。监测参数为氨氮和总磷。

1.氨氮和总磷年度变化特征

2021年氨氮浓度和总磷浓度均明显高于2019年和2020年（见图2-36）。从排子河沿程浓度变化来看，2019年排子河干流氨氮浓度和总磷沿程浓度变化差异不大，2020年和2021年氨氮浓度和总磷浓度自断面2开始均呈升高趋势，并在断面5达到最高，说明该断面下游有污染物输入。对比氨氮浓度和总磷浓度发现两者沿程变化趋势相近，说明污染物具有同源性。

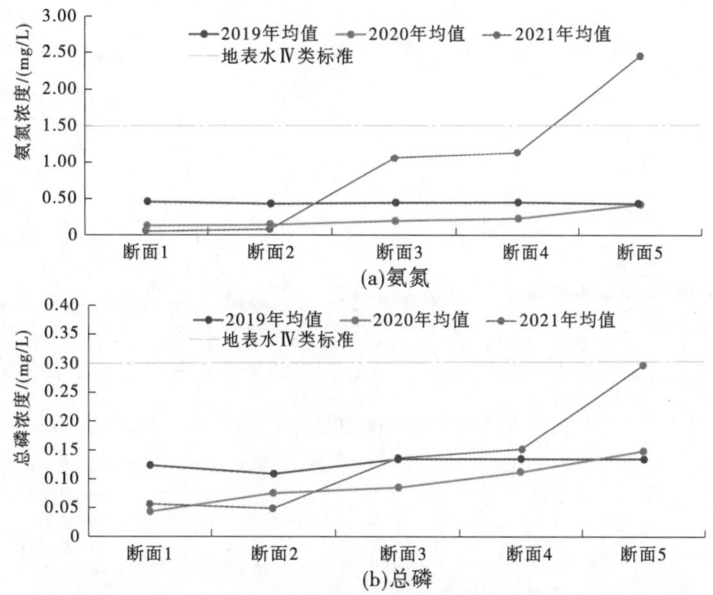

(a)氨氮

(b)总磷

图 2-36　2019~2021 年排子河断面氨氮和总磷年均浓度变化情况

2022 年,对各断面进行了连续 12 个月的监测,结果显示断面 5 的年度水质类别为Ⅳ类,污染指标为氨氮,其余 4 个断面年度水质类别均优于Ⅳ类。从排子河沿程浓度变化看,总磷浓度自断面 1 开始逐渐升高,在断面 5 达到最高;氨氮浓度呈现上升趋势,在断面 2、断面 3 基本持平,并在断面 5 达到最高,说明断面 5 上游有污染物输入。对比氨氮浓度和总磷浓度发现两者沿程变化趋势相近,说明污染物具有同源性。

2. 氨氮和总磷月度变化特征

2021 年,断面 5 的总磷浓度和氨氮浓度相比 2019 年和 2020 年有所升高,且该年的超标次数最多。总体来看,2022 年的总磷浓度和超标次数与 2021 年基本持平,而氨氮浓度和超标次数较 2021 年有所降低。2019—2021 年排子河断面氨氮和总磷逐月浓度变化情况见图 2-37。

从 2019—2022 年的数据分析可知,排子河上游的断面 1 和断面 2 的氨氮和总磷逐月浓度从未出现超标情况。相比之下,断面 5 的氨氮和总磷逐月浓度超标次数最高,其次是断面 4 和断面 3。这 3 个断面(断面 5、断面 4、断面 3)的氨氮和总磷逐月浓度变化趋势较为相近,表明这些断面氨氮浓度和总磷浓度升高的原因可能相同。

尽管在 2022 年氨氮浓度和超标次数有所降低,但总磷的情况并未得到明显改善,且断面 5 的污染问题相对较为严重。

综上分析,2022 年断面 5 的氨氮和总磷年均浓度及月度超标次数均低于 2021 年,说明 2022 年断面 5 的氨氮和总磷污染呈减弱趋势。2020 年、2021 年和 2022 年排子河氨氮和总磷年均浓度较高位置多出现在断面 4 和断面 5,说明排子河下游存在较多污染源。

(三)小结

(1)排子河跨省断面水质超标主要受氨氮、总磷和五日生化需氧量影响。2022 年的断面水质较 2020 年和 2021 年明显变好,但超标时间和超标指标浓度变化未发现季节性

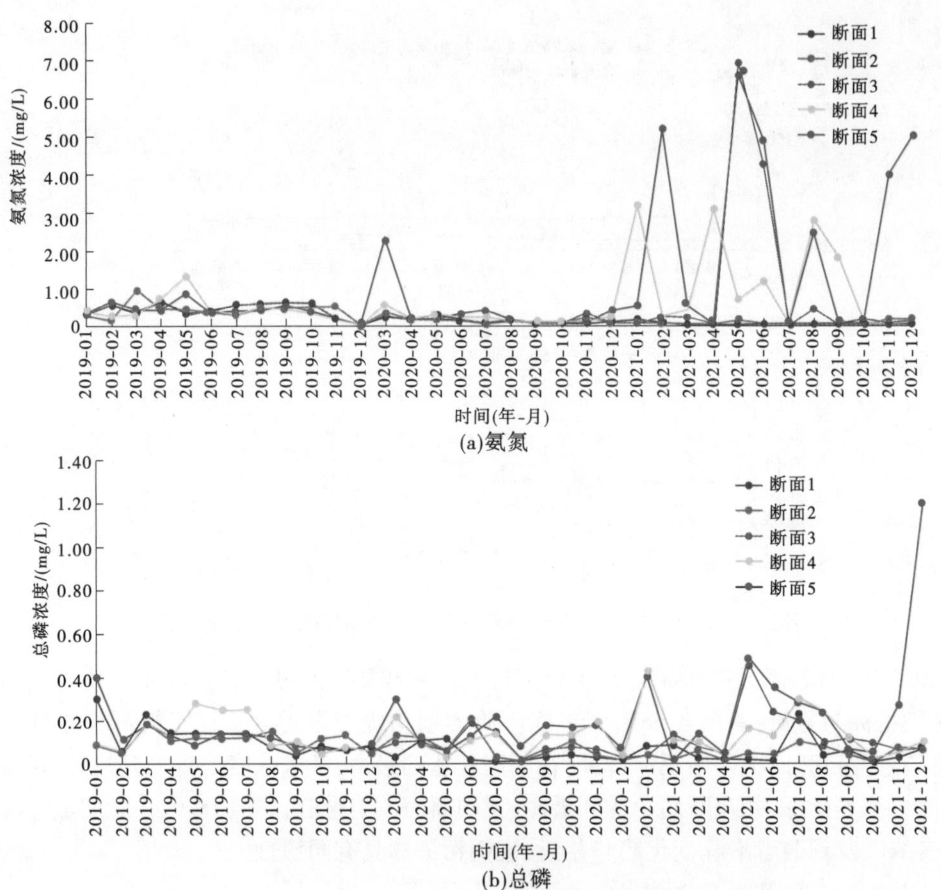

(a)氨氮

(b)总磷

图 2-37　2019—2021 年排子河断面氨氮和总磷逐月浓度变化情况

注:2020 年 1 月和 2 月未取样监测。

和周期性规律。2020 年以来氨氮、总磷和五日生化需氧量 3 项指标的浓度变化趋势相近,可能来源于类似或同一污染源。

(2)2021 年,断面 5 的氨氮和总磷的年均浓度及月度超标次数均明显高于 2019 年和 2020 年,断面 5 的氨氮和总磷污染呈加重趋势。2020 年和 2021 年氨氮浓度和总磷浓度自断面 2 开始均呈升高趋势,并在断面 5 达到最高,说明断面 5 上游有污染物输入。断面 3 和断面 4 氨氮和总磷逐月浓度超标次数仅次于断面 5,说明排子河断面 3 至断面 4 河段存在较多风险污染源。

三、重点养殖企业环境污染调查与评价

结合排子河流域养殖企业的分布情况以及水质调查情况,选取排子河流域内 4 家典型养殖企业(A、B、C 和 D)开展周边水域环境污染现状调查监测。

(一)调查监测内容和评价方法

1. 监测点位布设

1)企业排口周边水质、底质监测

在 A 企业和 C 企业场界所在水域上游 500 m 处、企业主要入河排口下游 20~50 m

处、企业场界下游 500 m 处分别布设加密监测断面各 1 个。

2）企业消纳农田排水渠及支流对照监测

在所调查企业开展土壤消纳农田的周边排水渠汇入支流处开展水质监测，并在其汇入支流进入排子河干流上游 300～500 m 各处设置 1 个水质对照监测断面。

3）企业还田沼液消纳污染监测

在企业还田沼液排放末端取样监测。

2. 监测参数及频次

水质监测参数：水温、pH、溶解氧、高锰酸盐指数、化学需氧量、五日生化需氧量、氨氮、总磷、总氮和总有机碳等 10 项。

沼液监测参数：氨氮、总磷、化学需氧量等 3 项。

底质监测参数：含水量、pH、镉、汞、砷、铅、铬、铜、镍、锌、总磷、总氮、有机质等 13 项。

3. 评价方法

水质采用单因子评价方法，即以各评价参数统计均值与《地表水环境质量标准》（GB 3838—2002）标准值比较，确定单项参数的类别，以评价参数中最劣类别或级别代表其环境质量状况。

（二）企业排口周边水体水质和底质状况

本次调查围绕 B 企业和 C 企业场界所在水域上游 500 m 处、企业主要入河排口下游 20～50 m 处、企业场界下游 500 m 处加密布点监测水质和底质状况，共布设点位 6 个。

1. 重点企业排口周边水体水质状况

本次调查的 B 企业和 C 企业排口及其上下游各 500 m 处 6 个监测点水质在Ⅲ～Ⅳ类之间，主要定类指标为五日生化需氧量、溶解氧和总磷。

从污染物浓度变化分析，B 企业和 C 企业周边水体主要定类指标为五日生化需氧量、溶解氧和总磷，与支流监测结果相吻合。对比氨氮浓度和总磷浓度变化发现，B 企业和 C 企业的排口下游 50 m 处总磷和氨氮均出现一定程度的升高，到下游 500 m 断面总磷、氨氮均出现快速消减（见图 2-38），但未出现超Ⅳ类限值情况，应是受企业排污的影响造成的。

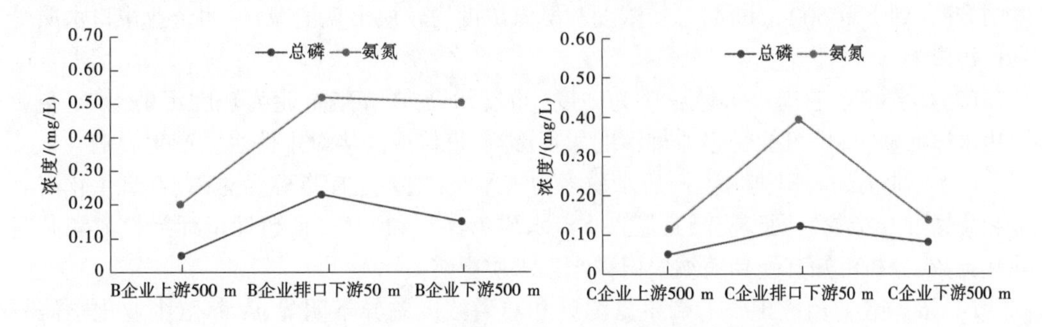

图 2-38　B 企业和 C 企业周边水体氨氮浓度和总磷浓度变化

2. 养殖企业周边水体底质氮、磷污染状况

本次调查的 B 企业和 C 企业排口及其上下游各 500 m 处 6 个监测点底质监测结果

表明:受企业排污的累积影响,养殖企业周边水体底质氮、磷出现一定程度的污染,其中C企业为中度-重度污染,B企业为轻度污染。

(三)企业消纳农田排水渠水质状况

排子河流域产业结构以农业种植为主,而农田排水渠又是农业面源污染汇入的水利通道,分析农田排水渠及汇入支流水质情况,可初步判断农业污染现状。

本次调查围绕A、B、C和D等4家养殖企业消纳农田周边排水渠和其汇入支流及汇入排子河干流前上游300~500 m各处开展调查监测工作,共布设点位7个。监测结果表明:B、C和D等养殖企业消纳农田排水渠雨后水质较差,均为劣Ⅴ类,主要超标指标是总磷、五日生化需氧量和高锰酸盐指数。A养殖企业消纳农田排水渠雨后水质为Ⅴ类,超标指标是高锰酸盐指数。同步监测4家养殖企业消纳农田排水渠所汇入的支流水质发现:除一条支流为Ⅲ类外,其他两条支流分别为Ⅳ类和Ⅴ类,且超标指标为氨氮和高锰酸盐指数。

从污染物浓度变化分析,各养殖场消纳农田排水渠总磷浓度范围为0.07~1.23 mg/L,其中最大值出现在C养殖企业;氨氮浓度范围为0.437~0.902 mg/L,其中最大值出现在C养殖企业;化学需氧量浓度范围为9~68 mg/L,其中最大值出现在D养殖企业。总磷、化学需氧量等污染物从消纳农田排水渠汇入主要支流后,经过支流汇水及河道的消减,相关污染物在支流口均出现明显的消减。

(四)企业消纳沼液质量

通过A、B、C和D 4家典型养殖企业沼液排放末端取样监测发现,总磷浓度在21.0~28.5 mg/L,氨氮浓度在12.0~17.8 mg/L,氨氮浓度和总磷浓度差异不大。但化学需氧量浓度差异较大,A养殖企业消纳沼液高达3 600 mg/L,B、C和D 3家养殖企业浓度在650~903 mg/L,浓度差异相对较小。

(五)小结

通过排子河流域4家典型养殖企业(A、B、C和D)周边水域环境污染现状调查发现:

(1)养殖企业排口周边水体水质为Ⅲ~Ⅳ类,水质类别差异不明显,主要定类指标为五日生化需氧量、溶解氧和总磷。但排口下游50 m处总磷浓度和氨氮浓度均出现一定程度的升高,到下游500 m断面总磷浓度和氨氮浓度均较快出现消减,说明企业排口水质受到排污影响。

(2)C养殖企业周边水体底质为中度-重度污染,B养殖企业为轻度污染,养殖企业周边水体底质氮、磷可能受企业排污的累积影响,直接或间接对水体水质产生影响。

(3)企业消纳农田排水渠雨后水质多为劣Ⅴ类,主要超标指标为总磷、五日生化需氧量和高锰酸盐指数。同步监测其汇入支流水质为Ⅳ类和Ⅴ类,且超标指标为氨氮和高锰酸盐指数,分析可知其受到消纳农田排水渠水质影响。

(4)养殖企业沼液排放末端氨氮浓度和总磷浓度差异不明显,A养殖企业化学需氧量浓度高达3 600 mg/L,较其他企业浓度差异较大。

四、流域污染源调查与分析

经排子河流域实地勘察分析发现,排子河流域内不存在工业、矿区和三磷企业污染源,污染源类型主要为乡镇生活、农村生活、畜禽养殖、水产养殖和农业种植5个方面。以水质监测数据和统计资料为基础,根据流域污染情况,选取氨氮、总磷和化学需氧量3种主要污染物指标,分别计算各类型污染源和各乡镇对流域污染物的贡献率,为排子河污染原因诊断和纳污能力核算提供支撑。

(一)污染负荷现状核算

1. 乡镇生活

1)乡镇生活污水收集处理情况

目前,排子河流域已建成运行的污水处理厂仍存在相应的配套收集管网不齐全、污水收集量小的问题,大部分污水还是以直排形式入河。

2)乡镇生活源入河污染负荷核算

乡镇生活源水污染物产生量和主要污染物的排放量及入河量计算公式如下。

乡镇生活污水产生量计算公式如下:

$$P_{1,j} = 365 \times N \times Q \times K \times C_{1,j} \times 10^{-9} \tag{2-1}$$

式中:$P_{1,j}$ 为生活污水中第 j 种污染物产生量,t/a;N 为常住人口,人;Q 为人均用水量,L/(人·d);K 为污水产生系数,无量纲;$C_{1,j}$ 为第 j 种污染物(化学需氧量、氨氮、总磷)浓度,mg/L。

乡镇生活污水排放量估算公式如下:

$$W_j = P_j \times \beta \tag{2-2}$$

式中:W_j 为乡镇生活第 j 种污染物排放量,t/a;P_j 为乡镇生活第 j 种污染物产生量,t/a;β 为乡镇生活污染物流失系数,无量纲。

乡镇生活污水入河量计算公式如下:

$$R = W \times A \tag{2-3}$$

式中:R 为乡镇生活第 j 种污染物入河量,t/a;W 为乡镇生活第 j 种污染物排放量,t/a;A 为乡镇生活污染物入河系数,无量纲。

结合《第二次全国污染源普查产排污核算系数手册——生活污染源产排污手册》中乡镇生活源水污染物产污系数和排子河流域内人口数量,考虑流域乡镇污水处理设施尾水排放量,经计算得到,排子河流域内乡镇生活污水中化学需氧量入河量为312.69 t,氨氮入河量27.22 t,总磷入河量3.88 t。

2. 农村生活

1)农村生活污水收集处理情况

当前排子河流域整体上厕改率仍不高,并存在配套管网不足、运维难等问题。

2)农村生活源入河污染负荷核算

农村生活源水污染物产生量、排放量、入河量采用排放强度法进行计算,计算公式同乡镇生活源。

经计算,排子河流域农村生活污水中化学需氧量入河量为189.02 t,氨氮入河量为5.29 t,总磷入河量为0.50 t。

3. 畜禽养殖

1）畜禽养殖情况

截至目前，排子河流域规模化畜禽养殖场将近40家，养殖种类为生猪、奶牛、肉牛和蛋鸡。37家规模化养殖场均已配套粪污存储设施，配套消纳土地2万余亩。规模以下畜禽养殖场养殖种类主要为生猪、肉牛和蛋鸡。规模以下养殖场则采取建设凉粪场、储污池等粪污存储设施，经堆沤发酵，无害化处理后就近还田。

2）负荷核算情况

参照《排放源统计调查产排污核算方法和系数手册——农业源产排污系数手册》中的"表4 畜禽规模化养殖排污系数"和"表5 畜禽养殖户养殖排污系数"，并结合《全国水环境容量核定技术指南》，对畜禽废渣以回收等方式进行处理的污染源，按排放量的12%计算污染物流失量。据调查，排子河流域畜禽养殖废弃物资源化综合利用率均达到92%以上，视同排子河流域内畜禽养殖废弃物得到有效回收及利用，因此畜禽养殖废水入河系数取0.12。

经计算得出，排子河流域畜禽养殖污染物中化学需氧量入河量为563.66 t，氨氮入河量为7.74 t，总磷入河量为9.20 t。

4. 水产养殖

排子河流域分布有淡水养殖，主要养殖模式为池塘养殖、"稻虾共作"和"稻蛙共作"，排子河流域无海水养殖分布。参照《排放源统计调查产排污核算方法和系数手册——农业源产排污系数手册》中的"表6 水产养殖业排污系数"河南地区数据，排子河流域内水产养殖污染物排放系数分别取：化学需氧量14.279 g/(kg·a)、氨氮0.516 g/(kg·a)、总磷0.048 g/(kg·a)。排子河流域内水产养殖以池塘养殖为主，由于鱼塘与主河道不直接相连，其污染负荷并非全部进入河流水体，而是在迁移过程中被消耗，水产养殖废水入河系数取0.11。

经计算得出，排子河流域水产养殖污染物中化学需氧量入河量为5.14 t、氨氮入河量为0.19 t、总磷入河量为0.02 t。

5. 农业种植

由于传统农业种植方式所施用的高量农药、化肥通过地表径流汇入排子河，形成农业面源污染。

根据《排放源统计调查产排污核算方法和系数手册——农业源产排污系数手册》中的"表1 种植业氮磷排放（流失）系数"，河南地区农作播种过程排放（流失）系数分别取：氨氮0.166 kg/hm^2，总磷0.234 kg/hm^2。

按照《全国水环境容量核定技术指南》中的要求，进行相应修正。排子河流域研究区域范围内土壤类型以黏土为主，土壤修正系数取0.7；流域内土地坡度大多在25°以下，坡度流失系数取1.1；根据统计资料，流域内各乡镇化肥亩施用量修正系数取1.1~1.35；流域内多年平均降水量为726.1 mm，介于400~800 mm，流失系数取1.1。上述各修正系数乘以不同污染物的流失系数即可得到各污染物修正后的流失系数。

结合排子河流域内各乡镇耕地数据，核算出排子河流域汇水范围研究区域内农业种植面源污染物中氨氮入河量为7.03 t，总磷入河量为9.91 t。

(二)流域各类型污染物贡献量分析

排子河流域化学需氧量入河量为 1 063.94 t,氨氮入河量为 46.59 t,总磷入河量为 23.40 t。其中,乡镇生活、农村生活、畜禽养殖、水产养殖和农业种植入河污染负荷贡献情况如下(见图 2-39):

(1)对流域氨氮贡献量最高是乡镇生活源和畜禽养殖源,入河负荷量分别高达 26.34 t/a 和 7.74 t/a,占比 56.53%和 16.62%;其他污染源贡献量排序依次为农业种植源、农村生活源和水产养殖源。

(2)对流域总磷贡献量最高是农业种植源和畜禽养殖源,入河负荷量分别高达 9.91 t/a 和 9.20 t/a,占比 42.36%和 39.32%;其他污染源贡献量排序依次为乡镇生活源、农村生活源和水产养殖源。

(3)对流域化学需氧量贡献量最高是畜禽养殖源和乡镇生活源,入河负荷量分别高达 563.66 t/a 和 306.12 t/a,占比 52.98%和 28.77%;其他污染源贡献量排序依次为农村生活源和水产养殖源。

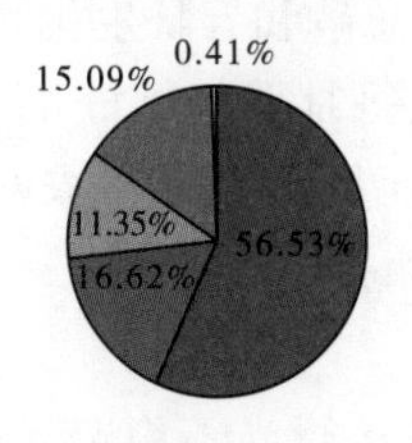

(a)排水河流域氨氮负荷占比

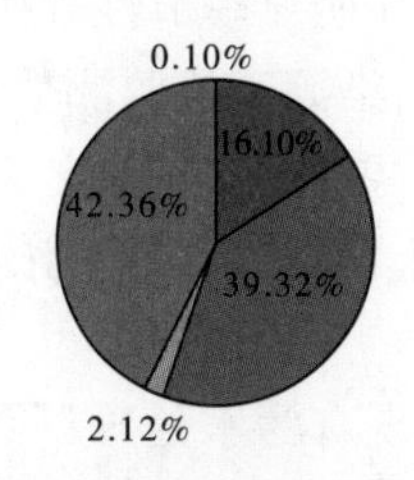

(b)排水河流域总磷负荷占比

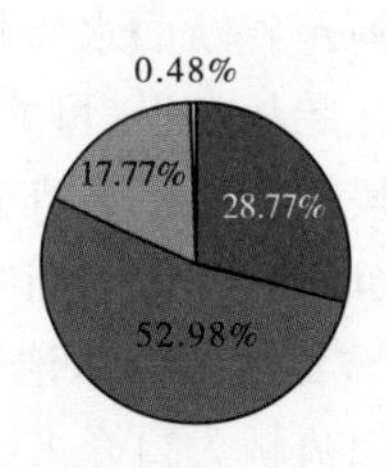

(c)排水河流域化学需氧量负荷占比

■乡镇生活 ■畜禽养殖 ■农村生活 ■农业种植 ■水产养殖

图 2-39 排子河流域主要水污染物不同污染源贡献比例

(三)小结

(1)从污染物贡献量来看,对流域氨氮贡献量最大的是乡镇生活源和畜禽养殖源,对总磷贡献量最大的是农业种植源和畜禽养殖源,对化学需氧量贡献量最大的是畜禽养殖源和乡镇生活源。

(2)从污染物空间分布来看,对流域氨氮、总磷和化学需氧量贡献量排名前三的基本上都是排子河流域中下游各乡镇,地势平坦,人口密集。

(3)从污染源结构来看,基本上以畜禽养殖源、农业种植源和乡镇生活源为主。

五、存在的水生态环境问题

根据排子河干流、支流、底质、消纳土壤及沼液的污染状况调查监测结果和入河污染负荷现状核算,排子河流域存在的水生态环境问题主要如下所述。

(一)部分支流和农田退水渠水质较差

调查发现,排子河上游支流水质较好,而下游水质最差,氨氮、总磷和五日生化需氧量浓度均高于其他支流;流域主要灌溉退水渠水质较差。断面上游来水水质直接影响断面水质是否达标。

(二)河流生态基流难以保证,生态环境脆弱

排子河补水、活水措施主要依靠周边排涝沟渠排水及引丹总干渠补水,退水时间和退水量不稳定,部分河段仍存在环境流量难以保障的问题;现状排子河大部分河段两侧为土质边坡,防冲刷能力不足,水土流失较为严重;河流沿线多样性生境空间较差,受人为干扰和季节性河流特性影响,水生动植物数量很少,生态受人为破坏痕迹较大,生态基流不能保障,河道生态环境脆弱,水体自净能力低下。

(三)畜禽养殖污染风险大

排子河流域畜禽养殖企业较多,分布密集,畜禽养殖产生的氨氮、总磷和化学需氧量入河污染负荷贡献率始终位于第一或第二位,畜禽养殖污染风险较大。目前,流域配套消纳土地可能存在过量消纳问题,加之散养户畜禽养殖难以控制,流域畜禽养殖污染较为严重。调查发现,养殖企业周边消纳农田排水渠水质较差,主要污染指标均为总磷和五日生化需氧量,畜禽养殖企业对周边水体存在较大影响,直接或间接对排子河水质产生影响。

(四)可能存在高浓度污染物偷排或漏排情况

排子河跨省断面水质超标时间不存在明显季节性规律,但氨氮、总磷和五日生化需氧量浓度变化趋势相近,可能来源于同一污染源。从监测数据显示,在每月下旬每日4—12时的时间段内断面水质容易出现超标现象,结合汇入支流现状监测(氨氮和总磷浓度下降明显,水质变化较大),说明国控断面上游可能存在高浓度污染物偷排或漏排情况。

(五)乡镇生活污水治理能力不足

排子河流域人口众多,分布密集,但现有污水处理厂数量较少且运行尚不稳定,故其他镇区存在污水直排入河现象。加上乡镇配套收集管网和设施不齐全,乡镇生活污水大部分还是以直排形式入河。根据入河污染负荷现状核算,排子河流域氨氮主要来自于乡镇生活源,化学需氧量贡献率仅次于畜禽养殖,说明乡镇生活污染负荷较大。

(六)农业面源污染风险高

排子河流域主要以种植业和畜禽养殖业为主,肥料主要以化肥和养殖企业生产的沼液等有机肥为主。根据入河污染负荷现状核算,排子河流域总磷主要来自于农业种植源,氨氮贡献率仅次于畜禽养殖源,流域农业种植污染负荷较大。对流域农田土壤调查发现,未消纳沼液的农田土壤养分含量较高,加之流域消纳沼液农田面积大,排子河流域西北高、东南低的地势和容易被冲刷的黄棕壤土壤类型,使得排子河流域农业面源污染风险较高。

(七)农村生活污水直排入河

排子河流域的农村生活源对流域化学需氧量贡献率仅次于畜禽养殖源和乡镇生活源,农村生活污染不容忽视。目前,区域内已建成的农村生活污水处理设施均由于配套管网不足、运维难等问题未正常运行。流域各乡镇整体上厕改率不高,农村生活污水主要通过自然沟渠直排入河,对排子河水质有一定影响。

(八)河道底泥污染存在潜在风险

通过现场调研发现,排子河流域部分河道污染物淤积严重,特别是经镇区河段水流缓滞、河床抬高。多数退水渠底质及企业周边水体底质污染更为明显。排子河流域受排污累积影响,河道底泥中富集的污染物成为影响水质的潜在风险。

第四节 河南省农业面源污染特征

一、种植业水环境污染特征

从河南省种植业流失控制断面水质数据统计结果可知，其种植业污染特征主要表现在：

（1）在监测因子中，总氮超标比例较严重。从空间分布来看，无论是劣Ⅴ类断面比例还是出现频次，淮河流域均为污染最严重的区域，其次是黄河流域和海河流域，长江流域受影响较小。这表明全省不同流域特别是淮河流域和黄河流域部分区域仍存在单位耕地化肥施用量过高，并且多数地区耕地化肥施用量、肥源比例、化肥施用方式不合理，导致化肥有效利用率较低、养分流失率高等情况。

（2）在化肥施用结构上，仍为重化肥、轻有机肥；结合河南省化肥中氮、磷肥的施用比例（2021 年河南省化肥氮肥∶磷肥为2.13∶1），可知河南省氮肥施用比例过大，超出农业生产的合理比例（我国平均水平为氮肥∶磷肥为1∶0.31），氮肥使用偏高，且施肥方式多采用人工撒施，不合理的肥料施用导致肥料利用率低，同时造成农田氮负荷不断升高，这也是导致河南省总氮超标严重的原因之一。

二、养殖业水环境污染特征

河南省作为畜牧大省，全省畜禽养殖体量大，污染负荷总量偏大，治理设施建设水平参差不齐，畜牧业高质量发展与生态环境保护还存在不协调的问题。从全省地表水养殖业污染控制断面水质数据可知，其养殖业污染成因主要表现在：

（1）据第二次全国污染源普查结果显示，全省畜禽养殖业总氮排放量占全省农业源污染物排放量的 48.24%。养殖业总氮污染负荷总量较大，给流域出境断面稳定达标带来不小压力，增加了发展与保护协调发展的难度。

（2）从空间分布来看，无论是劣Ⅴ类断面比例还是出现频次，淮河流域均为污染最严重的区域，然后是黄河流域和海河流域、长江流域。对应的这四大流域，豫东、豫西、豫北、豫南区域的畜禽养殖规模（折算猪当量）占全省养殖总规模比例分别为 35.44%、36.21%、12.08%和 16.26%。据调查，平原区域素有传统养殖习惯，养殖密集度高，豫南、豫东、豫北区域猪当量分别高达 596 头/km^2、835 头/km^2、636 头/km^2，污染物排放量相对集中，这些地区大部分处于缺水地区，水环境承载压力大，部分地区畜禽粪污土地承载力不足。豫西山区，畜禽养殖量相对较小，猪当量为 372 头/km^2。

（3）从时间来看，总磷与农业生产活动（如施有机肥、灌溉、作物收获等）以及降水、温度等因素有关；总氮季节性特征复杂，与氮素转化过程、径流条件等多种因素相关。

（4）从整体来看，河南省养殖业污染控制断面总氮超标比较严重，这反映出全省养殖业污染治理设施仍然薄弱。较多畜禽规模养殖场存在着治理设施与养殖规模不配套、治理设施建设标准不高等问题。部分畜禽养殖场粪污存储发酵池容积不能与还田利用时间间隔时长较好匹配,并缺乏环保高效的施用机械。规模以下畜禽养殖场(户)点多面广,经济能力有限,粪污处理设施相对简单。雨水沟和排污沟合用,造成雨水和污水共排。

(5)粪肥还田利用存在差距。粪肥施用时多为漫灌、抛洒等粗放还田方式,养分损失大。中小规模养殖场建设的处理利用设施使用率低,粪肥质量参差不齐;粪肥质量缺乏检测机制,无害化要求难以保障;施肥数量缺乏强制性约束,存在超量施用问题。

(6)环境监管能力亟待加强。《畜禽规模养殖污染防治条例》仅规定了畜禽规模养殖场应承担污染防治主体责任,规模以下畜禽养殖场(户)执法监管依据不充分,缺乏系统化、链条化、信息化监管手段,事中事后监管方法不多、效果不好,已建立的还田计划和还田台账管理制度质量不高。环境污染监督监测体系尚不健全,偷排、漏排等环境违法行为还未有效杜绝。粪肥超量利用等影响环境质量问题难以管控。

三、农村生活污水污染特征

从目前来看,河南省农村生活污水污染特征有以下表现:

(1)管网覆盖不足,设施稳定运行率不高。在河南省农村地区生活污水分散、总量大,受自然条件和经济发展水平及农村地区居民生活习惯的影响,收集管网不完善、管网覆盖率较低、沟渠和边沟未能建设防渗措施等因素,且农村生活污水水量不稳定,污水排放呈不连续状态,导致河南省农村生活污水收集困难,绝大多数农村生活污水处理设施实际处理规模小于甚至远小于设计规模,影响处理设施运行效率。

(2)重建设、轻运行维护,难以稳定达标。处理设施建设是基础,运行维护才是农村生活污水处理的关键所在。由于农村生活污水处理设施建设资金来源不同,建设主体不同,主管部门不同,设施运行维护主管部门、运行维护主体不同,建设与运行维护之间权责错综复杂,导致设施权责不清。在处理设施建设完成后对于后期的运行维护工作不重视,导致处理设施不能稳定达标运行,影响农村生活污水处理效率。

(3)虽然河南省在农村生活污水治理方面正在不断加大投资力度,但由于河南省农村数量多、分布广、人口众多,目前资金投入力度仍然偏小,且资金来源以政府财政为主,设施建设完成后,当地政府未将设施运维费用纳入财政预算。目前,农村生活污水处理设施专业技术人员严重缺乏,运维人员多为乡镇工作人员或者聘用附近村庄居民,对污水处理知识知之甚少,污水处理设施不能进行有效的运行维护,导致设施运行维护效果较差。

(4)河南省存在乡镇污水未被有效处理而直排入河造成污水入河浓度高等问题。仍有大部分农村区域未建设污水治理设施,存在生活污水平时"藏污纳垢",雨天集中冲刷直排入河的情况。农村生活垃圾收集运送不及时或管理不到位,存在河道及河边随意倾倒等问题,也是造成小流域水环境污染的原因之一。

四、农村黑臭水体污染特征

河南省农村黑臭水体污染特征主要有以下几个方面:

(1)从全省来看,农村黑臭水体多为坑塘和沟渠,多位于居民区内或附近,水体面积和水量较小，多为死水，容易受到农村生活污水、农业种植、畜禽养殖和水产养殖等各类污染源的影响。

(2)一些地方在治理黑臭水体后没有建立或者执行长效管理机制，导致问题反弹，出现返黑返臭的情况普遍。没有将农村黑臭水体治理与周边环境综合治理相结合，如垃圾处理、农业面源污染控制等，导致治理效果不持久。

(3)农村黑臭水体的治理需要系统性的方法，包括控源截污、内源治理、生态修复等措施，但目前部分地区仍缺乏这种系统性的治理方案。

(4)部分农村地区由于缺乏资金、技术和管理能力等因素，导致对黑臭水体的治理和管理措施不到位，这使得黑臭水体问题得不到有效解决，甚至可能进一步恶化。

参考文献

[1] 河南省人民政府办公厅. 河南省四水同治规划(2021—2035 年):豫政办〔2021〕84 号[A/OL]. (2022-01-24)[2024-06-03]. https://www.henan.gov.cn//2022/01-24/2387558.html.

[2] 河南省统计局,国家统计局河南调查总队. 2022 年河南省国民经济和社会发展统计公报[R]. 2023.

[3] 国家统计局. 中国统计年鉴:2022[M]. 北京:中国统计出版社,2022.

[4] 河南省统计局,国家统计局河南调查总队. 河南省统计年鉴(2022)[M]. 北京:中国统计出版社,2022.

[5] 河南省水文水资源测报中心. 2022 河南省水资源公报[R]. 郑州:河南省水利厅,2022.

[6] 河南省自然资源厅. 2022 年河南省自然资源统计公报[R]. 郑州:河南省自然资源厅,2022.

[7] 张亮,石为位. 河南省农田水利现代化水平评价与时空演变[J]. 中国农村水利水电,2022(10):171-176.

[8] 冯峰,孙莹,冯跃华,等. 基于流向跟踪和差异度的引黄灌区完备度评价[J]. 人民黄河,2019,41(11):159-164.

[9] 河南省现代农业研究会高标准农田建设专业委员会. 2022 河南高标准农田发展报告[R]. 2022.

[10] 国家统计局. 中国农村统计年鉴:2023 年[M]. 北京:中国统计出版社,2023.

[11] 杨林章,薛利红,巨晓棠,等. 中国农田面源污染防控[M]. 北京:科学出版社,2022.

第三章 河南省农业面源污染成因分析

第一节 农业面源源头污染

一、农药、化肥污染

(一)化肥使用量趋势分析

1. 农用化肥使用量

1)全省农用化肥使用量

河南省农用化肥使用量变化趋势分为两个阶段:2010—2015 年,农用化肥使用量呈逐渐上升的趋势,2015 年达到最大,约为 716 万 t,比 2010 年多 60 万 t 左右;2015—2022 年,农用化肥使用量逐年减少,2022 年使用量约 595 万 t,约比 2015 年少 121 万 t,见图 3-1。

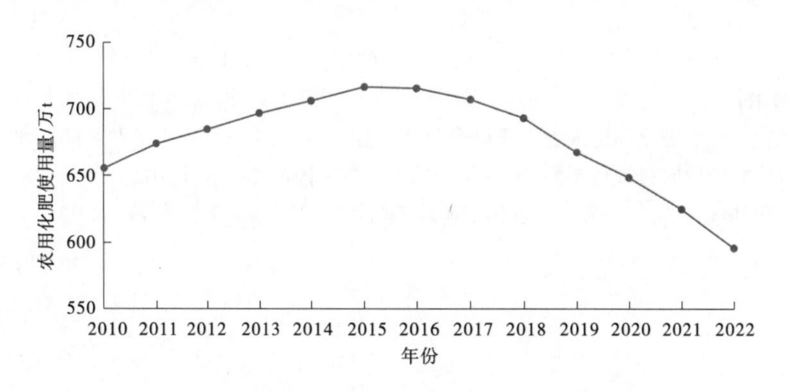

图 3-1 2010—2022 年河南省农用化肥使用量

河南省是我国重要的商品粮基地和棉、油、烟主产区之一,河南省粮、棉、油、烟产量的提高离不开化肥的使用。2015 年以后河南省大力推广小麦、水稻、玉米、蔬菜、果树与大宗经济作物等减肥增效技术模式,通过采取测土配方施肥、种植结构调整、有机肥替代、示范带动、信息服务减量行动等五大行动,不断调"绿"农业生产方式,推动实现化肥使用量零增长。

2)省辖市农用化肥使用量

2021 年,周口市、南阳市、驻马店市和商丘市的农用化肥使用量位居河南省前四位,分别为 86 万 t、72 万 t、71 万 t 和 68 万 t，分别占 2021 年河南省化肥使用量的 13.8%、11.57%、11.38%和 10.94%，4 个省辖市共占 2021 年河南省化肥使用量的 47.69%，见图 3-2。

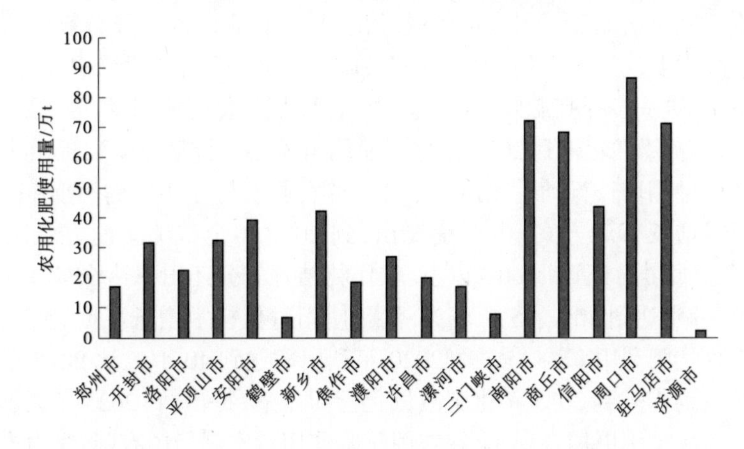

图 3-2　2021 年河南省各省辖市农用化肥使用量

周口市、南阳市、驻马店市、商丘市主要位于长江流域和淮河流域，地势平坦，适于耕种。2021 年，周口市、南阳市、驻马店市、商丘市的播种面积分别为 1 843 hm^2、2 024 hm^2、1 835 hm^2、1 466 hm^2，分别占全省总播种面积的 12.54%、13.77%、12.48%、9.97%，共占全省总播种面积的 48.76%。由此可以看出，农用化肥使用量与播种面积呈正相关，播种面积越大，化肥使用量就越多。

2. *农用化肥单位播种面积使用量*

2010—2015 年，河南省农用化肥单位播种面积使用量逐年增加，2015 年单位播种面积使用量达到 480 kg/hm^2；2015—2022 年，河南省农用化肥单位播种面积使用量逐年下降，2022 年单位播种面积使用量约 404 kg/hm^2，比 2015 年减少 76 kg/hm^2，但 2022 年河南省农用化肥单位播种面积使用量仍高于全国平均水平，化肥单位播种面积使用量约为化肥使用安全上限的 1.796 倍（国际化肥使用安全上限为 225 kg/hm^2），见图 3-3。

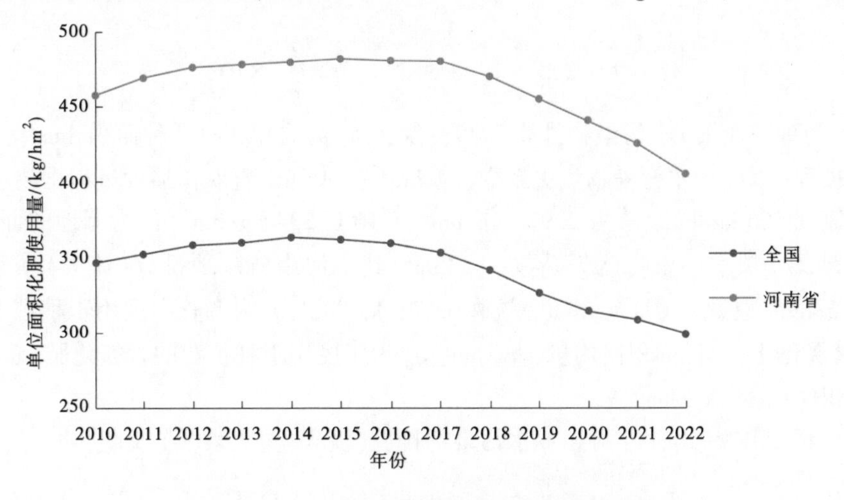

图 3-3　2010—2022 年单位播种面积化肥使用量

河南省单位播种面积化肥使用量的变化趋势受多种因素影响。早期的上升趋势主要源于对农产品的需求不断增加、高产作物品种的推广和农业机械化,另外支持农业生产的政策导向和农产品价格上涨等因素也刺激了化肥使用;后期的下降趋势则与国家和省内发布系列可持续农业政策息息相关,通过调整施肥方式、优化施肥结构、对传统化肥进行增效改性等措施,进一步提高肥效,降低单位播种面积的化肥使用量。

2015 年,农业部发布了《到 2020 年化肥使用量零增长行动方案》,提出了在全国范围内启动化肥使用量零增长行动。2018 年,河南省农业农村厅印发的《河南省 2018—2020 年化肥使用量零增长行动方案》中明确提出,到 2020 年全省测土配方施肥技术覆盖率 90%以上,畜禽粪便养分还田率 60%以上,农作物秸秆养分还田率达 60%,主要农作物氮、磷、钾肥利用率分别达到 40%、25%、45%,化肥使用量保持零增长。据统计,2015 年河南省主要粮食作物化肥利用率为 35.2%,2020 年利用率达到 40.1%,比 2015 年提高 4.9 个百分点。另外,《河南省到 2025 年化肥减量化行动方案》提出,到 2025 年氮、磷、钾和中微量元素等养分比例结构更加合理,全省农用化肥使用量实现稳中有降;大力推进绿色种养循环农业试点,进一步提高有机肥资源还田量,到 2025 年有机肥使用面积占比增加 5 个百分点以上;持续推进测土配方施肥基础性工作,进一步提高测土配方施肥技术覆盖率,到 2025 年全省主要农作物测土配方施肥技术覆盖率稳定在 90%以上;推广肥料新产品、新技术、新机具,进一步提高化肥利用率,到 2025 年全省三大粮食作物化肥利用率达到 43%。

3. 种植业水污染物排放(流失)量核算

依据《排放源统计调查产排污核算方法和系数手册》(生态环境部公告 2021 年第 24 号)中《农业源产排污核算方法和系数手册》,核算种植业水污染物排放(流失量),分析氮、磷流失变化情况。种植业水污染物(氨氮、总氮、总磷)排放(流失)量采用产排污系数法核算,等于农作物总播种面积、园地面积与相应污染物排放系数以及调查年度种植业含氮化肥或含磷化肥单位面积使用量与 2017—2021 年度种植业含氮化肥或含磷化肥单位面积使用量的比值(计算总氮和氨氮时用含氮化肥用量,计算总磷时用含磷化肥用量)相乘:

$$Q_j = (A_g \times e_{gj} + A_y \times e_{yj}) \times \frac{q_j}{q_0} \times 10^{-3} \tag{3-1}$$

式中:Q_j 为种植业第 j 项污染物排放(流失)量,t;A_g 为农作物总播种面积,hm^2;e_{gj} 为农作物种植过程中第 j 项水污染物流失系数,kg/hm^2,其中河南省农作播种过程排放(流失)系数为氨氮 0.166 kg/hm^2、总氮 2.976 kg/hm^2、总磷 0.234 kg/hm^2;A_y 为园地的面积,hm^2;e_{yj} 指园地第 j 项水污染物流失系数,kg/hm^2,其中河南省园地排放(流失)系数为氨氮 0.217 kg/hm^2、总氮 4.071 kg/hm^2、总磷 0.176 kg/hm^2;q_j 为调查年度用于种植业的含氮化肥(含磷化肥)单位面积使用量,kg/hm^2;q_0 为年度用于种植业的含氮化肥(含磷化肥)单位面积使用量,kg/hm^2。

经核算,2017—2021 年种植业水污染物排放(流失)量见表 3-1 及图 3-4。

表 3-1　种植业水污染物排放(流失)量一览表　　单位：万 t

时间	污染物	排放(流失)量
2017 年	化学需氧量	—
	氨氮	0.26
	总氮	4.63
	总磷	0.36
2018 年	化学需氧量	—
	氨氮	0.24
	总氮	4.25
	总磷	0.31
2019 年	化学需氧量	—
	氨氮	0.19
	总氮	3.45
	总磷	0.26
2020 年	化学需氧量	—
	氨氮	0.21
	总氮	3.81
	总磷	0.28
2021 年	化学需氧量	—
	氨氮	0.17
	总氮	3.13
	总磷	0.23

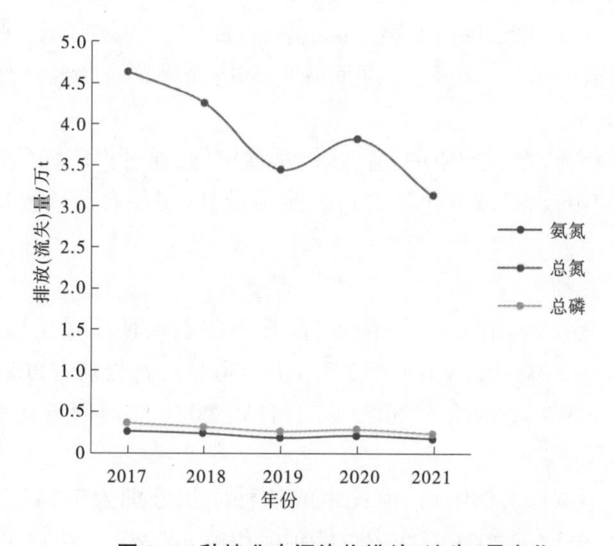

图 3-4　种植业水污染物排放(流失)量变化

由表 3-1 及图 3-4 可知，2017—2021 年，种植业氮、磷流失量总体呈降低趋势，与化肥使用量变化趋势一致。

（二）农药使用量分析

1. 农药使用量

1）全省农药使用量分析

2010—2022 年河南省农药使用量总体呈减少趋势，2015 年之后，下降趋势更为明显，2022 年河南省农药使用量约为 9.2 万 t，比 2010 年降低了约 3.3 万 t，见图 3-5。

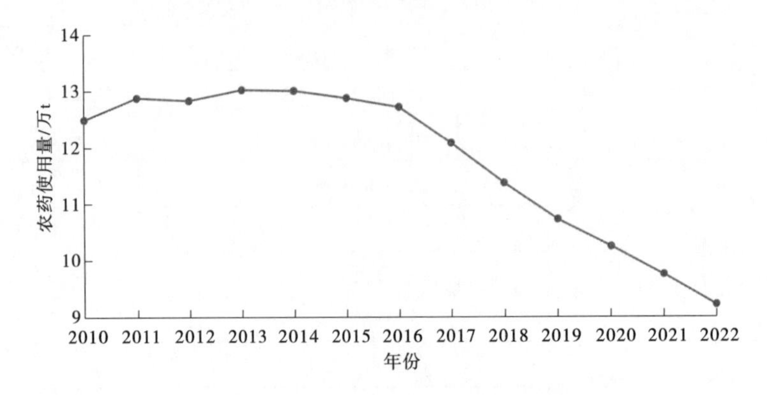

图 3-5　2010—2022 年河南省农药使用量

河南省近十年的农药使用量呈明显的减量化发展趋势，这与河南省积极推动农药减量、提高农药使用效率和推广绿色防控技术等多方面的努力密切相关。根据河南省农业农村厅发布的《河南省到 2025 年化学农药减量化行动方案》，全省在“十三五”期间已经实现了农药使用量连续 6 年负增长。2021 年，河南省的主要农作物病虫害绿色防控覆盖率和统防统治覆盖率分别达到了 45.2% 和 43.2%，相较于 2015 年分别提高了 22.1 个百分点和 10.7 个百分点。这表明河南省在农药减量方面取得了显著成效。

此外，河南省还提出了到 2025 年农药使用品种结构更加合理，科学安全用药技术水平全面提升，化学农药使用总量保持持续下降趋势的目标。小麦、玉米、水稻等主要粮食作物化学农药使用强度力争比“十三五”期间降低 5%，而果菜茶等经济作物化学农药使用强度力争降低 10%。

因此，可以看出河南省在农药使用上正积极采取措施，通过推广绿色防控技术和统防统治，不断提高农药使用效率，减少化学农药的使用量，以实现农药减量化和农业可持续发展的目标。

2）省辖市农药使用量

据统计，2021 年，周口市、南阳市、信阳市、商丘市的农药使用量位居河南省前四位，分别约为 1.822 9 万 t、1.304 6 万 t、0.970 7 万 t、0.850 8 万 t，分别占 2021 年河南省化肥使用量的 18.71%、13.39%、9.96% 和 8.73%，合计占 2021 年河南省化肥使用量的 50.79%，见图 3-6。

2021 年，周口市、南阳市、信阳市、商丘市的播种面积分别为 1 843 hm^2、2 024 hm^2、1 187 hm^2、1 466 hm^2，合计占 2021 河南省总播种面积的 44.35%。由此可以看出，农药使

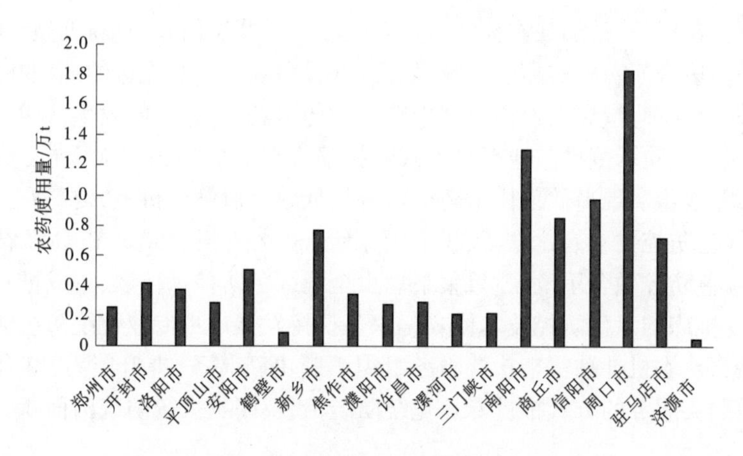

图 3-6　2021 年河南省各省辖市农药使用量

用量与播种面积呈正相关，播种面积越大，农药使用量就越大。

2. 单位面积农药使用量

近十年，河南省单位面积农药使用量整体呈减少趋势，2022 年河南省单位面积农药使用量约为 6.2 kg/hm²，比 2010 年减低了约 2.5 kg/hm²，见图 3-7。综合考虑到河南省农药除用于农业外，还用于森林病虫害防治、收获后粮食贮藏、进出检疫、卫生害虫等。因此，河南省农业单位面积农药使用量应比计算的 2022 年单位面积农药使用量 6.2 kg/hm² 更低。由于河南省人多地少，复种指数高，单位面积农药使用量相对较高，高于 2022 年我国单位面积农药使用量 1.618 kg/hm²。

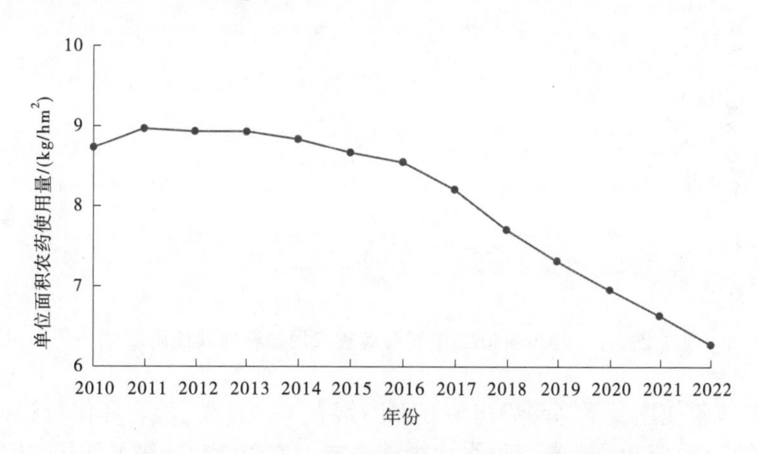

图 3-7　2010—2022 年河南省单位面积农药使用量

农药的使用量与经济发展水平、农业发展水平、人口数量、耕地面积、农药管理水平等因素密切相关。围绕农业绿色发展和高质量发展，河南省主要从以下 6 个方面来落实农药减量工作：一是强化检疫性有害生物监测防控。通过严格落实产地检疫、调运检疫、种子除害处理、疫区应急处置等关键措施，使以小麦全蚀病为主的检疫性有害生物得到有效控制。二是加强病虫监测预警来提高防治精准度。通过发布及时、准确的病虫害发生情报及防治预警来指导生产，让农药的使用更加有针对性和时效性，减少盲目施药的行为，从而实现农药减量。三是加强农药的科学安全使用。开展新农药、新剂型、新助剂的筛选试验，推广一些适合河南省实际的高效、低毒、低残留农药以及先进的剂型和助剂；加强抗药性监测和综合治理，指导农户科学合理轮换用药，减缓抗药性的发生。四是实现高效施药机械的替代。试验示范推广地面自走式喷杆喷雾机和农用植保无人机，熟化农机农艺融合技术模式；逐步实现高效现代施药机械替代低效落后施药机械，提高农药利用率。五是大力推广绿色防控技术。建立了33个国家级、60个省级、280个市县级农作物病虫害统防统治与绿色防控融合示范区、果菜茶病虫全程绿色防控示范区，集成推行一些方便简单的可复制易推广的绿色防控技术模式。六是扶持发展病虫专业化统防统治。河南省通过争取政府资金、农机补贴等来扶持服务组织不断更新装备、提升能力；整合各种涉农资金，通过政府购买服务的方式推进专业化统防统治，不断扩大统防统治面积。

二、农业固体废弃物污染

(一)农用塑料薄膜

1. 农用塑料薄膜使用量

2010—2013年，河南省农用塑料薄膜的使用量持续增长，2013年达到顶峰，约17万t。此后，农用塑料薄膜使用量总体呈下降趋势，到2022年时降至14万t，较2013年减少了约2.74万t，见图3-8。

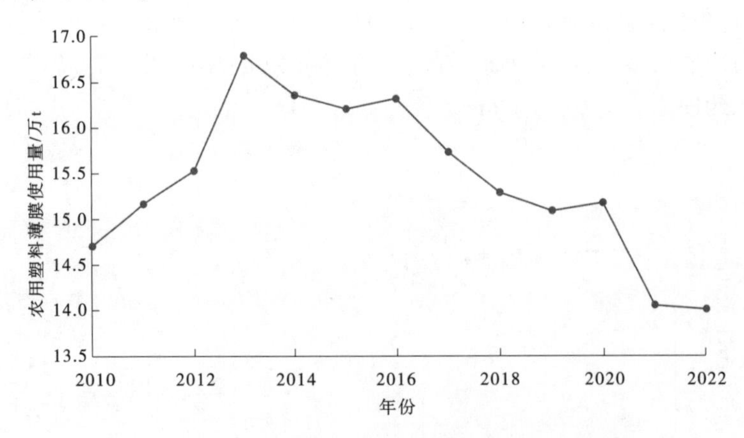

图3-8　2010—2022年间河南省农用塑料薄膜使用量

农用塑料薄膜使用量下降趋势与多方面因素有关。首先，随着环保意识的提高和可持续农业的推广，政府和农业部门可采取措施来减少农用塑料薄膜的使用，比如推广可降解或可重复使用的农用塑料薄膜。其次，农业技术的进步也可能减少对农用塑料薄膜的依赖，例如采用更高效的灌溉系统和作物管理技术。此外，农业种植结构的调整也可能是导致农用塑料薄膜使用量下降的原因，如多样化种植和减少覆膜作物。

近年来，河南省实施的环保政策和措施，如推广加厚高强度地膜和全生物降解地膜，以及实施地膜科学使用回收试点项目，都旨在进一步减少农用塑料薄膜的使用量，并减轻农田“白色污染”的问题。这些措施预计将继续影响农用塑料薄膜的使用量，促进农业的可持续发展。

2. 农用塑料薄膜覆盖面积

2010—2022 年，河南省农用塑料薄膜覆盖面积总体呈下降趋势，2022 年河南省农用塑料薄膜覆盖面积约为 79.38 万 hm^2，比 2010 年下降了约 23.88 万 hm^2，见图 3-9。

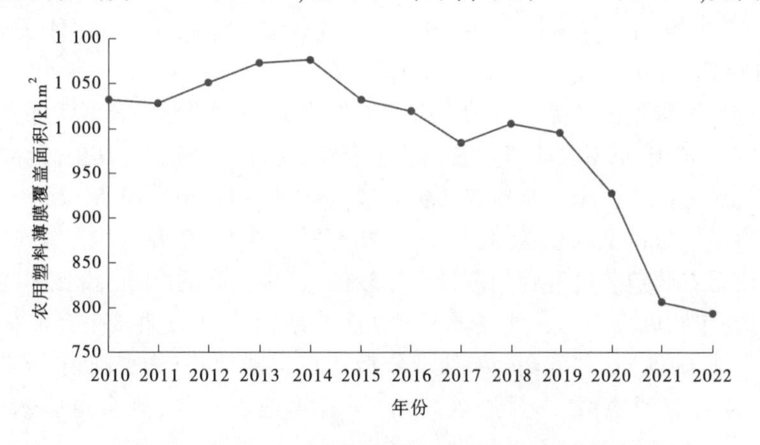

图 3-9　2010—2022 年河南省农用塑料薄膜覆盖面积

农用塑料薄膜覆盖面积下降趋势与多方面因素有关，与农用塑料薄膜使用量一样。

3. 农膜回收方式及回收率

河南省是农业大省，也是用膜大省，地膜覆盖面积达 800 多万亩，使用量 4.11 万 t，农膜综合回收率常年稳定在 80%以上。其中，2020 年、2021 年农膜回收率均稳定在 80%以上，2022 年农膜回收率为 90%。据研究，中国农田地膜残留量占总使用量的 1/3～1/4，耕作层土壤平均残留量为 60.0 kg/hm^2，其中华北地区土壤耕作层残留分布范围为 0.2～82.2 kg/hm^2，其残留平均值为 26.8 kg/hm^2，河南省花生、棉花覆膜种植区土壤耕作层中农膜平均残留量分别为 24.9 kg/hm^2、13.5 kg/hm^2，因此农膜残留问题依然值得重视。

据调研，河南省部分地区仍使用超薄膜，厚度为 0.006～0.008 mm，在土壤中能够风化，基本上难以回收重复利用，在土地中的残留率至少在 5%以上。根据《聚乙烯吹塑农用地面覆盖薄膜》(GB 13735—2017)，地膜的最小标称厚度不得小于 0.010 mm，河南省推广使用加厚膜后将有利于农膜的回收。

为了加快推进地膜污染防治，有效治理农田"白色污染"，河南省农业农村厅印发了《河南省 2022 年度地膜科学使用回收试点工作实施方案》(豫农文〔2022〕213 号)，采取试点先行与示范推广相结合方式，集中打造了 17 个试点示范区。示范区的重点任务：一是要合力推广高强度地膜，在蔬菜、烟叶、瓜果等作物种植过程中，推广使用 0.015 mm 以上的加厚高强度地膜，延长地膜使用寿命，从源头保障地膜的可回收性；二是要示范应用全生物降解地膜，在马铃薯、花生、大蒜以及高附加值经济作物种植过程中，通过使用满足作物生长需求的全生物降解地膜覆盖来实现地膜减量；三是要围绕种植业结构调整，积极推广直播、旱作沟播、垄作栽培、浅埋滴灌等无膜栽培技术，推动地膜使用源头减量化。

(二)农药包装废弃物

农药包装废弃物是指农药使用后被废弃的、与农药直接接触或含有农药残余物的包装物，包括瓶、罐、桶、袋等。

据全国农业技术推广服务中心、中国农业科学院植物保护研究所等开展的一项调查统计数据显示，我国农药产品以聚酯瓶和铝箔袋包装为主，聚酯瓶包装占比约61.95%，铝箔袋包装占比约38.05%。瓶包装中，液体制剂占96.38%，固体制剂占2.18%，其他制剂占1.44%；袋包装中，液体制剂占49.04%，固体制剂占39.34%，种子处理制剂占11.30%，其他制剂占0.32%。

按照瓶包装物重量占产品毛重的10%~20%、袋包装物重量占产品毛重的3%~5%测算，每年种植业生产中使用农药产生的包装废弃物29亿~35亿个，其中废弃瓶13亿~16亿个、废弃袋16亿~19亿个。全年农药包装废弃物产生量约为10.51万t。河南省的农药包装废弃物产生量占全国总量的7.8%，经折算后约为0.82万t。

当前河南省农药包装废弃物规范处理率较低，直接丢弃的问题（占比80%以上）较为突出，包括农药包装废弃物与其他垃圾一起直接丢弃、不处理便直接丢弃在农田里以及直接堆放在田间地头等。这些农药包装废弃物散落在田间地头、沟渠河道、林带间、公路侧等，有一定程度的农药残留，一旦进入湖泊、河流等地表水体，则会危害水环境和公共安全。

农药包装废弃物直接丢弃现象存在的主要原因：一是农民环保意识不足。合作社、种植大户等规模主体基本都能按要求回收农药包装废弃物，但部分农民环保意识不强，对农药包装废弃物乱丢乱弃的危害性和回收处置工作的重要性缺乏足够清醒的认识，“用后即扔”的现象仍普遍存在。二是缺乏有效的回收机制，主体责任落实困难。《农药包装废弃物回收处理管理办法》指出，农药生产者、经营者应当按照“谁生产、经营，谁回收”的原则，履行相应的农药包装废弃物回收义务，但缺少操作、处罚细则，要让每个农药厂家或经营者挨家挨户收集，可操作性较弱，另外，缺少专业的运输、存储设施，临时回收场所无安全防渗处理，各种废弃物[塑料瓶（袋）、玻璃瓶、铁皮罐]混合存放，加之回收主体自我防护意识差，作业过程中无专业防护措施，拉运、存储过程中残存农药挥发、流出，造成新的污染，存在极大的安全隐患。三是农药包装废弃物回收处置成本高。农药包装废弃物由于可能含有残留农药，属于危险废物，其专业化处置成本相对较高，每吨处置费用3 000~5 000元不等。

（三）农作物秸秆

农作物秸秆是指在农业生产过程中，小麦、玉米、稻谷等农作物收获籽粒以后，残留的不能食用的茎、叶等农作物副产品（不包括农作物地下部分）。

河南省为我国小麦和玉米主产区。据统计，河南省秸秆资源主要以小麦秸杆和玉米秸秆为主，两者资源总和基本占到全省的70%以上；其次是棉花秸秆和水稻秸秆，合计占全省的15%以上。据研究，2018—2020年河南省小麦秸秆和玉米秸秆年均产量分别为4 168.5万t和1 944.3万t，在市级层面上，小麦秸秆资源最为丰富的周口市、驻马店市、商丘市和南阳市的总占比为51.7%；4市的玉米秸秆产量也居于前列，总占比为48.0%。郑州市、鹤壁市、三门峡市、济源市的小麦秸秆和玉米秸秆产量均较低，4市的总占比分别仅为5.0%和7.1%。水稻秸秆主要分布在河南南部的信阳，占全省水稻秸秆量的75%以上，这和当地的气候条件有关。信阳地区夏季光照足、气温高、降水多，季风气候雨热同步特征突出，具有发展水稻生产的优越区位和自然条件。棉花秸秆主要分布在周口、商丘、南阳和开封,豆秸秆主要分布在周口、商丘和南阳等区域。

河南省农作物秸秆资源非常丰富,农业废物的污染程度与农产品的产量、农作物秸秆以及秸秆中氮、磷和化学需氧量的含量均呈正相关。参考张亚男、赖斯芸等的研究,相关系数如表 3-2~表 3-4 所示。

表 3-2　农作物秸秆占粮食部分的比例

农作物种类	稻谷	小麦	玉米	豆类	油料
农作物秸秆:粮食	1.00	1.00	1.40	1.60	2.26

表 3-3　农作物秸秆的污染物含量　%

单元	稻谷	小麦	玉米	豆类	油料
COD	0.60	0.60	0.80	1.00	1.00
TN	0.60	0.50	0.80	1.30	2.00
TP	0.10	0.20	0.40	0.30	0.30

表 3-4　农作物秸秆污染流失率　%

污染物种类	COD	TN	TP
农作物秸秆	4.0	8.0	7.0

结合表 3-2~表 3-4,农作物秸秆产生的污染量计算公式如表 3-5 所示。

表 3-5　农作物秸秆产生的污染量计算公式

污染单元	计算公式
稻谷	稻谷产量×秸秆占稻谷的比例×稻谷秸秆污染含量(COD、TN、TP)×废弃部分流失率(COD、TN、TP)
小麦	小麦产量×秸秆占小麦的比例×小麦秸秆污染含量(COD、TN、TP)×废弃部分流失率(COD、TN、TP)
玉米	玉米产量×秸秆占玉米的比例×玉米秸秆污染含量(COD、TN、TP)×废弃部分流失率(COD、TN、TP)
豆类	豆类产量×秸秆占豆类的比例×豆类秸秆污染含量(COD、TN、TP)×废弃部分流失率(COD、TN、TP)
油料	油料产量×秸秆占油料的比例×油料秸秆污染含量(COD、TN、TP)×废弃部分流失率(COD、TN、TP)

注:河南省的稻谷、小麦、玉米、豆类、油料等产量数据均来源于《河南省统计年鉴》。

将河南省的稻谷、小麦、玉米、豆类、油料产量分别带入表 3-5 的公式中,2012—2022 年河南省农作物秸秆产生的 COD、TN、TP 污染负荷如图 3-10 所示。

由图 3-10 可知,2012—2022 年,河南省农作物秸秆产生的 TN、TP、COD 污染负荷总

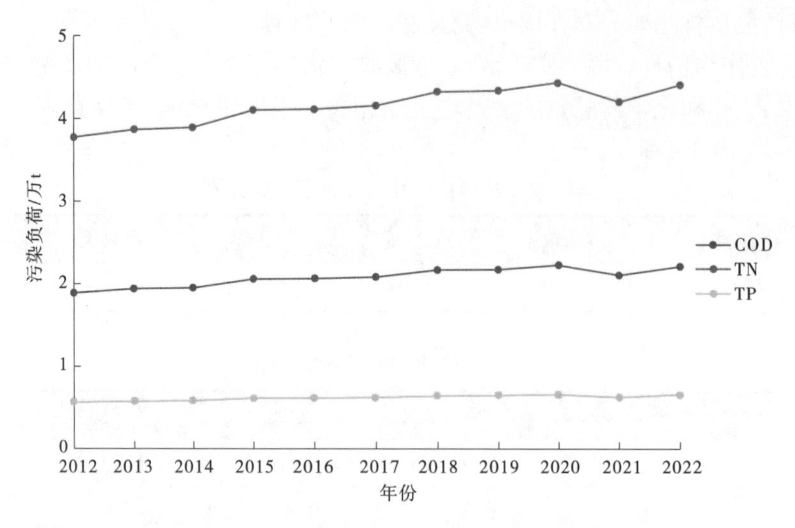

图 3-10　2012—2022 年河南省农作物秸秆产生的 TN、TP、COD 污染负荷

体均呈缓慢上升的趋势,其中 2022 年农作物秸秆产生的 TN、TP、COD 污染负荷分别为 4.399 万 t、0.642 万 t、2.199 万 t,分别比 2012 年高 0.637 万 t、0.093 万 t、0.319 万 t。

三、畜禽养殖污染

畜禽养殖是引起农业面源污染的主要因素,畜禽养殖产生的主要污染物为总氮(TN)、总磷(TP)和化学需氧量(COD)。

畜禽养殖排放的污染量与畜禽种类的粪尿排量、养殖数量、养殖周期呈正相关。不同的养殖畜禽具有不同的养殖周期,生猪的饲养周期为 200 d,牛的饲养周期为 365 d,羊的饲养周期为 365 d,家禽的饲养周期为 210 d。依据国内相关文献,确定了畜禽粪、尿排泄系数(见表 3-6),畜禽粪、尿污染物平均含量(见表 3-7)及流失系数(见表 3-8)。

表 3-6　畜禽粪、尿排泄系数　　单位:kg/(d·头)

畜禽种类	粪排泄系数		尿排泄系数	
	范围	平均值	范围	平均值
猪	2.0~5.0	3.50	3.3~5.0	4.15
牛	20.0~25.0	22.5	10.1~11.1	10.55
羊	1.30~2.66	1.98	0.43~0.62	0.53
家禽	0.125	0.125	—	—

表 3-7　畜禽粪、尿污染物平均含量　　单位:kg/t

项目		COD	TN	TP
猪	粪	52.0	5.88	3.41
	尿	9.0	3.3	0.52

续表 3-7

项目		COD	TN	TP
牛	粪	31.0	4.37	1.18
	尿	6.0	8.0	0.40
羊	粪、尿	4.63	7.5	2.60
家禽	粪、尿	45.65	10.42	5.79

表 3-8　粪、尿中污染物流失系数　%

项目		COD	TN	TP
猪	粪	5.4	5.00	5.32
	尿	50.00	50.00	50.00
牛	粪	6.05	5.72	5.20
	尿	50.00	50.00	50.00
羊	粪、尿	5.07	5.30	5.66
家禽	粪、尿	8.00	7.98	8.19

结合表 3-6~表 3-8，畜禽养殖部分的污染排放量计算公式如表 3-9 所示。

表 3-9　畜禽养殖部分的污染物排放量计算公式

污染单元	粪、尿污染物排放量计算公式	污染物排放量
猪	粪的污染物排放量(COD、TN、TP)= 猪的养殖数量×饲养周期×粪污染物含量系数(COD、TN、TP)×粪污染物流失系数(COD、TN、TP)	猪的污染物排放量(COD、TN、TP)= 粪的污染物排放量(COD、TN、TP)+尿的污染物排放量(COD、TN、TP)
	尿的污染物排放量(COD、TN、TP)= 猪的养殖数量×饲养周期×尿污染物含量系数(COD、TN、TP)×尿污染物流失系数(COD、TN、TP)	
牛	粪的污染物排放量(COD、TN、TP)= 牛的养殖数量×饲养周期×粪污染物含量系数(COD、TN、TP)×粪污染物流失系数(COD、TN、TP)	牛的污染物排放量(COD、TN、TP)= 粪的污染物排放量(COD、TN、TP)+尿的污染物排放量(COD、TN、TP)
	尿的污染物排放量(COD、TN、TP)= 牛的养殖数量×饲养周期×尿污染物含量系数(COD、TN、TP)×尿污染物流失系数(COD、TN、TP)	

续表 3-9

污染单元	粪、尿污染物排放量计算公式	污染物排放量
羊	粪的污染物排放量(COD、TN、TP)=羊的养殖数量×饲养周期×粪污染物含量系数(COD、TN、TP)×粪污染物流失系数(COD、TN、TP)	羊的污染物排放量(COD、TN、TP)=粪的污染物排放量(COD、TN、TP)+尿的污染物排放量(COD、TN、TP)
	尿的污染物排放量(COD、TN、TP)=羊的养殖数量×饲养周期×尿污染物含量系数(COD、TN、TP)×尿污染物流失系数(COD、TN、TP)	
家禽	粪的污染物排放量(COD、TN、TP)=家禽的养殖数量×饲养周期×粪污染物含量系数(COD、TN、TP)×粪污染物流失系数(COD、TN、TP)	家禽的污染物排放量(COD、TN、TP)=粪的污染物排放量(COD、TN、TP)

注:畜禽粪、尿排泄系数取平均值,河南省的猪、牛、羊、家禽存栏量等数据均来源于《河南省统计年鉴》。

将河南省的猪、牛、羊、家禽的存栏总头数带入表 3-9 的公式中,即可得 2012—2022 年河南省畜禽养殖 COD、TN、TP 污染负荷,见图 3-11。

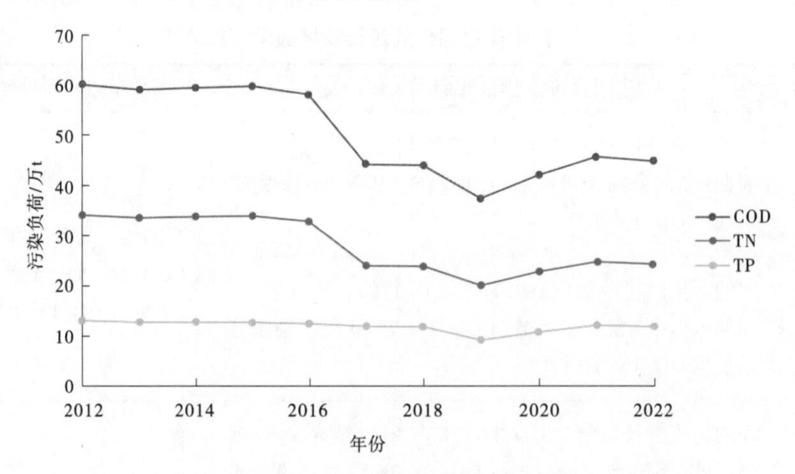

图 3-11　2012—2022 年河南省畜禽养殖 COD、TN、TP 污染负荷

由图 3-11 可知,2012—2022 年河南省畜禽养殖 COD、TN、TP 污染负荷总体均呈波动下降的趋势。其中,畜禽养殖 COD、TN 污染负荷在 2016—2019 年出现明显下降趋势,在 2019—2022 年呈小幅度上升趋势。

2017—2022 年猪、牛、羊、家禽的存栏总头数和 2017—2022 年 COD、TN、TP 污染负荷进行 Pearson 相关性分析(Pearson 相关性分析是一种统计和描述两种数据之间关联性强弱的相关性分析),如表 3-10 所示。

表 3-10　Pearson 相关性分析一览表

畜禽种类	Pearson 因子	COD	TN	TP
牛	Pearson 相关系数	0.195 65	0.180 27	0.047 02
	P	0.710 27	0.732 52	0.929 53
猪	Pearson 相关系数	0.977 21	0.980 48	0.997 96
	P	$7.731\ 82\times10^{-4}$	$5.677\ 8\times10^{-4}$	$6.216\ 79\times10^{-6}$
羊	Pearson 相关系数	0.031 47	0.015 78	−0.117 41
	P	0.952 82	0.976 33	0.824 7
家禽	Pearson 相关系数	−0.003 32	−0.019 83	−0.152 16
	P	0.995 02	0.970 26	0.773 52

由表 3-10 可知,2017—2022 年猪的存栏总头数与 COD、TN、TP 污染负荷的相关系数分别为 0.977 21、0.980 48、0.997 96,即畜禽养殖 COD、TN、TP 污染负荷的变化与猪的存栏总头数密切相关。2019 年畜禽养殖 COD、TN、TP 污染负荷最低的原因是猪的存栏总数大幅减少,2019 年达到最低。

四、水产养殖污染

水产养殖污染主要是由水产品排泄物和过量饵料引起的。排泄物的产生和饵料的过量投放,均会导致水体中总氮(TN)、总磷(TP)、化学需氧量(COD)等指标的超标,引起地表水体的污染。

本次使用水产品产量来计算水产养殖产生的 COD、TN、TP 污染负荷。参考《农业源产排污系数手册》中的"表 6 水产养殖业排污系数",确定河南省水产养殖的排污系数,如表 3-11 所示。

表 3-11　水产养殖的排污系数　　单位:kg/t

地区	COD	TN	TP
河南省	14.279	2.087	0.048

注:河南省水产产量来源于《河南省统计年鉴》。

参考《农业源产排污系数手册》,河南省水产养殖业污染负荷计算公式如下:

$$污染负荷=水产品产量\times排污系数 \tag{3-2}$$

将河南省水产品产量代入式(3-2)中,即可得 2012—2022 年河南省水产养殖产生的 COD、TN、TP 污染负荷,见图 3-12。

由图 3-12 可知,2012—2022 年河南省水产养殖产生的 COD、TN、TP 污染负荷均呈总体上升趋势,其中 2022 年水产养殖产生的 TN、TP、COD 污染负荷分别为 0.19 万 t、50 t、1.3 万 t,比 2012 年分别增加 0.04 万 t、20 t、0.27 万 t。这是因为河南省水产养殖规模不断扩大,水产品产量增加,从 2012 年的 71.72 万 t 增长至 2022 年的 94.25 万 t。

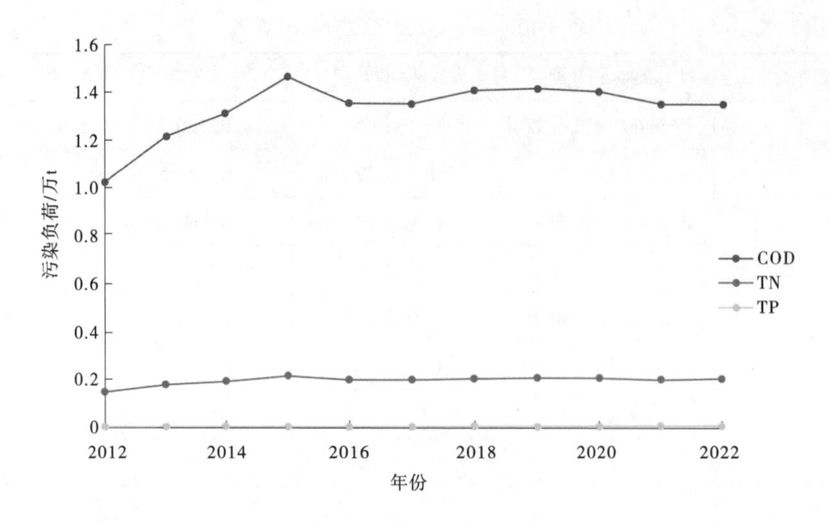

图 3-12　2012—2022 年河南省水产养殖产生的 COD、TN、TP 污染负荷

第二节　农村生活污水和黑臭水体污染

一、农村生活污水污染

根据河南统计年鉴(2023),截至 2022 年底,河南省共有行政村 45 615 个,自然村 19 万个,农村人口 4 239 万人(农村人口占全国第一),按照人均日用水量 30 L 计算,全省农村地区每天产生污水量 130 万 t,每年可产生污水量 4.7 亿 t。

农村居民生活产生的污水主要包括黑水、灰水两种,黑水主要是居民生活过程中厕所排放的粪便污水;灰水为居民生活过程中产生的沐浴、洗衣和厨房污水等杂用水。从目前来看,河南省农村生活污水污染成因主要包括部分地区农村生活污水直接通过雨水沟、明渠或暗沟排入小水沟或河流中,部分污水直接泼洒渗入地下。

截至 2023 年底,河南省农村生活污水治理(管控)率为 41.7%,与全国平均治理率基本持平,位于全国中游水平、中西部前列。河南省目前主要的治理技术模式包括:纳管处理模式、资源化利用模式、集中治理模式、分散治理模式、集中+分散治理模式。根据相关统计数据,全省的集中式农村生活污水处理设施部分不能稳定达标运行,除缺少运维资金、设计建设验收不合理等原因外,管理不规范、污水处理工艺复杂、运维专业技术薄弱等也是导致设施"晒太阳"的主要因素。

二、农村黑臭水体污染

水体黑臭,即当大量有机污染物进入水体后,微生物氧化分解使水体溶解氧浓度降低,呈现缺氧或厌氧状态,同时,厌氧微生物促进部分有机物发酵,产生 H_2S、NH_3 等恶臭气体,造成水体发臭。黑臭水体也受到 Fe 及 Mn 污染、藻类及底泥污染和水动力条件等因素影响,是一个非常复杂的过程。从总体来看,农村黑臭水体呈现数量多、分布广、面积小的特点。从水体类型与污染成因来看,农村黑臭水体类型主要以塘、沟渠类水体为主,水体发生黑臭主要是接纳生活污水和养殖污水、长期堆积生活垃圾、水体流动性差等所致。

河南省农村黑臭水体污染成因主要涉及农村生活污水、农村生活垃圾和生产废弃物、畜禽养殖、农业种植、水产养殖、农村粪污、企业排污、内源底泥及其他等 9 个类型污染源。按照其主要的污染类型划分,其中农村生活污水污染、生活垃圾和生产废弃物污染分别占 43.42%、41.65%,内底泥淤积污染占 6.31%,畜禽养殖污染占 2.54%,种植业污染和其他污染问题均占 1.54%,企业排污、水产养殖污染及农厕粪污污染分别占 1.46%、0.85%及 0.69%。全省不同污染类型的农村黑臭水体占比情况见图 3-13。

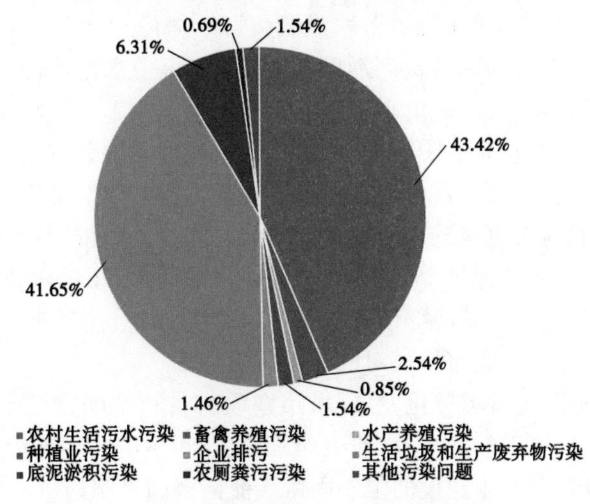

图 3-13 河南省农村黑臭水体污染类型占比

从以上统计分析结果看,农村黑臭水体污染的主要来源为农村生活污水及生活垃圾等的排放。

为了解决农村黑臭水体问题,河南省先后发布了《农村黑臭水体治理技术规范》(DB41/T 60002—2023)和《河南省推进农村黑臭水体治理工作方案》等文件,深入推进河南省农村黑臭水体治理。但在农村黑臭水体治理过程中仍存在以下问题:一是重治理、轻管理。黑臭水体通过清淤、护坡等治理后,针对外部污染源的控制缺乏有效管理;或者采取了生态治理措施后,针对治理设施及植物,缺少管护。二是技术选择重眼前、轻长远。治理技术选择时追求快速消除黑臭,忽略了生态修复构建水体生态系统,甚至出现“三面光”现象,水体治理缺乏长效性。三是缺乏有效的技术支撑。由于农村黑臭水体治理尚无明确的治理技术规范,技术选择时,照搬城市黑臭水体治理技术方法,忽略农村地区点状水体、资金缺乏、管理水平低等因素,选择的技术不符合农村实际,造成人力、物力、财力的浪费。四是缺少区域统筹管理及资金支持。目前,河南省农村黑臭水体治理主要依赖于地方乡镇财政,而黑臭水体的治理是系统工程,其治理重点在于黑臭水体与农村生活污水、畜禽养殖粪污等污染源的协同治理。黑臭水体的内源治理与生态修复的协同治理，需要水体所在区域统筹治理与资金支持。

第三节 农田退水污染

农业与农村面源污染的核心就是农田退水污染。农田来水主要有农业灌溉、降水等多种来源，这些水在经过农田后，可能有一部分侧渗到田块以外。大面积农田侧渗水汇集在一起，就形成了农田退水。农田土壤中的氮、磷等养分及少量有机物会被带到水体中，进而导致水体富营养化，形成水体污染，这个过程就是农田退水污染。

河南省除高标准农田采用高效节水灌溉（喷灌、微灌、管灌）方式外，其余农田灌溉方式仍以大水漫灌为主，如河南省黄河灌区部分采用"集中水流快浇"的轮灌制度，在每级渠道的下级渠道轮流配水，灌溉退水往往在沟渠内保留用于地下水补给，降水量大时通过沟渠退水进入下游天然河道，不仅浪费水资源，同时也易导致水肥流失，污染周边水体。现场调研发现，一些水资源丰富、河流灌溉条件好的区域，沟渠发达，沿河区域大多无田埂防护，灌溉及雨水径流可直接进入河道污染水体。同时，河南省不少地区缺乏有效的农田水利设施，如排水沟、蓄水池等，汛期雨水径流或浇灌时，农田退水直接汇入田间沟渠、邻近水塘或河道。另外，河南省南部信阳一带种植水稻，水稻收获前要放水，产生的农田退水量大，污染物质浓度高，直接排放对地表水质影响大。

河南省人口密集，随着城镇化发展，城市建设挤占耕地问题已十分突出，河南省1.2亿耕地红线又是不能突破的底线，因此土地紧缺、空间不足、资金缺乏等问题，都已成为农业面源源头防控及治理设施建设的限制因素。受诸多因素制约，目前，河南省对于农田退水的工程治理相对滞后，尚处于污染负荷测评及工程谋划阶段。

参考文献

[1] 河南省农业农村厅. 河南省到2025年化肥减量化行动方案：豫农文〔2023〕132号[A]. 2023.

[2] 梁荣庆，陈学庚，张炳成，等. 新疆棉田残膜回收方式及资源化再利用现状问题与对策[J]. 农业工程学报，2019，35（16）：1-13.

[3] 张丹，胡万里，刘宏斌，等. 华北地区地膜残留及典型覆膜作物残膜系数[J]. 农业工程学报，2016，32（3）：1-5.

[4] 郭战玲，张薪，寇长林，等. 河南省典型覆膜作物地膜残留状况及其影响因素研究[J]. 河南农业科学，2016，45（12）：58-61.

[5] 河南省农业农村厅. 河南省2022年度地膜科学使用回收试点工作实施方案：豫农文〔2022〕213号[A]. 2022.

[6] 章轲. 年产量超10万吨农药包装废弃物回收处置亟待加力[N]. 第一财经日报，2024-02-20（A6）.

[7] 程启鹏，王擎运，罗来超，等. 河南省小麦玉米秸秆资源测算与养分还田利用潜力分析[J]. 农业资源

与环境学报,2024,41(4):846-855.

[8] 李幸芳,李刚,韩敏,等.河南省农作物秸秆资源分布及其资源评价[J].河南科学,2011,29(12):1464-1469.

[9] 张亚男.四川省农业面源污染的时空特征与影响因素分析[D].成都:西南财经大学,2022.

[10] 赖斯芸,杜鹏飞,陈吉宁.基于单元分析的非点源污染调查评估方法[J].清华大学学报(自然科学版),2004,44(9):1214-1217.

[11] 吴浩玮,孙小淇,梁博文,等.我国畜禽粪便污染现状及处理与资源化利用分析[J].农业环境科学学报,2020,39(6):1168-1176.

[12] 张田,卜美东,耿维.中国畜禽粪便污染现状及产沼气潜力[J].生态学杂志,2012,31(5):1241-1249.

[13] 国家环境保护总局自然生态保护司.全国规模化畜禽养殖业污染情况调查及防治对策[M].北京:中国环境科学出版社,2002.

[14] 崔艳智,贾小梅,黄亚捷,等.农村黑臭水体治理现状、问题及对策建议[J].中国环境管理,2022,14(3):54-59.

[15] 韩冰,张杨,陈融旭.引黄灌区农业面源污染生态治理模式浅析[C]//中国水利学会.中国水利学术大会论文集:第二分册.郑州:黄河水利出版社,2022.

第四章 农业面源污染防治技术

鉴于农业面源污染来源复杂和分散、发生随机、污染物浓度低、难以治理等特征，以及河南省农村生态环境的现状，农业面源污染的治理要取得实效，须因地制宜，从污染物的排放、迁移、转化等过程入手，实行“源头减量—过程阻断—末端治理”的全过程控制，同时兼顾污染物中养分的农田回用。

第一节 源头减量技术

一、化肥减量增效

河南省化肥减量增效的实施途径可总结为“精、调、改、替”的方针。精，即精确施肥，依据不同地区的土壤状况、农作物增产潜力等要求，对所需施肥量进行规划设置，因地制宜，防止过度施肥。调，即调整施肥养分结构，增施微量元素，引进和推广新型肥料，改变氮、磷、钾和微量元素的比例。改，即改进施肥方式，采用新型缓控释肥或新的按需施肥技术，提高肥料利用率，减少化肥用量。替，即有机肥替代化肥，推广农家肥与化肥混合施用、秸秆还田、养殖废弃物经处理后还田利用。

（一）精准施肥

1. 测土配方施肥技术

测土配方施肥是以土壤测试和肥料田间试验为依据，结合农作物需肥规律、土壤供肥特性和肥料效应，提出氮、磷、钾及中微量元素肥料配套施用量、施肥时期和施用方法的技术，可实现农作物营养供应平衡，有效提高肥料利用率及农作物产量品质。此项技术主要由测土、配方、配肥、供应和施肥等5个关键系列环节组成，核心在于调节和解决农作物需肥与土壤供肥之间的矛盾。测土配方施肥技术流程如图4-1所示。

目前，测土配方施肥主要应用方法包括：①土壤-植物测试推荐施肥法，即根据土壤供氮和农作物需氮情况对氮素进行动态监测和精准调控，结合土壤测试和养分平衡方法对磷素及钾素进行衡量监控，采用因缺补缺施肥策略对中微量元素进行养分矫正。②肥料效应函数法，即采用“3414”试验结果建立区域内农作物肥料效应函数，获取单位面积内农作物氮、磷、钾肥的最佳施肥量。③土壤养分丰缺指标法，即结合土壤肥效试验结果

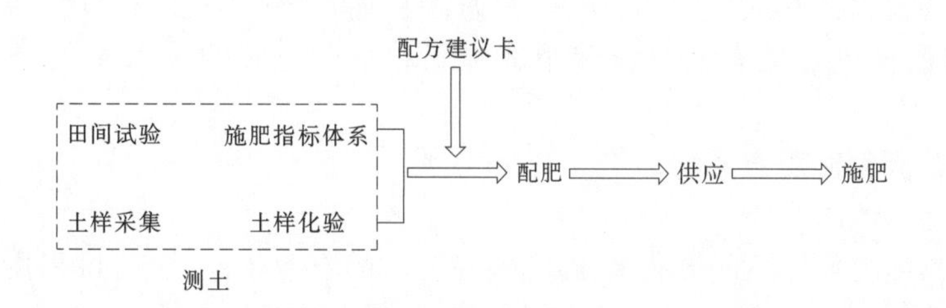

图 4-1　测土配方施肥技术流程

建立多种农作物不同区域的土壤养分丰缺指标,提供肥料配方措施。④养分平衡法,即根据农作物目标产量分析需肥量与土壤肥效间关系,以精准计算对应补充施肥量。

测土配方施肥技术在河南省得到广泛的应用。2022 年,河南省推广测土配方施肥技术面积达 2 亿亩次以上,技术覆盖率更是在 90%以上。

2. 精准变量施肥技术

精准变量施肥技术是精准农业技术的组成部分。精准变量施肥技术是以不同土地单元的产量数据与土壤理化性质、气候条件等多层数据叠加分析为依据,以作物生长需肥模型、作物营养专家系统为支持,以高产、优质、高效、环保为目的,变量处方施肥理论和操作技术构成的一体化技术体系。

精准变量施肥技术体系主要由土壤数据与作物养分信息检测采集技术、施肥处方图生成与实时传感器技术和精准变量施肥控制技术等 3 部分组成,如图 4-2 所示。

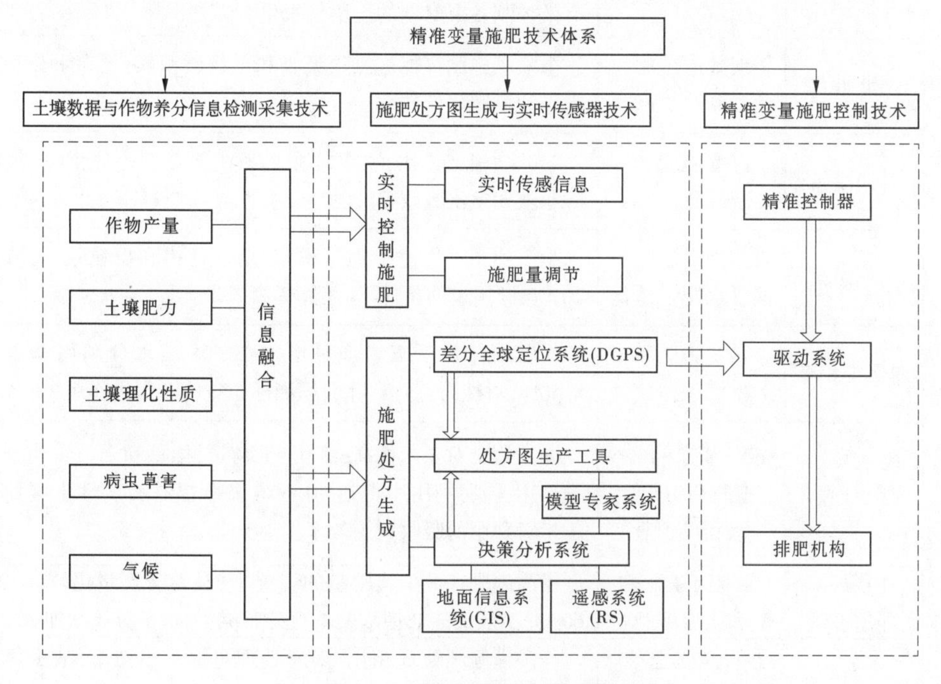

图 4-2　精准变量施肥技术体系

目前,精准变量施肥技术已在我国一些地区进行应用,取得了良好的效果。例如,黑龙江省某农场有限公司将水稻变量施肥插秧机纳入农业物联网平台中,其示范应用面积

933 亩,每亩可降低肥料成本 10 元左右;黑龙江省某农场有限公司应用水稻变量施肥技术,通过对施肥量进行动态调整实现精准施肥和平衡施肥的技术模式,亩节肥 2.5 kg 左右。

(二)推广新型施肥方式

1.水肥一体化技术

水肥一体化技术是一种将灌水、施肥融为一体的农业生产技术,可采用喷灌、滴灌等方式,实现精准灌水、施肥,通过调查不同品种、不同土壤养分含量、不同气候环境、不同生长期,调节水量和施肥方案。具体过程为:首先将可溶性固体或液体肥料配成肥液,然后借助压力系统,将配成的肥液与灌溉水混合,通过可控管道系统均匀、定时、定量输送到作物根系部分,真正实现按作物所需施用。水肥一体化的广泛应用可大幅节省人工、肥料和水资源,减少肥料面源污染,改良土壤,提高肥力。水肥一体化技术应用效果见表 4-1。

表 4-1　水肥一体化技术应用效果

作物	试点	施肥方法	施肥效果
水稻	新疆	滴灌施肥和常规施肥	与常规施肥相比,滴灌施肥减少养分流失,促进肥料移动,有效增加单穗长、单穗重、千粒重和水稻产量
	浙江嘉兴	漫灌施肥和微灌施肥	与漫灌相比,微灌处理可节水 43.0%、增产 6.7%,每穗实粒数较对照增加 12.98 粒,千粒重增加 0.76 g
小麦	宁夏银川	滴灌水肥一体化和常规灌溉施肥	滴灌施肥的冬小麦产量和千粒重比常规灌溉施肥提高 4.0%和 11.71%,灌溉量和施肥量分别减少 62.2%和 58.1%,有效控制各个时期的土壤含水量
	河北邢台	传统畦灌施肥和微喷灌肥水一体化	微喷灌施肥可促进氮素吸收和干物质积累,提高水分利用效率和氮肥生产效率
	甘肃金昌	畦灌施肥和喷灌施肥	与畦灌施肥相比,喷灌施肥可减少土壤硝态氮淋失,提高春小麦的氮素吸收率
玉米	河南原阳	常规漫灌施肥和滴灌水肥一体化	滴灌施肥可促进干物质积累,增加穗粗和穗粒数,在减少 20%化肥用量的条件下,还能提高玉米产量
	内蒙古赤峰	传统施肥和水肥一体化	水肥一体化下玉米产量增加 22.01%,水分利用率提高 8.50%,对株高、茎粗、叶面积和穗粒重均有促进作用
	新疆石河子	60%基施+40%追施和 100%滴灌施肥	滴灌施肥对玉米株高、茎粗、生物量、穗重和千粒重均有促进作用,磷肥利用率可达 40.6%,显著提高石灰性土壤种植玉米对磷肥的吸收利用效率
马铃薯	内蒙古鄂尔多斯	传统沟灌施肥和滴灌施肥	滴灌施肥在减少施肥量的情况下,马铃薯产量仍较高,0~60 cm 土层的速效钾浓度垂直分布减小、水平分布增加
	山东胶州	漫灌施肥、滴灌施肥、微喷灌施肥	与漫灌施肥处理相比,滴灌处理可提高出苗率,减少薯块变质腐烂,提高产量和肥料偏生产力,节水 37.0%,节肥 55.0%

2. 机械深施化肥技术

机械深施化肥技术是利用机械在耕翻、播种和作物生长中期等各主要环节,按农艺要求的数量和位置,采用强制形式,将化肥施入地表以下作物易吸收部位的技术,以提高化肥利用率,持久保持肥效,以达到节肥增产的目的。

机械深施化肥技术从1994年开始在山东省新泰市推广应用,经过多次测试,化肥有效利用率可提高10%~15%,在施肥量不变的情况下,亩增粮食20~50 kg,亩增效益28~60元。该技术的广泛应用,缓解了化肥供应紧张的状况,减少了环境污染,降低了作业成本,提高了投入产出率,增加了农民收入,促进了农村经济的发展。化肥深施的方法及技术要点根据农艺要求,在耕地、播种和作物生长期等主要环节,进行犁底施肥、种肥深施和深施追肥。

犁底施肥在耕地的同时,运用犁底施肥机,深施基肥。技术要点:施肥深度10~25 cm;肥带宽度3~5 cm;排肥均匀连续,无明显断条;施肥量满足作物栽培的农艺要求。

种肥深施主要运用精播施肥机和沟播施肥机在播种的同时完成施肥、覆盖、镇压作业,按施肥和种子的相对位置不同有侧位深施和正位深施。侧位深施化肥于种子的侧下方,正位深施化肥于种子的正下方。技术要点:按农艺要求完成种、肥的播量等;种、肥间有一定厚度(大于3 cm)的土壤隔离层,既满足农作物苗期生长对养分的需求,又避免种、肥混合出现烧种及烧苗现象;肥带宽度略大于播种宽度;肥条均匀连续,无明显断条和漏施;土壤耕深一致;土碎田平,虚实得当。

深施追肥主要运用追肥机、中耕施肥机等机械在农作物各生长期(主要环节)进行化肥追施。技术要点:施肥量应满足作物各生长期养分需求;施肥深度6~8 cm;施肥部位一般于作物根系侧下方,尽量避免伤及作物根系;肥带宽度3~5 cm,排肥均匀连续,无断条漏施。

3. 适期施肥技术

适期施肥技术是指在作物生长的不同阶段,根据作物对营养元素的需求量和土壤供肥性能,适时、适量地供应肥料,以满足作物生长发育的需要,提高肥料利用率和作物产量,减少环境污染的一种科学施肥方法。

适期施肥技术的要点如下:①确定施肥时期。根据作物种类、品种、生育期和土壤肥力状况,确定适宜的施肥时期。一般而言,作物生长前期、中期和后期都需要适量施肥,但施肥的重点时期往往在生长前期和中期。②选择适宜的肥料。根据作物对各种营养元素的需求,选择适宜的肥料种类。如氮、磷、钾等主要营养元素,以及钙、镁、硫等中量元素和铁、锌、铜等微量元素。③确定施肥量。根据作物目标产量、土壤肥力、肥料利用率等因素,计算施肥量。施肥量过多或过少都会影响作物生长和产量。④采用合理的施肥方法。根据肥料特性和土壤条件,选择适宜的施肥方法,如撒施、条施、穴施、冲施等。同时,注意施肥深度和与作物的距离,以提高肥料利用率。⑤注意施肥间隔。合理分配施肥次数和施肥间隔,以满足作物在不同生长阶段对营养的需求。一般而言,施肥间隔不宜过长或过短,以免影响作物生长。⑥结合灌溉。施肥后及时灌溉,有利于肥料溶解和作物吸收。同时,灌溉可以降低土壤盐分,减轻土壤压实,有利于根系生长。⑦监测和调整。在施肥过程中,定期监测土壤养分和作物生长状况,根据实际情况调整施肥策略,确保施肥效果。

4. 缓控释肥技术

缓控释肥技术是一种提高肥料利用率、减少环境污染的农业技术。这种技术的核心在于通过特殊的制剂手段,使肥料在施用到土壤后能够缓慢而持续地释放养分,以满足作物生长的需求。我国制定的缓控释肥的标准为:①缓控释肥在养分释放初期释放养分的速率小于15%;②28 d累积养分释放率国外标准小于75%。缓控释肥根据其作用原理和制作方法可以分为以下几种类型:生化抑制型缓控释肥、物理包被型缓控释肥、化学合成型缓控释肥、基质型缓控释肥、低溶解性无机肥料。

与传统的速效肥料相比,缓控释肥具有以下优点:①减少养分流失。肥料的缓慢释放,可以减少因雨水冲刷或灌溉导致的大量养分流失,从而减少农田退水中的养分含量,减轻对水体的污染。②提高肥料利用率。作物可以更有效地吸收缓慢释放的养分,提高肥料的利用率,减少肥料的使用量。③降低施肥频率。缓控释肥的作用期较长,可以减少施肥的次数,降低劳动成本。④改善作物品质。均衡的养分供应有助于改善作物的品质和增加产量。⑤减少环境污染。减少养分流失意味着减少对环境的污染,对保护生态环境具有积极意义。

(三)多元措施减少化肥投入

1. 有机肥替代关键技术

有机肥替代关键技术包括堆肥还田、沼渣还田、沼液还田以及商品有机肥施用等。堆肥还田是将畜禽粪便作为原料,根据堆肥场地条件、生产规模需求等采用条垛及槽式等方式堆肥。沼渣还田则是利用畜禽粪便进行发酵和无害化处理后,将沼渣用于农田,通常采用条施、穴施、环状施肥和喷灌、滴灌、叶面喷施等方式施用,并及时覆土。沼液还田是指将沼气生产过程中产生的废弃液体沼液,用于农田施肥和改良土壤。商品有机肥施用则是以畜禽粪便为原料,生产商品有机肥,其质量应符合相关标准要求,作为基肥集中施用。

2. 耕作技术

耕作技术是指通过一系列的土壤管理和作物种植措施,来改善土壤结构、增加土壤肥力、减少土壤侵蚀、提高作物产量和品质的方法。因地制宜地推广轮作和间套作、接种根瘤菌剂、保护性耕作等耕作技术,是实现可持续农业发展的重要途径。

1)轮作和间套作

轮作是指将不同的作物按照一定的顺序种植在同一块土地上,以减少土壤中病虫害的发生,提高土壤肥力,促进作物生长。间套作则是在同一块土地上同时种植两种或两种以上的作物,以提高土地的利用效率。花生及大豆等豆科作物轮作、间套作,可以有效地改善土壤结构,提高土壤肥力。

2)接种根瘤菌剂

豆科作物可以通过与根瘤菌共生,将空气中的氮气转化为植物可利用的氮肥,从而减少化肥的施用。接种根瘤菌剂可以提高豆科作物的固氮效率,促进作物生长。

3)保护性耕作

保护性耕作是一种减少土壤侵蚀和改善土壤肥力的耕作方法。在旱地尤其是坡耕地上,采用免耕技术、覆盖技术等,可以减少地表产流次数和径流量,降低氮、磷养分流失。免耕技术是指在播种和种植作物时,不翻耕土壤,以保持土壤结构和土壤肥力。覆盖技术是指在土壤表面覆盖一层有机物或无机物，以减少水分蒸发和土壤侵蚀。

3. 土壤改良技术

土壤改良技术是指通过物理、化学和生物方法改善土壤性质，提高土壤肥力和生产力的一系列措施。常见的土壤改良技术主要有：①深翻和松土。通过深翻或松土，可以打破土壤压实层，增加土壤的通气性和渗透性，有利于根系发展和水分吸收。②有机物施用。添加有机肥料（如堆肥、绿肥、动物粪便等）可以增加土壤的有机质含量，改善土壤结构，提高土壤肥力。③石灰施用。对于酸性土壤，施用石灰（如石灰石粉、熟石灰等）可以中和土壤酸性，提高土壤 pH，改善植物生长环境。④石膏施用。在盐碱土壤中施用石膏可以降低土壤盐分和交换性钠的比例，改善土壤物理性质。⑤化肥调控。根据土壤测试结果和作物需求，合理施用化肥，避免过量施用导致的环境问题。⑥生物修复。利用植物、微生物等生物体来降解土壤中的污染物，改善土壤环境质量。⑦土壤侵蚀控制。通过建立梯田、种植防风林、草皮覆盖等措施，减少水土流失。⑧蚯蚓养殖。引入蚯蚓可以增加土壤通气性，提高有机质的分解速率，改善土壤结构。

二、农药减量增效

化学农药的使用目的主要为除草、除虫，因此农药减量需着眼于提升除虫和除草技术能力。

（一）物理技术

1. 现代化机械除草技术

现代化机械除草是指使用机械设备代替传统的人工或化学方法来控制田间杂草的技术。以下是一些现代化机械除草的方法：①机械除草。使用旋转式或往复式割草机来割除作物行间的杂草。这种方法适用于大面积的草地或行间杂草控制。②激光除草。利用激光技术精确地烧毁作物行间的杂草，这种方法对环境友好，但设备成本较高。③机械覆盖。使用特制的机械将有机或无机覆盖物（如可回收或可降解地膜）铺设在土壤表面，抑制杂草生长。④机械除草机器人。可通过图像识别和智能导航技术识别并移除作物行间的杂草（未来可大力发展的技术）。

机械除草技术的优点包括：不使用化学除草剂，减少对土壤和地下水的污染；不会在作物中留下化学残留物，适合有机农业；可以选择性地杀除杂草，而不会伤害作物；效率较高，能够快速、大面积地去除杂草，成本相对较低，维护和操作简单等。

2. 人工智能（AI）除虫技术

人工智能（AI）除虫技术是现代农业技术的一部分，它结合了计算机视觉、机器学习、传感器技术和机器人技术，以监测和控制农作物中的害虫。这些技术的应用有助于减少化学农药的使用，提高作物产量和品质，同时减少对环境的影响。目前，应用的人工智能除虫技术有：

（1）计算机视觉和图像识别。利用高清摄像头和图像处理技术，可以识别和分类作物上的不同害虫。通过分析害虫的数量和种类，可以更准确地决定是否需要采取控制措施。

（2）机器学习和预测模型。通过收集大量的田间数据，包括气候条件、作物生长阶段和害虫活动模式，机器学习算法可以预测害虫的发生和扩散，从而提前采取防治措施。

(3)传感器技术。使用各种传感器，如红外线、声波和气味传感器，可以检测害虫的存在和活动。这些传感器可以集成到无人机或地面机器人中，用于田间监测。

(4)机器人除虫。开发专门的机器人，可以在田间自动导航，识别并物理移除或杀死害虫。这些机器人可以配备喷洒系统，用于精准施用生物农药或其他害虫控制方法。

(5)自动化喷洒系统。结合 GPS 和 GIS 技术，自动化喷洒系统可以根据作物的具体需要精确地施用农药，减少农药的使用量和对环境的影响。

(6)智能陷阱和诱捕器。使用人工智能(AI)除虫技术优化的陷阱和诱捕器，可以更有效地吸引和捕捉害虫。这些设备可以远程监控，并在需要时自动清空。

3. 诱捕器害虫防控技术

诱捕器害虫防控技术是一种物理防控方法，通过诱集害虫来进行控制。它通过使用特定的诱饵或视觉信号来吸引、捕捉或杀死害虫。诱捕器害虫防控技术的选择和应用需要根据特定的害虫种类、作物类型和环境条件来确定。

常见的诱捕器害虫防控技术有：

(1)性信息素诱捕器。利用合成的性信息素或天然的性诱剂来吸引特定种类的害虫。这些诱捕器通常用于捕捉雄性害虫，通过打破害虫的繁殖周期来控制害虫种群。

(2)色彩诱捕器。某些害虫对特定的颜色有强烈的反应，诱捕器使用这些颜色来吸引害虫。例如，黄色诱捕器可以吸引多种飞行害虫。

(3)光线诱捕器。利用害虫对光线的反应，如紫外线灯或特定波长的光源，来吸引害虫。这些诱捕器通常在夜间使用，因为许多害虫在夜间活动。

(4)视觉诱捕器。使用模拟的植物或动物形态来吸引害虫。例如，可以使用模拟的雌性害虫形态来吸引雄性害虫。

(5)食物诱捕器。使用特定的食物诱饵来吸引害虫，如水果汁、糖水或发酵物。这些诱捕器可以捕捉到对特定食物源有偏好的害虫。

(6)水诱捕器。对于一些对水分有强烈需求的害虫，如蚊子和某些飞蛾，可以使用水诱捕器来吸引和杀死它们。

(7)黏性诱捕器。在诱捕器表面涂上黏性物质，当害虫接触到诱捕器时，会被黏住且无法逃脱。

(8)陷阱诱捕器。设计特殊的陷阱结构，使害虫能够进入但无法逃脱，如漏斗形或瓶形陷阱。

(二)生物技术

1. 生物除草技术

生物除草技术是一种利用自然生物机制来控制或抑制杂草生长的可持续农业管理方法。它主要包括使用特定的生物体(如微生物、植物病原体、昆虫、动物以及竞争性植物)及其产物(如酶、抗生素、生物碱等)，以非化学或减少化学物质使用的方式，管理农田中的杂草问题。这些生物通过竞争资源、产生抑制杂草生长的物质或直接寄生在杂草上，以达到控制杂草的目的。

生物除草技术的优点有：①环境友好。生物除草技术减少了化学除草剂的使用，从而减轻了对环境的污染。②可持续性。生物方法可以作为长期控制杂草的策略,有助于农业的可持续发展。③减少抗性。使用生物除草技术可以减少杂草对化学除草剂产生抗性的风险。④特异性。某些生物除草剂具有高度的寄主专一性,能够特定地针对某些杂草而不影响其他植物。⑤创新性。生物除草技术的发展推动了农业技术的创新,如利用数字化和机器人技术提高除草效率。

生物除草技术的缺点有:①效果受限。生物除草剂的效果可能受到环境条件如温度、湿度的影响,不如化学除草剂稳定。②专一性问题。某些生物除草剂可能只对特定种类的杂草有效,这限制了它们的广泛应用。③生产和应用成本。生物除草剂的生产和应用成本可能高于化学除草剂,尤其是在工业化生产和剂型加工方面。④技术要求。生物除草剂的研发和应用需要较高的技术水平和专业知识。⑤保质期和稳定性。生物除草剂的保质期可能较短,且在储存和运输过程中需要特定的条件来保持其活性。

2. 生物农药技术

利用生物资源或生物代谢过程中产生的具有生物活性的物质,或者从生物体中提取的物质制成的制剂,用于防治农作物病、虫、草、鼠等有害生物的一种农业技术。生物农药技术根据其来源和作用机制,主要包括微生物农药技术、植物源农药技术、农业抗生素和生物化学农药技术等。

(1)微生物农药。包括细菌农药、真菌农药、病毒农药、线虫农药等。

(2)植物源农药。利用植物提取物如尼古丁、除虫菊酯、鱼藤酮等具有天然杀虫或杀菌活性的成分制成的农药。包括植物源杀虫剂、杀菌剂、除草剂及植物光活化霉毒等。

(3)农业抗生素。由微生物发酵产生的具有抗菌特性的物质,如链霉素用于防治某些植物病害。

(4)生物化学农药。指利用昆虫信息素(如性诱剂、聚集激素)、植物生长调节剂、天然毒素等生物活性物质的农药。信息素用于干扰害虫交配或吸引害虫进入陷阱,减少害虫种群。

(5)天敌昆虫农药。利用天敌昆虫(如瓢虫、蜘蛛、寄生蜂等)直接控制害虫数量,属于生物防治的一种形式。

(6)植物提取物农药。直接从植物中提取的具有生物活性的物质,如大蒜油、辣椒素等,用于驱虫或杀菌。

生物农药技术作为绿色防控手段,在推动农业可持续发展中具有安全性高、选择性强、持续作用长等优点,但同时也面临着作用速度慢、效果不稳定、环境因素影响大、成本高等挑战。

据不完全统计,截至 2021 年 7 月 1 日,在农业农村部农药检定所登记的生物农药(有效期内含生物农药组分的原药和制剂)数量约 4 700 个,约为农药总登记数的 1/10、化学农药登记数的 1/9,见图 4-3。

(三)高效精准施药技术

高效精准施药技术是通过传感探测技术获取喷雾靶标即农作物与病虫草害的信息,利用计算决策系统制定精准喷雾策略,驱动变量执行系统或机构实现实时、非均一、非连续的精准喷雾作业,最终实现按需施药。技术体系包括探测技术、施药控制系统及算法、

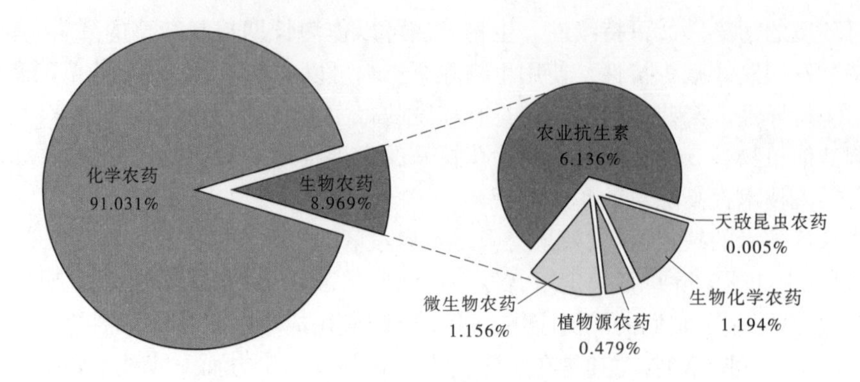

图 4-3　化学农药和生物农药占比示意

喷雾控制技术等。施药技术与施药装备正向着智能、精准、低量、高效方向发展。

依托精准施药技术的发展，我国精准施药装备的发展也非常迅速。果园自动对靶喷雾机、基于风量调节的果园变量喷雾机、玉米田间自动对靶除草机、可调地隙与轮距的高地隙自走式喷杆喷雾机、自适应均匀喷雾机、循环喷雾机以及仿形喷雾机等新型施药装备纷纷出现，实现了农药的精准喷施，大大提高了农药利用率。此外，还有遥控自走式作物喷杆喷雾机和植保无人机，它们实现了人机分离和人药分离，非常满足我国中小型农场的减量精准施药技术要求。

目前，精准施药因研发与技术条件等缺陷，在以下方面还面临着挑战：

(1)精准施药装备研发还处于探测技术与机电一体化的集成阶段，市场上的精准变量施药装备普遍存在装备结构复杂、造价高、不易操作等问题，关键技术与产品的研发水平远远落后于智慧农业发展的要求。

(2)农业专业传感器研发不够且生产较少，同时市场上可用的传感器、控制与自动调节部件主要以购买进口为主，大规模应用少。

(3)精准施药技术与装备的研发应该结合不同农作物、应用环境条件、同一作物不同生长期等开展深入与系统的研究。目前，以计算方法为核心的控制模型的缺乏是精准施药技术与装备研发领域存在的明显短板。

(4)精准喷雾要合理利用低容量与超低容量喷雾技术，同时还需要结合农药剂型、不同专业作物与气象条件加以系统地研究，其中喷雾过程中的雾化、沉积、飘失机制和实现智能变量的喷雾计算控制方法等基础理论有待于进一步深入探索。

三、农用地膜科学使用

(一)源头减量

加强地膜替代技术的研发应用是从源头上减少地膜残留的重要措施。常见的地膜替代技术有生物降解地膜替代技术、秸秆覆盖替代技术、施用保水剂替代技术、农艺减控技术等。

1. 生物降解地膜替代技术

生物降解地膜是指在自然环境中通过微生物的作用而引起降解的一类塑料薄膜。生物降解地膜根据主要原料可分为以天然生物质为原料的降解地膜和以石油基为原料的降解地膜。天然生物质如淀粉、纤维素、甲壳素等,通过对这些原料改性、再合成形成生物降解地膜的生产原料。淀粉作为主要原料的地膜按照降解机制和破坏形式又可分为淀粉添加型不完全生物降解地膜和以淀粉为主要原料的完全生物降解地膜。淀粉添加型不完全生物降解地膜是用 PE 塑料中添加具有生物降解特性的天然或合成聚合物等混合制成的原料,再添加相容剂、抗氧化剂和加工助剂等吹制而成,不属于完全生物降解地膜。以淀粉为原料生产的完全生物降解地膜主要是通过发酵生产乳酸,乳酸经过再合成形成聚乳酸,以聚乳酸为主要原料生产的地膜。另一类重要的天然生物质是纤维,通过对纤维素醚化、酯化以及氧化成酸、醛和酮后可制成地膜,属于完全生物降解地膜。以石油基生产生物降解地膜的主要成分是二元酸二元醇共聚酯(PBS、PBAT 等)、聚羟基烷酸酯(PHA)、聚己内酯(PCL)、聚羟基丁酸酯(PHB)、二氧化碳共聚物-聚碳酸亚丙酯(PPC)等。这些高分子物质在自然界中能够很快被分解和被微生物利用,最终降解产物为二氧化碳和水。

目前,生物降解地膜还存在以下问题:①产品抗拉强度较低。由于基础原材料本身的特性,大多数生物降解地膜抗拉伸强度不够,在一些以机械作业为主的农区,无法进行机械化覆膜作业,这个问题在新疆尤为突出。②降解可控性与农作物需求存在差异。地膜覆盖的重要作用是增温保墒和抑制杂草,为了实现地膜的这些功能必须保证足够的覆盖时间,否则就无法满足作物对地膜覆盖功能的要求。目前,现有的生物降解地膜产品破裂和降解过早,覆盖时间远低于作物地膜覆盖安全期,导致其功能无法发挥。③增温保墒性能需要进一步加强。大部分生物降解地膜的增温保墒功能与普通 PE 地膜相比还是存在一定的差异,10 μm 厚的生物降解地膜与 8 μm 厚的 PE 地膜覆盖的土壤温度存在显著不同,在没有作物冠层遮盖条件下,除 11—16 时,二者的增温效果相同外,其余时间均是 PE 地膜覆盖土壤温度高于生物降解地膜覆盖温度。利用模拟试验进行的水分保持试验结果也显示,生物降解地膜在保水性方面明显逊于 PE 地膜。④产品生产成本制约大规模应用。一般情况下,生物降解地膜销售价格是普通 PE 地膜的 3 倍左右,这是地膜原材料属性、厚度等多因素决定的。在我国,由于劳动力相对便宜,加上大量普通 PE 地膜没有进行回收和处理,则凸显生物降解地膜应用的高成本。随着普通 PE 地膜回收处理必要性提高、地膜回收处理法律法规的完善以及农村劳动力成本提高,普通 PE 地膜与生物降解地膜应用的综合成本差异将会越来越小,生物降解地膜的应用具有良好的前景。

2. 秸秆覆盖替代技术

秸秆覆盖替代技术是将作物秸秆整株或粉碎后覆盖于地表,以起到保墒、调温、提高土壤养分等作用。秸秆覆盖替代技术作为农作物秸秆还田的一种利用方式,实现了作物秸秆的高效循环利用,不仅能够达到节水增产的效果,而且能够改善覆盖作物田间的小气候,从而促进生态农业的发展。

秸秆覆盖替代技术发展中面临的问题包括覆盖均匀度不易控制、受当地当年降水量和气温变化影响较大、覆盖厚度受当地风速和风向影响、影响播种机播种和种子萌发、成为作物发病的诱因、秸秆覆盖技术的增产效益对作物品种具有选择性等。

未来的秸秆覆盖替代技术发展趋势主要有:

(1)采取适量灌水。当年农田进行秸秆覆盖,往往在作物收割后,覆盖的秸秆还没有完全降解,影响到下茬作物(田地不需翻耕)的播种,这就需要在秸秆覆盖后根据作物的需水要求进行适量灌水(在湿热条件下有助于秸秆的降解)或喷洒有助于降解的专门药品。

(2)提高测试秸秆覆盖度的效率。当前主要靠手工测试秸秆覆盖度存在效率低的问题,应进一步研究如何应用计算机的图像处理功能来识别、分析秸秆图像,以得出较准确的秸秆覆盖面积和秸秆覆盖百分比,准确、快速测试秸秆覆盖度。

(3)大力发展秸秆的整编覆盖。采用秸秆编织铺放机对秸秆进行整编覆盖,有利于消除当地风速、风向对秸秆覆盖的影响,并且秸秆的覆盖均匀度也得到改善。这是秸秆覆盖施工作业的发展趋势。

(4)改进专用播种机械设备。在秸秆覆盖条件下进行播种,往往会出现堵塞,影响播种质量,在国内外所有播种机械中,当秸秆覆盖度达到50%以上时,播种机械就会发生堵塞,种沟不能正常弥合。改善专业播种机械是当今秸秆覆盖技术发展的迫切要求。

(5)制定合理的秸秆覆盖技术作业制度。根据不同作物秸秆、种植的作物种类和面积以及施工所需的施工机械,按照施工的先后顺序制定一套完整的工作模式,以达到秸秆覆盖的省时、省工和高效。如何根据实际情况制定出高效作业制度,是当今急需解决的问题。

3. 施用保水剂替代技术

保水剂是一种能够反复释水-吸水,施用后可全部降解为 CO_2、H_2O 和矿物肥料的高分子材料,被称为土壤“微型水库”,主要有树脂类、天然高分子类、有机-无机复合类等类型,保水剂在保持土壤水分方面具有与地膜类似的明显作用,一定程度上可以替代地膜覆盖种植。

近年来,保水剂作为一类重要的节水技术逐渐在旱地农业生产中应用研究。汤文光等试验表明,以无覆盖对照,旱地玉米覆盖地膜、施用保水剂同期土壤含水量最大分别增加28.1%、11.37%,产量分别显著增加33.80%、13.59%,施用保水剂一定程度上也能保蓄土壤水分。武继承等试验表明,施用保水剂可提高土壤水含量,增加作物产量。特别是保水剂与秸秆或地膜覆盖配合,可进一步抑制土壤水分蒸发,提高降水利用效率0.4~3.2 kg/(mm·hm^2),平均增产14.2%~20.1%。

保水剂还具有改善土壤紧实度、改善作物品质等特点,在农业中推广应用具有积极的意义。保水剂主要适用于年降水量450~550 mm的地区,降水量大的地区可适量少施或不施,而且保水剂不是造水剂,在年降水量小于300 mm的地区不能单纯使用,还应配套一定的灌水设施或技术。

4. 农艺减控技术

(1)优化耕作制度。通过改进耕作方法,如采取保护性耕作、无耕作或少耕作等,减少对地膜的依赖,从而减少地膜的使用量。

(2)精准覆盖技术。采用精准农业技术,如GIS(地理信息系统)、遥感技术和智能监测系统,对农田进行精确管理,实现地膜的精准覆盖和使用,减少浪费。

(二)过程控制

过程控制是提高农业残膜回收效率和质量的关键环节,通过精确的过程控制,可以有效地提高残膜的回收率,减少土壤中的残留,同时确保回收的残膜质量,便于后续的再利用。

1. 人工捡拾

在聚乙烯地膜完成功能覆盖期后，膜面未发生明显破损之前，可采取人工适期捡拾回收。在作物收获后或播种前，可采用锄头等工具沿膜侧人工开沟，使压在土壤中的地膜完全暴露，从田头沿覆膜方向进行人工扯膜。

2. 机械捡拾

在作物收获后，针对土地平整和覆膜种植集中连片地区，采用适当幅宽的残膜回收单式作业机或秸秆粉碎还田与残膜回收联合作业机；针对覆膜种植不集中连片且田块面积较小地区，采用小型单式残膜回收作业机或复式联合作业机具。在下一季播种前，可采用弹齿式、搂耙式等回收机械，进行耕层内残膜回收作业。可在机械捡拾后，人工对农田中遗留的地膜和田间地头机械无法捡拾的区域进行捡拾。机械捡拾作业质量应符合《残地膜回收机　作业质量》(NY/T 1227—2019)要求，有效降低回收残膜含杂率。我国典型的回收器械有 CM-2.6 型地表残膜回收机、4FS2 型残膜联合回收机、IMS-800 型残膜回收机等。

(三)回收利用

1. 集中回收

设立专门的废旧地膜回收站点进行集中回收。废旧地膜田间捡拾后，需进行清杂处理，及时交送回收站点，不得随意丢弃、掩埋或焚烧。各地要因地制宜探索、总结有效回收模式，加强补贴政策落实，建立健全长效回收机制。回收站点的选址、布局、规模应与辖区内经济发展状况、交通便利度、地膜使用量等相协调，便于回收、运输，符合高效环保的原则。鼓励地膜回收体系与供销合作体系、垃圾处理、可再生资源体系等相结合。回收站点要有必要的围挡设施，对交送的废旧地膜分类捆扎、打包后，及时交送就近的回收加工企业处理。

2. 资源化利用

废旧地膜回收加工企业可采取再生造粒、燃料提取、燃料发电、制作木塑等多种方式进行资源化利用。再生造粒是目前普遍采用的一种方式，通过分类筛选、膜杂分离、破碎、清洗、脱水沥干、熔炼塑化、切割造粒等工艺流程，选用节水节能、高效、低污染的技术和设备，实现废旧地膜加工再利用。对秸秆杂质含量高、难分拣、再利用价值低的废旧地膜，可采用专用设备燃烧等方式，拓展废旧地膜多元化处理路径。

近年来，我国逐步重视农用地膜污染治理工作，并在农用地膜科学使用方面取得进展。

2022 年，河南省南乐县大力推广应用可降解农用地膜，可降解农用地膜试验示范扩大至 10 乡(镇)15 个村 15 种农作物，示范面积增加至 1 960 亩。

甘肃广河县通过实施地膜生产者责任延伸制度试点，实现了广河县高标准地膜全面推广使用、回收体系基本建立，地膜回收率逐年提高，基本实现了应收尽收，废旧地膜基本得到了资源化利用，地膜“白色污染”问题得到有效解决。

2022 年，山东省将 111 个县纳入地膜科学使用回收试点，并在重点用膜地区推广应用加厚高强度地膜 600 万亩、全生物降解地膜 120 万亩，其中济南市在全市规划建立 7 处废弃农膜县域回收中心、25 处固定回收站、若干临时回收点,形成县、乡(镇)、村三级回收体系。

四、农业农村领域节水增效

(一)节水灌溉技术

农业节水灌溉是提高水资源利用效率、促进农业可持续发展的重要措施。主要的农业节水灌溉技术和方法包括微灌、喷灌、覆膜灌、管道输水、渠道防渗技术、步行式灌溉技术等。

1. 微灌

微灌包含滴灌、微滴灌和渗灌,是目前节水、增产效果最好的一种节水灌溉技术,较地面漫灌节水 50%~70%。经过改进后,管道、渗孔易堵塞的问题也相继解决。微灌最突出的特点是投资高,适用于局部灌溉,主要应用于蔬菜、花卉、果树等高经济价值作物,在大田作物上应用较少。微灌系统组成见图 4-4。

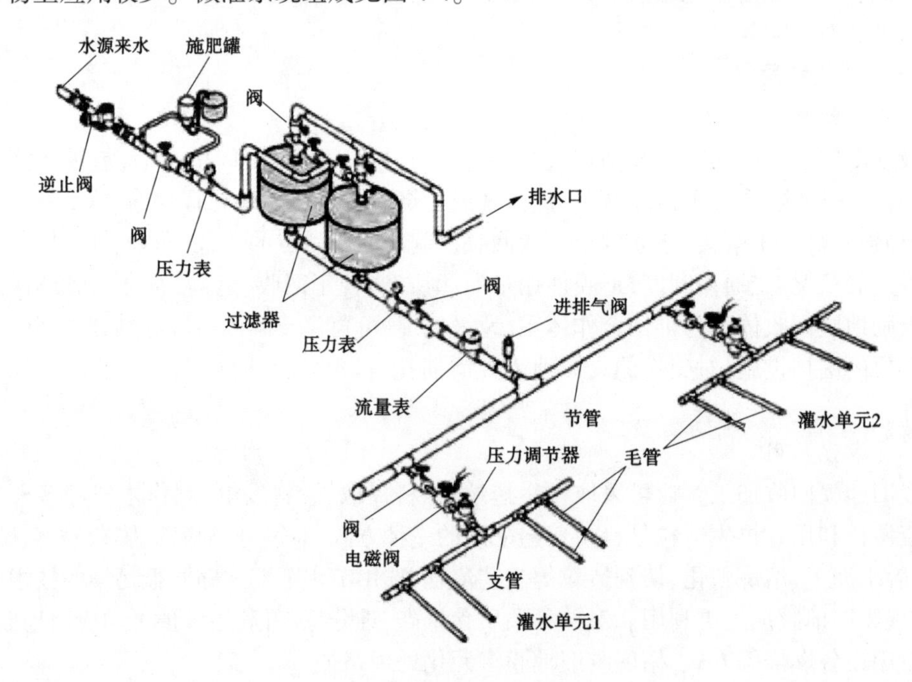

图 4-4 微灌系统组成示意

滴灌是利用塑料管道将水通过直径约 10 mm 毛管上的孔口或滴头送到作物根部进行局部灌溉(见图 4-5)。它是干旱缺水地区最有效的一种节水灌溉方式,其水的利用率可达 95%。滴灌较喷灌具有更好的节水增产效果,同时可以结合施肥,提高肥效 1 倍以上。其不足之处是滴头易结垢和堵塞,需要对水源进行严格的过滤处理。

按管道的固定程度,滴灌可分固定式、半固定式和移动式 3 种类型。固定式滴灌,其各级管道和滴头的位置在灌溉季节是固定的。其优点是操作简便、省工、省时,灌水效果好,国产设备亩投资为 700(果树)~1 400 元(大棚蔬菜)。半固定式滴灌,其干、支管固定,毛管由人工移动,亩投资为 500~700 元。移动式滴灌,其干、支、毛管均由人工移动,设备简单,较半固定式滴灌节省投资,但用工较多,亩投资为 200~500 元。

图 4-5　滴灌

2. 喷灌

喷灌是利用管道将有压喷头分散成细小水滴,均匀地喷洒到田间,对作物进行灌溉(见图 4-6)。作为一种先进的机械化、半机械化灌水方式,喷灌对农作物种植地形要求低,地形适应力较强。据调查,喷灌比坡面灌溉节水 30%~50%,有利于实现灌水机械自动化,还可以结合喷灌进行喷肥、喷药、防干热风、防霜冻等,但是喷灌易受风力的影响,导致喷灌的均匀度大大降低、水资源飘散,增加水资源的流失和蒸发,降低水资源的利用率。此外,喷灌设备投资较高且不易移动,应因地制宜进行选用。

图 4-6　喷灌

喷灌的主要优点如下:①节水效果显著,水的利用率可达 80%。一般情况下,喷灌与地面灌溉相比,1 m^3 水可以当 2 m^3 水用。②作物增产幅度大,一般可达 20%~40%。其原因是取消了农渠、毛渠、田间灌水沟及畦埂,增加了15%~20%的播种面积;灌水均匀,土壤不板结,有利于抢季节、保全苗;改善了田间小气候和农业生态环境。③大大减少了田间渠系建设及管理维护和平整土地等的工作量。④减少了农民用于灌水的费用,增加了农民收入。⑤有利于加快实现农业机械化、产业化、现代化。⑥避免由于过量灌溉造成的土壤次生盐碱化。

常用的喷灌有管道式、平移式、中心支轴式、卷盘式和轻小型机组式。①移动管道式喷灌通常将输水主干管固定埋设在地下,田间支管和喷头可拆装搬移、周转使用,因而降低了投资。北京市顺义县全县数万亩粮田均采用这种灌溉形式。10多年来的实践证明:移动管道式喷灌除具有一般喷灌省水、增产、省工、减轻农民负担和有利于农业机械化、产业化、现代化等优点外,还具有设备简单、操作简便、投资低、对田块大小和形状适应性强、一户或联户均可使用等优点,是较适合我国国情、可以大力推广的一种微型喷灌形式,可适用于大田作物、蔬菜等,亩投资为200~250元。②固定管道式喷灌是将管道、喷头安装在田间固定不动,其灌溉效率高,管理简便,适用于蔬菜、果树以及经济作物灌溉。但是投资较高(亩投资一般在1 000元左右),不利于机械化耕作。③中心支轴式与平移式大型喷灌机只能在预定范围内行走,行走区域内不能有高大障碍物,土地要求较平整。其机械化和自动化程度高,适用于大型农场或规模经营程度较高的农田。使用国产设备,每亩投资为300~400元。④卷盘式喷灌机靠管内动水压力驱动行走作业,与中心支轴式及平移式的大型喷灌机相比,具有机动灵活、适应大小田块、亩设备投资低等优点。进口设备每亩投资为50元左右,设备国产化后可进一步降低投资,这是一种适合我国国情、有发展前景的喷灌形式,可适用于大田作物、蔬菜等。卷盘式喷灌机有喷枪式和桁架式两种,后者具有雾化好、耗能低的优点。轻小型机组式喷灌,可以手抬或装在手推车或拖拉机上,具有机动灵活、适应性强、价格较低等优点,通常用于较小地块的抗旱喷灌,每亩投资为100~200元。

3. 覆膜灌

覆膜灌是使用地膜覆盖田间的垄沟底部,引入的灌溉水从地膜上面流过,并通过膜上小孔渗入作物根部附近的土壤中进行灌溉,这种方法称作膜上灌,在新疆等地已大面积推广。采用膜上灌,深层渗漏和蒸发损失少,节水显著,在地膜栽培的基础上不需再增加材料费用,并能起到对土壤增温和保墒作用。在干旱地区可将滴灌管放在膜下,或利用毛管通过膜上小孔进行灌溉,这称作膜下灌(见图4-7)。这种灌溉方式既具有滴灌的优点,又具有地膜覆盖的优点,节水增产效果更好。

4. 管道输水

管道输水是利用管道将水直接送到田间灌溉,以减少水在明渠输送过程中的渗漏和蒸发损失。发达国家的灌溉输水已大量采用管道。我国北方井灌区的管道输水推广应用也较快。常用的管材有混凝土管、塑料硬(软)管及金属管等。管道输水与渠道输水相比,特别是井灌区,具有输水迅速、节水、省地、增产等优点。其效益为:水的利用系数可提高到0.95,节电20%~30%,省地2%~3%,增产幅度10%。如采用低压塑料管道输水,不计水源工程建设投资,每亩投资为100~150元。

在有条件的地方应结合实际,积极发展管道输水。但是管道输水仅仅减少了输水过

图 4-7　膜下灌溉

程中的水量损失，而要真正做到高效用水，还应配套喷灌、滴灌等田间节水措施。尚无力配套喷、滴灌设备的地方，对管道布设及管材承压能力等应考虑今后发展喷、滴灌的要求，以避免造成浪费。

5. 渠道防渗技术

渠道输水是我国农田灌溉的主要输水方式。传统的土渠水利用系数一般为 0.4~0.5，甚至部分输水渠仅为 0.3，大部分水因渗漏和蒸发而损失。渠道渗漏是农田灌溉用水损失的主要方面。采用渠道防渗技术后，一般可使水利用系数提高到 0.6~0.85，比原来的土渠提高 50%~70%。渠道防渗见图 4-8。渠道防渗还具有输水快、有利于农业生产抢季节、节省土地等优点，是当前我国节水灌溉的主要措施之一。

图 4-8　渠道防渗

根据所使用的材料，渠道防渗可分为：①三合土护面防渗；②砌石（卵石、块石、片石）防渗；③混凝土防渗；④塑料薄膜防渗（内衬薄膜后再用土料、混凝土或石料护面）等。

6. 步行式灌溉技术

步行式灌溉技术是一种结合了机械化和节水特点的灌溉方法，它通过使用电力和农用机械作为动力源,提高了移动灌溉的适应性和灵活性。这种技术不需要在灌溉区域中设置固定的通水管道,因此具有较低的使用成本和较强的覆盖能力。步行式灌溉技术特别适合于地形复杂或灌溉需求变化较大的农田。步行式灌溉系统见图 4-9。

图 4-9　步行式灌溉系统

(二)节水灌溉农业措施

1. 调整种植结构

调整种植结构主要是选育抗旱作物及抗旱优良品种。抗旱节水高产作物和品种,在农业高效用水中十分重要,不同作物或同一作物不同品种的抗旱节水性差异很大,其中耐旱品种一般较原品种增产 10%~15%,水分利用率提高 40%~100%。具有较强的抗旱性作物及品种,在干旱缺水的情况下能正常生长发育。

传统种植的小麦、糜子、谷子、马铃薯、油料、豆类等作物都具有耐旱性。抗旱性较强的冬小麦品种有翼麦 38、晋麦 47、鲁麦 21、郑 8915 等,这些品种在浇足底墒水的基础上,返青后只浇一水就可获得 6 000 kg/hm^2 的产量。

2. 耕作保墒技术

耕作保墒技术是由蓄水和保墒两方面组成的,土壤耕层和储水层蓄雨水越多,土壤中墒情保持得越好,则旱季作物生产越稳定。从一年来讲,伏秋深耕能够贮藏大量雨季降水,冬春碾耱可以碎土收墒,使冬季保墒、春季提墒,根据当地的生产和耕作经验,因地制宜选择合适的耕作方法,例如选择深中耕、早管理的方法,可以保墒、增温、灭草等作用;选择坑种法,土壤翻得深,蓄水量大,土壤熟化,根系扎得深,抗旱能力就比较强。

3. 覆盖保墒技术

在耕地表面覆盖塑料薄膜、秸秆或其他材料,可以抑制杂草生长,促进植株生长,增加土壤肥力,改善土壤结构,抑制田面蒸发,促进作物蒸腾和光合作用,提高农作物产量,以达到节水、保墒、高产、高效的目的。

4. 培肥改土技术

根据各地的试验研究,均表明在适度范围内,增施一定数量的肥料,尤其是配方施肥,则作物的总耗水量虽相差不多,但产量却明显增长,从而耗水系数大幅度下降,使得水分利用率提高。培肥改土方法主要有深施磷肥改土调水、氨磷配比施肥、增施有机物培肥改土。

5. 化学抗旱保水技术

化学抗旱保水制剂是促进作物根系吸水或降低蒸腾强度的化学物质,该类物质种类很多,其中黄腐酸(FA)、保水剂、多效唑、水杨酸、脯氨酸和甜菜碱等均有抗旱保水作用。

(三)畜牧业节水技术

畜牧业节水技术对于减少畜牧业废水的产生有着重要的控制作用。

1. 节水型饮水技术

目前,实际生产中应用的猪用饮水器主要有鸭嘴式、杯式、吸吮式和乳头式等。以育肥猪为例,猪用杯式或碗式饮水器可比鸭嘴式饮水器减少浪费饮水 10%~25%。尤其当饮水流速为 2 080 mL/min 时,浪费率为 23%;当饮水流速为 650 mL/min 时,浪费率为 8.6%。另外,温度也会影响猪的需水量,当环境温度处于 20 ℃以上时,每增加 1 ℃,则可导致每天多饮水 0.2 L。

通过改变畜禽舍的饮水方式、优化饮水器结构、调节饮水器出水流量和水温、调整安装位置降低饮用水中的矿物质水平等,可明显节省饮用水量。因此,根据不同畜禽及其生长阶段的饮水行为需要,选择节水型和智能化饮水器,正确安装饮水器位置,提供合理的流量、水质和水温,定期检查和修复饮水系统的滴漏等问题,不仅可节约用水,同时也能满足畜禽饮水需要,实现畜禽清洁饮水的健康要求。

2. 节水型清粪技术

节水型清粪技术是指在畜牧业生产中,采用能够减少用水量、降低环境污染、提高资源利用效率的清粪方法和技术。

畜禽养殖场(户)宜采用干清粪、水泡粪、地面垫料等清粪工艺,逐步淘汰水冲粪工艺,合理控制清粪环节用水量。干清粪为目前主要方式,分为机械清粪和人工清粪两种。干清粪耗水量少,产生的污水量少,且污水中的污染物含量低,易于净化处理。水泡粪与水冲粪相比,水泡粪技术能够节约冲洗用水量。这种技术通过在畜禽舍内建立一个浅水池,将粪便浸泡在水中,定期抽取上层较为清洁的水进行循环使用,而将底部的粪便集中处理。地面垫料清粪工艺是利用微生物发酵控制技术,将微生物与锯木屑、谷壳或秸秆等按一定比例混合,进行高温发酵后作为有机物垫料制成发酵床,猪的粪尿排放在发酵床上,经过垫料微生物及时分解和消化,实现粪尿和污水的零排放。

因此,在环保压力日益增大的形势下,推广应用节水型的清粪技术迫在眉睫,全自动干湿分离式清粪技术应运而生。近年来,推广应用的全自动新型干湿分离刮粪机,能有效减少后续处理工艺,节约处理成本。经规模猪场改造使用后污水减排量达到 50%~60%,人工投入成本减少 2/3,舍内湿度降低 15%、NH_3 降低 50%,可明显改善饲养环境,提高畜禽生产性能。

3. 节水型降温技术

目前,常见畜禽舍夏季常用的降温方式,主要有湿帘-风机降温、冷风机、喷雾降温、畜体喷淋和屋顶喷淋降温、遮阳降温等,多数降温方式都需要消耗水的蒸发而达到降温的目的。

研究表明,多级蒸发降温系统技术可有效提高降温效率,相应节约降温过程中的用水量。另外,在喷雾降温时应以自动控制仪表监测间隔喷淋代替连续喷淋,根据气温设置喷淋时间和间隔时间,待猪体表面和猪舍地板水分蒸发完后再次进行喷淋降温,通过已建成猪舍降温用水量监测,仪表控制喷淋降温节水高达40%~50%。

4. 畜禽废水处理与循环利用技术

畜禽废水处理与循环利用是处理畜禽养殖废水并将其转化为可再利用资源的过程。

根据畜禽养殖废水高氨磷养分、高有机物的特点,单一地采用物理法、化学法或者生物法,很难达到我国畜禽养殖业的排放标准或农田灌溉水质要求。因此,一般情况下采用物理-化学法、生物法中的两种或者两种以上的技术组合模式来进行畜禽养殖废水的处理。目前主要的处理方式为厌氧+自然处理技术,利用自然水体、土壤和生物综合作用净化,该处理方式造价低、占地面积小,但其净化效果不够彻底;厌氧+好氧处理技术利用微生物在好氧的环境下对废水进行二次分解,能将有机物完全氧化成为单纯的无机物,废水处理效果彻底,处理过的畜禽废水可以用于灌溉、养殖用水或冲洗、生物肥料制造等。

在选择处理方式时,要充分考虑养殖规模、废水特性、资源可行性和技术要求等因素,找到适合自身生产需求的处理方式。

(四)生态式水产养殖

生态式水产养殖是将养殖水产动物与水生植物、微生物等生态因子一起构成一个具有自我调节能力的生态系统。利用物质循环、能量流动、自我调节、自我修复等生态学功能,对生产过程中可能的废弃用水、残饵粪便进行净化处理,达到养殖生态系统的相对稳定,推进生态循环水养殖的可持续发展。

常见的生态式循环水养殖模式如下。

1. 稻渔综合种养

稻田养殖是集传统和现代化于一身的农业生态系统。常见的种养模式有稻鱼养殖、稻虾养殖、稻蟹养殖等。通过对稻田生态系统进行工程化改造,将水稻种植与水产品养殖技术进行有机结合。通常,在水稻田里挖一些适合水产品养殖的环形小沟,环形小沟里养殖水产品,环形小沟外种植水稻。该养殖模式在保证水稻与养殖水产品质量的同时,有效地改善稻田养殖的生态环境,提高稻田的经济附加值,增加稻田的经济效益。

2. 鱼菜共生体系

基于生态学共生原理,人工构建多营养级生态系统,做到整个生态系统各类物种之间和平共处,是一种环保、有效的养殖模式。构建鱼菜共生体系最重要的是要做到鱼-菜-菌的生态平衡。整个体系水上种植绿色蔬菜,水里养殖水产品,两者起到互补促进的作用,通过鱼菜共生体系物质的内循环,以达到养鱼不换水、种植蔬菜不施肥、直接利用有机肥的高效养殖效果,在养殖鱼类高产出的同时,收获大量的优质无公害蔬菜,进而取得更为可观的经济效益。基于系统自身的独特性,对我们生活环境的保护和污染物质排放的减少都有积极的作用。鱼菜共生体系是新时代特色水产养殖发展的一个重要方向,也是农业科技创新的体现。

3. 多营养层次生态养殖

这是近几年产生的一种新式的特色养殖模式，一方面可以更为有效地对立体的养殖空间进行更为充分的利用；另一方面以水质控制、生态位补充、营养循环、生物疾病预防、质量和安全控制、废物减少等为基础，建立的生态调控健康养殖模式。通过放养各种营养级的养殖品种，与养殖水域的水生植物、微生物、养殖环境共同构成健康科学的生态系统，如把吃食性鱼类和滤食性鱼类与一些高附加值鱼类分层搭配、合理混养等。常见模式有通威“365”模式、虾蟹混养模式、鱼虾混养、虾蟹贝混养等。

相对于传统养殖模式，生态式循环水养殖系统的单位产量可以节约 50~100 倍的土地和 160~2 600 倍的用水，比传统养殖节约 90%~99%的用水和 99%的用地。新时代循环水体系所产生的废物会及时排出养殖池，经一系列循环处理，达标后再回流至养殖池循环利用，极大地减轻了水产养殖对环境的污染，资源重复利用极大地节省了水资源，极大地提高了资源利用率；还将促进我国水产品由数量型向质量型转变，在水产品销售与出口中形成强大的竞争力。

（五）推进农村生活节水

1. 农村集中供水管网节水改造

对乡镇农村现有供水设施和供水管网进行整合，更新改造老旧管网，提高供水系统的现代化水平，另外对有条件的地区实施规模化供水工程建设，通过改造、新建、联网、并网和维修养护等措施，提升供水质量。

2. 雨水收集与利用技术

雨水收集利用系统一般由雨水收集管道收集雨水、弃流截污、雨水收集池储存雨水、过滤消毒和净化回用等环节组成。收集到的雨水可以用于多种用途，如景观环境、绿化、洗车场用水、道路冲洗和冲厕等非生活用水，有助于节约水资源和缓解缺水问题。

3. 推广使用节水型生活用水器具

推广使用节水型坐便器、淋浴器、水嘴等生活用水器具，这些节水型器具能够在保证使用舒适度的同时减少用水量。

4. 生活用水计量收费

基于计量设备的配备安装，推广农村生活供用水计量收费，通过经济手段激励农户节约用水。计量收费能够使农户更加关注水资源的使用，从而减少不必要的浪费。

第二节　资源循环利用

一、循环农业

循环农业（circular agriculture）是一种农业可持续发展模式，将循环经济理论、可持续发展和产业链延伸理念、减少废弃物的优先原则和循环经济“3R”原则（减量化 reduce、再使用 reuse、再循环 recycle）应用于农业生产体系，按照“资源－产品－废弃物－再利用或再生产”的物质循环和能量流动模式，提高农业系统物质能量多级循环利用，最大程度地降低环境污染和生态破坏，最大程度地提高农业资源利用效率，同时实现农业生产各个环节的增值，实现生态良性循环与农村建设和谐发展。面对日益严重的生态、资源和环境问题，发展循环农业是实现农业资源可持续利用、农业清洁生产的有效手段，也是解决现代农业发展困境的必然选择。

(一)种养结合生态循环农业模式

种养结合生态循环农业模式指的是农作物和畜牧养殖的有机结合，农作物产生的秸秆可作为畜禽的饲料，而畜禽粪便又是农作物的天然肥料，互相利用，创造出一种绿色环保、资源优化和效率提升的新型模式。这种模式不仅能使废弃物资源利用化、粪肥还田肥料化，减少化肥和农药使用，提升农作物品质和产量；还能降低农业投入成本，通过合理配置种植业和养殖业的产业布局，集中处理、消纳粪污，减少对环境的污染，促进经济效益、生态效益和社会效益的提升。种养结合生态循环农业模式具有以下特点：

(1)从整体性角度来看，种养结合的生态循环农业模式具有整体性、综合性功能，能够把种植业、养殖业及加工制造业统一整合在农业生态系统内，并按照“整体、协调、循环、可再生”的原则，合理布局，带动产业深度融合，促进农业和畜牧业综合发展，提高农业效率及综合生产能力。

(2)在种养结合生态循环农业系统中，存在不同产业、不同种类的生物和非生物，经过生态工程设计，使它们相互转化、相互影响形成产业链条，带动经济、技术、环境协调发展，并获得长期效益。

(3)种养结合生态循环农业的运行模式是以一种生态环境安全、无污染的方式运作，通过无害处理、再循环处理，减少废弃物的排放，提高资源综合利用率，实现可持续性循环往复。该模式下以保护生态为前提，改变传统农业施肥方式，减少农药的使用量，减少环境污染，促进生态环境与农业发展相互协调，鼓励绿色产业发展，最终实现生态和农业经济的和谐可持续发展。

(4)种养结合生态循环农业模式种类多样，如“猪-沼-果”“鱼-桑-鸡”模式等，都是通过生物或产物的循环利用及加工制造，产生可利用的再生资源。这一系统过程不仅实现农业废弃物的资源化利用，还用沼肥代替化肥，减少了化肥的使用，降低了农业投入及生产成本，提高了农业产量及经济收益，最大化地实现了农业模式的再循环。此外，该模式下还促进各产业链的深度融合，创造出更多就业岗位，能够为农村劳动力创造就业机会，调动广大农民的积极性，促进农民增收。

目前，种养结合生态循环农业模式在河南省已经得到广泛应用，如南阳市雅民农牧有限公司的“黄牛-农作物-食用菌”种养结合生态循环农业模式、畜禽粪污全量收集和资源化利用的绿色种养循环“内乡模式”，邓州市畜禽粪污处理利用模式等，通过废物的交互利用、要素耦合、资源循环再利用实现了清洁生产。

河南省农业基础及农业生产方式存在着较大差异，如豫南多种植水稻，豫北多种植玉米、小麦；豫南水资源丰富，多渔业产业，豫北多畜牧养殖。不同地区因自然环境、资源基础、经济和社会发展水平的不同，农业发展模式也不尽相同。因此，各地区要结合实际情况，探索出符合当地的种养结合生态循环农业模式。

（二）立体复合型种养循环模式

立体复合型种养循环模式是充分利用时间、空间、环境条件，在一定区域范围内，选择易适应环境，并且能够相互促进生长的植物动物组合，进行立体复合种养，从而提高物质、能量循环效率，实现综合效益最大化。

根据不同地区的地形特点可以有不同形式。如以稻田为中心的"稻-鱼"种养、稻虾共生模式、稻鸭共生模式等，充分利用稻田立体空间的光、热、水及生物资源，将种植业中水稻浅水的生态环境加以利用，与鱼、虾、蟹、鸭等生物共同构成一个较完整的生态系统，使其互利共生，提高稻田综合利用率；以果林为中心的"鸡-草-肥-林（果）"、玉米地放养鸡、"菜-蚓-鳝"等立体种养循环模式。

立体复合型种养循环模式既可以杜绝农药化肥对土壤的污染，又可以充分利用有限的资源生产出更多安全、绿色、无公害的农产品，比如湖州三类典型的"水稻水产"立体复合型种养结合模式："稻鳖共生"种养结合模式、"稻虾共生"种养结合模式和"稻鱼共生"种养结合模式。湖南省南县依托湖乡优势，打造稻虾产业链，开发出的"稻虾生态种养"模式，不仅使"南县小龙虾""南县稻虾米"荣获地理标志保护产品称号，畅销全国及世界40多个国家和地区，更为南县推进乡村振兴奠定了坚实的基础。

（三）以秸秆为纽带的循环模式

以秸秆为纽带的农业循环经济模式，即围绕秸秆饲料、燃料、基料化综合利用，构建"秸秆-基料-食用菌""秸秆-成型燃料-农户""秸秆-青贮饲料-养殖业"产业链。

该模式可实现秸秆资源化逐级利用和污染物零排放，使秸秆废弃物资源得到合理有效利用，解决秸秆任意丢弃、焚烧等带来的环境污染和资源浪费问题，同时获得清洁能源、有机肥料和生物基料。

以秸秆为纽带的循环模式已经在浙江省"扎根"，浙江省海盐县在实践中开发出了多种综合利用秸秆发展的生态循环农业模式。一是"秸秆-饲料-养殖业"模式，利用秸秆开发生产专用羊饲料，配送给养殖户，养殖户通过湖羊交易市场出售商品湖羊。湖羊合作社饲料配送社会化服务，打通了羊饲料供应这一产业链瓶颈，在湖羊产业发展的同时，扩大秸秆消纳量。结合农作制度创新，培育发展农牧循环型家庭农场，建立"秸秆喂羊，羊粪还田"全循环农业模式。二是秸秆还田模式，利用上一茬的作物秸秆，通过还田成为下一茬作物的养分进行循环。海盐县秸秆还田模式有三种：直接切碎翻耕还田、堆肥间接还田、稻田套麦秸秆覆土还田等。三是"秸秆-基料-食用菌"模式，通过秸秆基料化利用，构建食用菌生产产业链，同时示范区内已经形成了"稻-菇-菜（水果）"资源循环利用模式和"秸秆-蘑菇-芦笋有机肥"生态循环模式。

（四）以禽畜粪便为纽带的循环模式

围绕畜禽粪便燃料、肥料化综合利用，应用畜禽粪便沼气工程技术、畜禽粪便高温好氧堆肥技术，配套设施农业生产技术、畜禽标准化生态养殖技术、特色林果种植技术，构建"畜禽粪便-沼气工程-燃料-农户""畜禽粪便-沼气工程-沼渣、沼液-果（菜）""畜禽粪便-有机肥-果（菜）"产业链。该模式以循环经济理论为指导，合理规划，充分利用废弃物资源，提升了循环经济技术水平，经济效益和生态效益显著。

平顶山市确立"以畜牧业为龙头，发展农牧结合、现代生态循环农业"的思路和"循环农业+品牌农业+协同农业”的发展路径,因地制宜积极探索了6类种养结合循环发展模式,其中主推“百亩千头生态方”种养结合循环发展模式,即以100亩耕地为一个单元,配套建设一条占地3亩左右、一次出栏1 000头生猪(年出栏2批)的养殖线,育肥猪养殖粪便经无害化处理后就地消纳,实现种养平衡、循环发展。另外,还有“农牧结合、就近利用”循环发展模式、“林牧结合、自然利用”循环发展模式、“协议消纳、异地利用”循环发展模式、“加工制肥、分散利用”循环发展模式、“就地还田、直接利用”循环发展模式等。

二、农业废弃物资源化利用

(一)秸秆资源化利用

秸秆资源化利用是通过运用肥料化利用技术、燃料化利用技术、基质化利用技术等多种工程技术方法与管理措施将秸秆转化为可再生利用资源。目前,秸秆主要可以通过肥料化、燃料化、饲料化、基质化与工业原料化5种方式进行资源化利用。

1.肥料化利用

我国有机肥资源最主要的是畜禽粪便与农作物秸秆。据测算,全国每年来自农业内部的有机物质为40多亿t,可提供丰富的有机质和氮、磷、钾等养分。肥料化利用是将秸秆等生物质转化为有机肥料,用于农业生产的一种技术。它是一种非常传统的应用方式,也是应用最广泛、最经济、最环保的利用途径。

1)直接还田

通过秸秆机械化混埋或翻埋的方式将秸秆翻耕入土,使之腐烂分解,以达到改善土壤结构、增加有机质含量、促进农作物持续增产的目的,有利于把秸秆的营养物质完全地保留在土壤里,并减少病虫害。目前主要有秸秆犁耕深翻还田、秸秆旋耕混埋还田、秸秆免耕覆盖还田等技术。

2)腐熟还田

在农作物收获后,及时将秸秆均匀平铺农田,撒施腐熟菌剂,调节碳氮比,加快还田秸秆腐熟下沉,以利于下一茬农作物的播种和定植,实现秸秆还田利用。该技术适用于降水量较丰富、积温较高的地区,特别是种植制度为早稻-晚稻、小麦-水稻、油菜-水稻的农作地区。

秸秆田间快速腐熟技术的关键是选择适宜的腐熟菌剂。有水条件下,应选用以兼性厌氧微生物(细菌、真菌或放线菌)为主要成分的腐熟菌剂;旱地选用以好氧微生物(真菌)为主要成分的腐熟菌剂。秸秆平铺还田优先选用中低温菌组成的腐熟菌剂;沟埋还田选用中高温微生物组成的腐熟菌剂。

3)反应堆还田

通过加入微生物菌种,在好氧条件下,将秸秆分解为二氧化碳、有机质、矿物质等,并产生一定的热量。二氧化碳促进作物光合作用,有机质和矿物质为作物提供养分,产生的热量有利于提高温度。该技术按照利用方式可分为内置式生物反应堆和外置式生物反应堆。内置式生物反应堆主要是开沟将秸秆埋入土壤中,适用于大棚种植和露地种植;外置式生物反应堆主要是把反应堆建于地表,适用于大棚种植。

4）秸秆堆沤还田

将秸秆与人畜粪尿等有机物进行堆沤腐熟，不仅能产生大量可构成土壤肥力的重要活性物质“腐殖质”，而且能产生多种可供农作物吸收利用的营养物质，如有效态氮、磷、钾等，是秸秆无害化处理和肥料化利用的重要途径。

秸秆堆沤还田技术既可进行就地（田间地头）堆肥还田，也可用于生产高品质的商品有机肥，其关键是调节好碳氮比、腐熟菌剂、含水量、温度、pH，控制好发酵条件，为微生物提供良好的生存环境。

5）生物炭基肥生产技术

先通过热解工艺将秸秆转化为富含稳定有机质的生物炭（俗称秸秆炭），然后将生物炭与化肥、有机肥等按照一定的比例混合造粒，制成复合炭基肥，或进一步配混成炭基微生物肥，用以改善土壤结构及理化性状。生物炭也可直接还田。

生物炭碳含量极其丰富，其中的碳元素被矿化后可长期固存在土壤中，固碳效果显著；复合炭基肥不仅能提高土壤有机质，而且能提升化肥肥效。

2. 燃料化利用

1）秸秆打捆直燃供暖（热）技术

将田间松散的秸秆经过收集打捆后，利用秸秆直燃锅炉将整捆秸秆进行直接燃烧，替代燃煤等化石燃料为村镇社区、乡镇政府、学校、医院、敬老院、温室大棚等场所进行集中供暖。该技术同样适用于村镇洗浴中心供热和农产品烘干供热等。燃烧技术以半气化燃烧技术为主。秸秆直燃锅炉为专用生物质锅炉，根据进料方式，可将秸秆直燃锅炉分为序批式和连续式两大系列。用于直燃的秸秆捆型与普通秸秆捆型无差别，分为方捆和圆捆。

2）秸秆固化成型技术

在一定条件下，利用木质素充当黏合剂，将松散细碎的、具有一定粒度的秸秆挤压成质地致密、形状规则的棒状、块状或粒状燃料的过程。主要工艺流程为：对原料进行晾晒或烘干，经粉碎机进行粉碎，利用模辊挤压式、螺旋挤压式、活塞冲压式等压缩成型机械对秸秆进行压缩成型，产品经过通风冷却后储存。

3）秸秆炭化技术

秸秆炭化技术指将秸秆粉碎后，在炭化设备中隔氧或少量通氧条件下，经过干燥、干馏（热解）、冷却等工序，将秸秆进行高温、亚高温分解，生成炭和热解气等产品的过程。秸秆炭化技术包括机制炭技术和生物炭技术。机制炭技术又称为隔氧高温干馏技术，是指秸秆粉碎后，利用螺旋挤压机或活塞冲压机固化成型，再经过 700 ℃以上的高温，在干馏釜中隔氧热解炭化得到固型炭制品。生物炭技术又称为亚高温缺氧热解炭化技术，是指秸秆原料经过晾晒或烘干，以及粉碎处理后，装入炭化设备，使用料层或阀门控制氧气供应，在 500~700 ℃条件下热解成炭。

4）秸秆沼气技术

秸秆沼气技术指在厌氧环境和一定的温度、水分、酸碱度等条件下，秸秆经过微生物的厌氧发酵产生沼气的技术。目前，我国常用的规模化秸秆沼气工程工艺主要有全混式厌氧消化工艺、全混合自载体生物膜厌氧消化工艺、竖向推流式厌氧消化工艺、一体两相式厌氧消化工艺、车库式干发酵工艺、覆膜槽式干发酵工艺。秸秆沼气关键技术包括秸秆预处理技术、与其他有机废弃物混合同步协同发酵技术、高浓度或干式发酵技术、沼气净化与生物天然气提纯技术、提纯 CO_2 再利用技术、沼渣沼液多级利用技术等。

5)秸秆纤维素乙醇生产技术

秸秆纤维素乙醇生产技术指以秸秆等纤维素为原料,经过原料预处理、酸水解或酶水解、微生物发酵、乙醇提浓等工艺,最终生成燃料乙醇的技术。关键工艺包括原料预处理、水解、发酵和废水处理。

6)秸秆热解气化技术

秸秆热解气化技术指利用气化装置,以氧气(空气、富氧或纯氧)、水蒸气或氢气等作为气化剂,在高温条件下,通过热化学反应,将秸秆部分转化为可燃气的过程。可燃气的主要成分包括 CO、H_2、CH_4。气化炉是秸秆热解气化的主体设备。按照运行方式的不同,秸秆气化炉可分为固定床气化炉和流化床气化炉。

7)秸秆直燃发电技术

秸秆直燃发电技术指以秸秆为燃料生产蒸汽,驱动蒸汽轮机,带动发电机发电的技术。具体包括秸秆预处理技术、蒸汽锅炉的多种原料适用性技术、蒸汽锅炉的高效燃烧技术、蒸汽锅炉的防腐蚀技术等。

受运输半径制约,秸秆集中能源化利用存在一定局限性。

3. 饲料化使用

1)秸秆青(黄)贮技术

秸秆青(黄)贮技术指把秸秆填入密闭设施中(青贮窖、青贮塔或裹包等),经过微生物发酵作用,达到长期保存其青绿多汁营养成分的一种处理方法。其关键技术包括窖池建设、物料收集与配混、发酵条件控制等。在秸秆青(黄)贮的过程中,可添加微生物菌剂进行微生物发酵处理,也称秸秆微贮技术。

青(黄)贮秸秆饲料具有营养损失较少、饲料转化率高、适口性好、便于长期保存等优点。秸秆微贮可进一步提高青(黄)贮饲料的质量,具有更广泛的适应性。

2)秸秆碱化/氨化技术

秸秆碱化/氨化技术指借助于碱性物质,使秸秆纤维内部的氢键结合变弱,破坏酯键或醚键,纤维素分子膨胀,溶解半纤维素和一部分木质素,从而改善秸秆饲料适口性,提高秸秆饲料采食量和消化率。秸秆碱化处理应用的碱性物质主要是氧化钙;秸秆氨化处理应用的氨性物质主要是液氨、碳铵或尿素。目前,我国广泛采用的秸秆碱化/氨化方法主要有窑池法、氨化炉法、氨化袋法和堆垛法。

3)秸秆压块饲料加工技术

秸秆压块饲料加工技术指将秸秆机械铡切或揉搓粉碎后,配混必要的营养物质,经过挤压而成的高密度块状饲料或颗粒饲料。该技术具有诸多的优势:一是秸秆压块饲料不易变质,便于长期保存。二是适口性好,采食率高,饲喂方便,经济实惠。三是体积小、密度大,可作为商品饲料进行长距离调运,特别是在应对草原地区冬季雪灾和夏季旱灾导致的饲料匮乏方面具有重要作用。

4)秸秆揉搓丝化加工技术

秸秆揉搓丝化加工技术通过对秸秆进行机械揉搓加工,使之成为柔软的丝状物,有利于反刍动物采食和消化,是一种秸秆物理化处理手段。

通过揉搓丝化加工不仅分离了秸秆中纤维素、半纤维素与木质素,而且能够延长在反刍动物瘤胃内的停留时间,有利于同步提高秸秆采食量和消化率。该技术简单、高效、成本低,既可直接喂饲,也可进一步加工成高质量粗饲料。

5)秸秆膨化技术

秸秆膨化技术指将秸秆输入膨化机的挤压腔,依靠秸秆与挤压腔中螺套壁及螺杆之间相互挤压、摩擦作用,产生热量和压力,当秸秆被挤出喷嘴后,压力骤然下降,从而使秸秆体积膨大。

经过膨化处理的秸秆饲料,可提高采食量和吸收率,裹包后保质期可达 2 年以上。

6)秸秆汽爆技术

秸秆汽爆技术是将秸秆装入汽爆罐中,向罐体中充入高温水蒸气,逐渐加压至 1.5~2.0 MPa,将半纤维素降解成醋酸,并破坏纤维素结构中的酯键;在瞬间泄压的过程中,物料通过喷料口时,会因瞬时压力变化,产生剪切作用,从而进一步破坏秸秆中的纤维素结构,提高秸秆的消化率。

秸秆汽爆技术可以降低木质素和中性洗涤纤维的含量,提高纤维素利用率,还可以减少原料中霉菌毒素的含量,进一步提高饲料的安全性;另外经过汽爆处理后的秸秆,在接种乳酸菌后,可以迅速进行厌氧发酵,有利于秸秆的长期保存。

随着规模化养殖的发展,秸秆青储或玉米秸秆一并青储作为饲料已越来越受到养殖企业的青睐。

4.基质化利用

秸秆基料(基质)是指以秸秆为主要原料加工或制备的,主要为动物、植物及微生物生长提供良好条件,同时也能为动物、植物及微生物生长提供一定营养的有机固体物料。它的用途主要有 4 个方面:食用菌生产栽培基质;植物育苗与栽培基质;动物饲养过程中所使用的垫料、固体微生物制剂生产所用的吸附物料;逆境环境条件下用于阻断障碍因子或保水、保肥等功能的秸秆物料,如盐碱土土壤上植树,需要在根部以下填充大量基质材料以防止盐分上移等。

5.工业原料化利用

农业废弃物中的高蛋白质资源和纤维性材料可生产多种生物质原料,在原料化利用方面具有广阔的发展空间。农业废弃物原料化利用技术研发集中在秸秆造纸、板材加工、木塑复合材料、容器成型和秸秆有机化工等领域。具体技术如下。

1)秸秆清洁制浆

秸秆清洁制浆是利用有机溶剂使秸秆的木质素与纤维素分离,得到的纤维素可以直接作为造纸的纸浆。同时,通过蒸馏制浆废液,可以回收有机溶剂,纯化木质素,得到的高纯度有机木质素是良好的化工原料。

秸秆清洁制浆技术主要是针对传统秸秆制浆效率低、水耗能耗高、污染治理成本高等问题,采用新式备料、高硬度置换蒸煮+机械疏解+氧脱木素+封闭筛选等组合工艺,降低制浆蒸汽用量和黑液黏度,提高制浆得率和黑液提取率。另外,制浆废液可通过浓缩造粒技术生产腐殖酸、有机肥,实现无害化处理和资源化梯级利用,提升全产业链的附加值。

2)秸秆人造板材

秸秆人造板材是以麦秸或稻秸等秸秆为原料,经预处理后,在热压条件下形成密实而有一定刚度的板芯,然后在板芯的两面覆以涂有树脂胶的特殊强韧纸板,再经热压而成轻质板材。

秸秆人造板材可部分替代木质板材,用于家具制造和建筑装饰、装修,具有节材代木、保护林木资源的作用。目前,我国秸秆板材胶黏剂已实现零甲醛。

3)秸秆复合材料

秸秆复合材料是以麦秸、稻草、糠壳、棉秸秆、甘蔗渣、花生壳等纤维为主要原料,添加一定比例的高分子聚合物和无机填料及专用助剂,利用特定的生产工艺制造出的一类可逆性负碳型人工合成材料。秸秆复合材料制备技术主要包括高品质秸秆纤维粉体加工、秸秆生物活化功能材料制备、秸秆改性炭基功能材料制备、超临界秸秆纤维塑化材料制备、秸秆/树脂强化型复合型材制备、秸秆/树脂轻质复合型材制备等。

4)秸秆编织网技术

秸秆编织网技术是利用专业机械将稻草、麦秸等秸秆编织成草毯,用于公路和铁路路基护坡、河岸护坡、矿山和城镇建筑场地渣土覆盖、垃圾填埋场覆盖、风沙防治等。为了促进草毯快速生草,提高工程防护效果,可在草毯机械生产过程中掺入植物种籽、营养物质等。

5)秸秆容器成型

秸秆容器成型是利用粉碎后的小麦、水稻、玉米等农作物秸秆为主要原料,添加一定量的胶黏剂及其他助剂混合均匀,在容器成型机中压缩成型、冷却固化,形成不同形状和用途的秸秆容器产品。

6)秸秆聚乳酸生产技术

秸秆聚乳酸生产技术以农作物秸秆为原料,秸秆经粉碎、蒸汽爆破预处理提取纤维素,纤维素经酶水解或酸水解转化为糖类化合物,糖类化合物添加菌种发酵制成高纯度的乳酸,乳酸通过化学合成等工艺技术环节生成具有一定分子量的聚乳酸。聚乳酸可用于替代塑料,生产各类可降解的生产生活用品。

该技术拥有多种优势:一是聚乳酸具有良好的机械性能、抗拉强度及延展度,在生产生活中用途广泛。二是聚乳酸及其制品具有良好的生物可降解性,可用于生产可降解农膜。三是聚乳酸及其制品生物相容性良好,可用于生产一次性输液用具、免拆型手术缝合线等医疗用品。四是聚乳酸制品的废弃物处理方式环境友好,不会产生有毒有害气体。

(二)畜禽粪便资源化利用

畜禽粪便资源化利用是指将畜禽粪便通过一定的技术手段转化为可再利用的资源,如肥料、能源、饲料等,以减少环境污染,提高资源的循环利用率。畜禽粪便资源化利用方式见图4-10。

1.肥料化利用

畜禽粪便中含有丰富的氮、磷、钾等养分,此外,鸡、猪、牛等粪便中还含有丰富的蛋白质及其他微量元素,是一种优质的有机肥源。主要畜禽粪便中养分含量见表4-2。

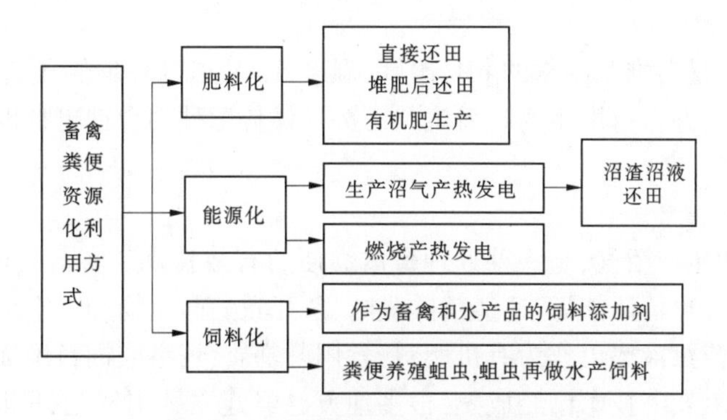

图 4-10　畜禽粪便资源化利用方式

表 4-2　主要畜禽粪便中养分含量一览表

粪便种类	养分/%		
	N	P_2O_5	K_2O
牛粪	0.3	0.3	0.2
羊粪	0.7	0.5	0.3
马粪	0.6	0.3	0.2
猪粪	0.6	0.4	0.4
鸡粪	1.5	0.8	0.5

1)自然堆沤腐熟法

自然堆沤腐熟法是将粪便堆放入池,覆盖黑膜或秸秆,经过一段时间的厌氧发酵,完全腐熟后形成有机肥后施入土壤。这种方法在小农场较常见,因为这些小农场远离居民区,场地宽阔,畜禽粪便基本能被消纳;另外,发酵好的肥料可以就近使用,成本低,省工省时,然而,我国集约化畜禽养殖场大多分布在城镇周边,其周围土地不足以消纳大量的畜禽粪便。

2)干燥法

(1)自然干燥。在露天或棚膜条件下,将新鲜畜禽粪便在水泥地面或塑料布上,利用太阳能进行干燥处理,粉碎过筛后储存于阴凉干燥处备用。该方法具有操作简单方便、资金投入少等优点,但需占用较多场地,且阴雨雪天气下无法实施,因此仅适合农村畜禽散养户处理自家畜禽粪便,不能作为集约化畜禽养殖场的主要处理技术。

(2)人工干燥。先用干燥机对畜禽粪便进行脱水处理,再利用煤、电产生的热能进行干燥,可以在较短时间内使粪便中的水分降低到18%以下。该法具有不受气候影响、干燥耗时少、能连续大批量生产、产品质量高等优点,但存在能耗较大,干燥过程散发出的NH_3、H_2S、吲哚等气体易造成二次污染等缺点。

3)生物好氧高温发酵法

生物好氧高温发酵法是利用中高温好氧微生物的作用,分解不稳定的有机物,使畜禽粪便中挥发性恶臭气体减少,同时杀灭粪便中有害病原微生物,使发酵物料的物理性状明显改善。

该方法的要点是对堆肥物料的 pH、湿度、温度、C/N 值等环境因子进行适当调节，使微生物能正常繁衍，并保持微生物旺盛生长态势及优势菌种的合理更替以提高发酵效率。

2. 能源化利用

1) 厌氧发酵产沼气

利用畜禽粪便生产沼气，是一种处理畜禽粪便的有效技术。畜禽粪便厌氧发酵后产生的沼气，不仅能提供清洁能源，还能消除臭味、杀死致病微生物和寄生虫卵，减少畜禽粪便污染。另外，沼渣沼液还可作为有机肥料、食用菌基质、饲料或饲料添加剂加以利用。

目前，国内厌氧发酵技术已经成熟，很多地方已经建立了沼气池，但该法一次性投资大，沼气出产率低，且技术要求高，同时受集约化畜禽场远离居民区等条件的制约。

2) 燃烧产热

直接燃烧产热的方法适用于草原上相对干燥的动物粪便，对于集约化养殖场来说，由于粪便中含水量高，难以燃烧，因此这种方法对于解决畜禽粪便而言局限性较大，难以推广。

3. 饲料化利用

这种方法主要适用于鸡粪。由于鸡的肠道短，从吃进到排出大约需 4 h，吸收不完全，所食饲料中 70%左右的营养物质未被消化吸收而排出体外，因此鸡粪中含有大量未消化的粗蛋白、粗纤维、粗脂肪、B 族维生素、矿物质及一些促进动物生长的未知因子等，经过加工处理可成为非常规饲料资源，并用于饲喂猪、牛、羊等。此外，也有畜禽粪便经生物发酵后用于养殖鱼类、黄粉虫、蝇蛆、蚯蚓的报道。蝇蛆、蚯蚓又是很好的动物性蛋白质饲料，是饲养鸡、鸭、鱼以及珍稀动物的极好饲料。因此，利用蝇蛆、蚯蚓分解畜禽粪便，既能提供动物性蛋白质，又能处理畜禽粪便，是一种良性的生态循环。

(三) 农膜资源化利用

农膜资源化利用的一般方法包括再生造粒、高温裂解和焚烧发电。

1. 再生造粒

再生造粒是真正的资源回收再利用，具有操作及工艺简单、成本低廉的优点，分为湿法造粒和干法造粒，主要处理流程是将废旧农膜收集，经一系列预处理后加热熔融、挤出切粒再利用。再生粒子只是外观改变了，化学性质并未改变，一般可用于制造家具、玩具、PE 排水管、垃圾袋等。

早在 1981 年，日本就设立了很多专门的处理机构，如筑城化工株式会社在温法造粒过程中让农用废弃 PVC 经历两次清洗和破碎处理。黄兴元等发明了一种新型卧式热风熔融废旧塑料回收造粒机，通过热风的循环以减少能耗，降低成本，避免排出废气，同时省去了清洗和破碎的步骤，避免产生污水。

2. 高温裂解

塑料聚合物来源于石油资源，将农膜进行高温催化裂解可生产柴油、石油等燃料。中国石油化工集团有限公司利用油化技术把废旧地膜回收后再生为油品、石蜡、建筑材料等。裂解油化技术工艺复杂，对催化剂、裂解温度、裂解原料要求较高，日本和美国在这方面的研究较多。热裂解是在无氧、高温条件下进行的裂解，是废旧地膜回收处理的一种有效手段,其处理成本过高,具有广阔发展前景,燃料油是其中最重要的产品之一。德国巴斯夫化学公司表明热裂解的最优方式是氢化,用该工艺可以得到高价值产品,合成的原油可直接用于精炼,不会产生有毒物质,杂原子可以盐的形式去除。日本的富士回收法工艺是将混合废塑料粉碎后在350~400 ℃热裂解,产生的气态烃进入填充有合成沸石ZSM-5的催化改造器中催化改质,最终产物是汽油、煤油、柴油及气体等,产率为80%~90%。李传强等在200~340 ℃热裂解线型低密度聚乙烯塑料制备聚乙烯蜡,该蜡可用于制备分散剂、润滑剂和添加剂母料等。

3. 焚烧发电

焚烧也是资源化回收的一种方法,欧盟和日本以焚烧处理为主,日本的废PE膜焚烧处理占31%。焚烧发电利用焚烧产生的热能形成水蒸气,通过汽轮机组来发电或者直接将水蒸气输送至用户。

目前,我国的废旧塑料是同城市生活垃圾一起收集,然后进入焚烧系统进行焚烧处理。我国焚烧发电体系已较完备,但焚烧所产生的有毒有害物质,如二噁英、烟尘等,造成二次污染,也会危害人体健康,产生的炉渣还需进行卫生填埋,设备的维修费用也高。日本成功研制出一种以塑料为主再加上各种可燃垃圾制成的高发热量和粒度均匀的垃圾固形废物燃料,这种燃料可提高发热效率,便于储存、运输,可作代煤。

第三节　过程阻控技术

一、田埂拦阻

田埂又称地埂,通常指田间稍高于田块而凸起的部分,是人们在进行农田基本建设时形成的,常用于农田分界和蓄水,还用作人行道和植物种植,是农田环境的重要组成部分之一。

根据修筑田埂材料的不同,田埂可分为土埂、石埂、土石复合埂和生物田埂,如图4-11所示。土埂筑埂时就地取材,以泥土修筑并将两侧和顶部拍打压实,一般用在平原区和坡度较小的耕地内,具有成本低、筑埂简单、易维护等优点,但抗侵蚀能力差。石埂由卵石、毛石和条石等修筑而成,相比土埂成本高,多用于坡度大的区域,其稳定性和抗侵蚀能力较好,但是生态适应性差。土石复合埂是以泥土和石材为原料,无规律搭配使用修筑田埂,修筑工艺相对复杂。种植植物后的土埂称为生态田埂(生物田埂),其结构稳定、经济或景观植物覆盖良好,具有提高生物多样性、抑制杂草、减少氮磷流失等功能。混凝土(浆砌石)埂材料需购买,容易获取、稳定性高,但是成本高、生态适应性低,难以推广。

(a)土埂　(b)石埂　(c)土石复合埂　(d)生物田埂

图 4-11　田埂类型

现有农田的田埂一般只有 20 cm 左右，遇到较大的降水时，很容易产生地表径流。将现有田埂加高 10~15 cm，就可在 30~50 mm 降水时有效防止地表径流的产生，或在稻田施肥初期减少灌水以降低表层水深度，从而可减少大部分的农田地表径流。在田埂的两侧可栽种植物，形成隔离带，在发生地表径流时可有效阻截氮、磷养分损失和控制残留农药向水体迁移。

大量研究表明，田埂对污染物的去除率不仅与田埂的长、宽、高等物理参数相关，而且与田埂构造、田埂植物密切相关，如表 4-3 所示。

表 4-3　影响田埂对污染物去除效果的典型参数一览表

参数	污染物去除效果
水田，埂宽 80 cm	TP 为 90%；DTP 为 80%
水田，埂宽 40 cm	NO_3-N 为 18.43%；NH_4-N 和 PO_4^{3-} 为 50%
水田，埂高 20 cm	TP 为 91%；TN 为 90.8%
铁碳填料改造田埂	COD 为 82.05%；TP 为 98%；NH_4-N 为 85.48%；TN 为 81.97%
旱坡地，三叶草生物田埂	TN 为 19.7%
旱坡地，紫花苜蓿生物田埂	TP 为 92.2%；TN 为 93.1%
水田，埂宽 60 cm，种豆	NO_3-N 为 11.15%；NH_4-N 为 6.16%
旱田，种萝卜生物田埂	TN 为 82.9%
旱田，种大豆生物田埂	TN 为 59.5%；TP 为 68.4%

二、生态拦截带

生态拦截带技术主要用于控制农田系统氮、磷养分和农药残留等向水体迁移的控制技术。将农田的沟渠建设成生态型沟渠,同时在农田的周边建设一个生态拦截带,由地表径流挟带的泥沙,氮、磷养分,农药等通过生态拦截带被阻截,将大部分泥沙和部分可溶性氮、磷养分,农药等留在生态拦截带内,拦截带种植的植物可吸收径流中的氮、磷养分,以达到控制地表径流,减少地表径流挟带的氮、磷等向水体迁移。

在河道、湖、池塘与蔬菜地之间,设置宽度为 4~6 m 的生态拦截带,在拦截带内种植经济型牧草,不施肥。在毗邻的蔬菜地块之间设置用于灌溉和排水的生态拦截沟,沟的宽度与深度为 20~30 cm,沟渠底部和两边侧壁种植经济型牧草,配施叶面肥。根据当地实际情况和季节不同,选择适宜的经济型牧草,并根据牧草的需要施用专门配方的叶面肥。牧草可选苏丹草、黑麦草、狼尾草及黑麦草与苏丹草的组合。牧草就近供应渔业、畜牧养殖,牧草种植面积与其可支持的渔业、畜牧面积的比例为 1∶(1~1.5)。

生态拦截带能拦截径流氮 42%~91%,其中对颗粒态氮的拦截效率为 46%~95%,对水溶态氮的拦截效率为 20%~79%;生态拦截带能拦截径流磷 30%~92%,其中对颗粒态磷的拦截效率为 17%~95%。在生态拦截沟内种植苏丹草,每米能够拦截 0.38 mg 总氮和 0.12 mg 总磷。

三、生态拦截沟渠

生态拦截沟渠用于收集农田径流、渗漏排水,一般位于田块间。生态沟渠通常由初沉池(水入口)、泥质或硬质生态沟渠框架和植物组成。初沉池位于农田排水出口与生态沟渠连接处,用于收集农田径流颗粒物。

生态沟渠框架采用泥质还是硬质取决于当地土地价值、经济水平等因素。土地紧张、经济发达的地区建议采取水泥硬质框架,而土地不紧张、经济实力弱的地区可以采取泥质框架。生态沟渠框架(沟底、沟板)用含孔穴的水泥硬质板建成,空穴用于植物(作物或草)种植。沟底、沟板种植的植物既能拦截农田径流污染物,也能吸收径流水、渗漏水中的氮、磷养分,以达到控制污染物向水体迁移和氮、磷养分再利用的目的。生态沟渠的空穴密度,沟底及沟板植物种植密度,植物种类和植物生长情况,沟长度、宽带、深度和坡度,水流速度及水泥性质等,影响生态沟渠对农田污染拦截效率。

生态拦截沟渠系统应在农田排水主干沟上建设,并由主干排水沟、生态拦截辅助设施、植物等部分组成,其中生态拦截辅助设施应至少包括节制闸、拦水坎、底泥捕获井、氮磷去除模块,宜设置生态浮岛、生态透水坝设施;植物应包括沉水植物、挺水植物、护坡植物和沟堤蜜源植物,且配置应以本土优势植物为主,兼顾污染净化、生态链恢复、植物季相、景观优化等因素,如图 4-12 所示。

(一)主干沟设计

(1)氮、磷生态拦截沟渠系统主干沟长度应在 300 m 以上,具有承纳 10 hm^2(150 亩)以上农田汇水和排水的能力。主干沟设计用地形图的比例尺应按照《农田排水工程技术规范》(SL/T 4—2020)的规定执行。

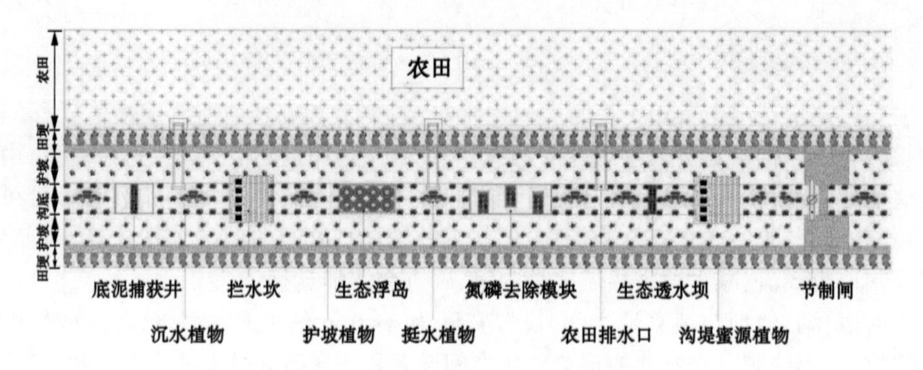

图 4-12　生态拦截沟渠系统示意

(2)氮、磷生态拦截沟渠系统主干沟流量设计应根据其控制面积、产流和汇流条件，按与排水任务相应的排涝模数乘其控制面积确定。主干沟排涝模数计算和流量设计应按照《灌溉与排水工程设计标准》(GB 50288—2018)的规定执行。

(3)磷生态拦截沟渠系统主干沟的断面设计和水位设计应按照《灌溉与排水工程设计标准》(GB 50288—2018)的规定执行，并应符合下列规定：主干沟可采用梯形、矩形或U形断面，断面沟壁材质宜采用生态袋、六角砖、圆孔砖、鹅卵石等有利于护坡植物定植的材料；生态沟渠沟壁与土壤接合处不应衬砌或建不透水护面；主干沟过流断面底宽和深度不宜小于0.4 m。

(4)主干沟排水承泄区的选择应按照《农田排水工程技术规范》(SL/T 4—2020)的规定执行。

(5)主干沟应分段设置拦水坎，宜在主干沟末端位置设置生态透水坝，兼具净化水质与为下游沟渠提供势能的效果。

(二)生态拦截设施设计

(1)拦水坎应高于沟渠底面0.15~0.20 m。

(2)生态透水坝坝高不宜超过沟深的30%，坝顶应种植湿生或水生植物。透水坝的透水能力与几何尺寸关系计算参见《农田面源污染控制氮、磷生态拦截沟渠系统建设规范》(DB33/T 2329—2021)附录A。

(3)每条氮、磷生态拦截沟渠系统设置1座以上底泥捕获井。底泥捕获井宜设置在拦水坎、透水坝等构筑物上游的位置，井深应小于1 m，井宽不小于沟渠底宽，井长大于1 m，每0.5 m安置1个氮、磷去除模块，井口应安放可卸式格栅，格栅上可种植湿生或水生植物。

(4)在底泥捕获井中放置多个氮、磷去除模块时，应水平交错放置；模块深度应与底泥捕获井基本一致，模块宽度应为底泥捕获井宽度的一半以上，模块上表面应与沟渠底面齐平，每个模块厚度应在0.1 m以上。

(5)氮、磷生态拦截沟渠系统末端和承泄区落差大于1 m时，应设置阶梯式截流池或坡式跌水，阶梯式截流池前宜设置拦水坎抬高水位。

(6)宜在主干沟最宽位置或沟渠承泄区设置生态浮岛。

(7)宜在氮、磷生态拦截沟渠系统配置生态塘，用于净水、蓄水、农业供水、农田生态恢复和田园景观营建。

（三）植物配置

植物的选择主要考虑以下因素：一是考虑植物的种植成本与适应环境，尽可能选择存活率较高、种籽易获取、栽植简单的喜水草本植物；二是考虑植物对水体的净化效果，沟渠内栽种植物是为了生态性，以吸附或吸收农田水中多余氨、磷物质为主要目标；三是尽可能考虑“因地制宜”的原则，从本地区常见植物中进行选择，以降低植物栽植的成本。

第四节　末端治理及零直排技术

一、人工湿地

通过拦截带、生态排水系统可拦截大部分农田排放的氮、磷及残留农药等，但仍有一部分氮、磷和农药存在，直接排入水体有污染风险。在农业区下游，建设一个或若干湿地，收集生态塘系统处理的排水，对其进行深度处理，有利于将农田面源污染降低到最低限度。由于人工湿地具有投资和运行费用低、污水处理规模灵活、维护和管理技术要求低、占地面积较大等特点，非常适合在土地资源丰富的农村地区应用。

（一）人工湿地工艺选型

（1）人工湿地根据污水在湿地床中流动的方式又可分为 3 种类型：表面流人工湿地、水平潜流人工湿地和垂直潜流人工湿地，如图 4-13～图 4-15 所示。

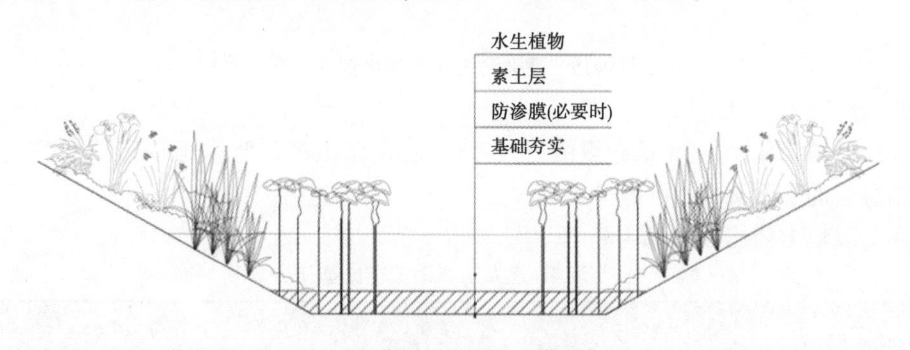

图 4-13　表面流人工湿地剖面示意

（2）基于因地制宜原则，人工湿地建设主要考虑以下工艺：

①在污水处理厂等重点排污单位出水口下游，宜选择潜流人工湿地或潜流表流结合型人工湿地，用地紧张时选择潜流人工湿地。

②在河流支流入干流处、河流入湖（库）口、重点湖（库）滨带、河道两侧的河滩地等，宜选择表面流人工湿地，但用地紧张或河湖水质较差且水生态环境目标要求较高时可考虑建设潜流人工湿地。

③在大中型灌区农田退水口下游，可选择以表面流人工湿地为主建设人工湿地群。

④在蓄滞洪区、采煤塌陷地及闲置洼地，可因地制宜建设旁路或原位表面流人工

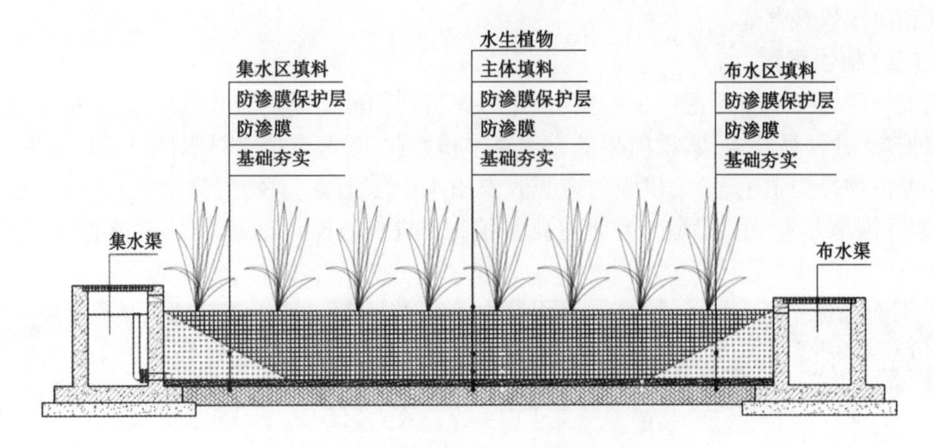

图 4-14 水平潜流人工湿地剖面示意

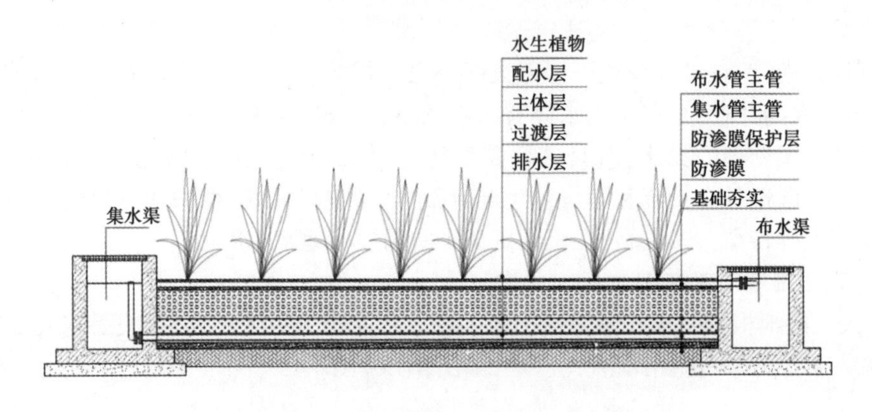

图 4-15 垂直潜流人工湿地剖面示意

湿地。

⑤在城镇绿化带,可考虑建设潜流人工湿地;在城镇边角地等地形受限处,可建设与地形相适应的表面流人工湿地。

人工湿地工艺比选见表 4-4。

表 4-4 人工湿地工艺比选

指标	人工湿地类型			
	表面流人工湿地	水平潜流人工湿地	上行垂直流人工湿地	下行垂直流人工湿地
水流方式	表面漫流	水平潜流	上行垂直潜流	下行垂直潜流
水力与污染物削减负荷	低	较高	高	高
占地面积	大	一般	较小	较小
有机物去除能力	一般	强	强	强
硝化能力	较强	较强	一般	强

续表 4-4

指标	人工湿地类型			
	表面流人工湿地	水平潜流人工湿地	上行垂直流人工湿地	下行垂直流人工湿地
反硝化能力	弱	强	较强	一般
除磷能力	一般	较强	较强	较强
堵塞情况	不易堵塞	有轻微堵塞	易堵塞	易堵塞
季节气候影响	大	一般	一般	一般
工程建设费用	低	较高	高	高
构造与管理	简单	一般	复杂	复杂

(二)工艺设计要求

1. 设计参数

根据各省市 1 月、7 月平均气温,并辅助考虑年日平均气温≤5 ℃与年日平均气温≥25 ℃的天数,将全国分为严寒地区、寒冷地区、夏热冬冷地区、夏热冬暖地区、温和地区等 5 个区。全国气候分区及其行政区划范围见表 4-5。

表 4-5　全国气候分区及其行政区划范围一览表

区代号	分区名称	气候主要指标	辅助指标	各区辖行政区范围
Ⅰ	严寒地区	1 月平均气温≤-10 ℃;7 月平均气温≤25℃	年日平均气温≤5 ℃的天数≥145 d	黑龙江、吉林、西藏全境;辽宁(沈阳市、抚顺市、本溪市、辽阳市、阜新市、铁岭市、丹东市);内蒙古大部(巴彦淖尔市除外);山西(朔州市、大同市);河北(张家口市、承德市);青海(海西州、玉树州、海南州、果洛州、黄南州);甘肃(酒泉市、嘉峪关市、甘南州);新疆(阿勒泰地区、塔城地区、北屯市、铁门关市、双河市、可克达拉市、胡杨河市、克拉玛依市、伊犁州、石河子市、博尔塔拉州、乌鲁木齐市、五家渠市、昌吉州、哈密市、吐鲁番市)
Ⅱ	寒冷地区	1 月平均气温为-10~0 ℃;7 月平均气温为 18~28 ℃	年日平均气温≥25 ℃的天数<80 d;年日平均气温≤5 ℃的天数为 90~145 d	天津、宁夏、北京全境;山东大部(日照市除外);陕西(榆林市、宝鸡市、咸阳市、铜川市、延安市);辽宁(朝阳市、葫芦岛市、锦州市、盘锦市、大连市、营口市、鞍山市);河北大部(张家口市、承德市除外);甘肃大部(酒泉市、嘉峪关市、甘南州除外);河南(安阳市、鹤壁市、濮阳市);山西大部(朔州市、大同市除外);新疆(阿克苏地区、阿拉尔市、图木舒克市、巴州、克孜州、喀什地区、和田地区、昆玉市);青海(海东市、西宁市、海北州);内蒙古(巴彦淖尔市)

续表 4-5

区代号	分区名称	气候主要指标	辅助指标	各区辖行政区范围
Ⅲ	夏热冬冷地区	1 月平均气温为 0~10 ℃；7 月平均气温为 25~30 ℃	年日平均气温≥25 ℃的天数 40~110 d；年日平均气温≤5 ℃的天数 0~90 d	上海、浙江、江苏、重庆、安徽、湖北、江西全境；湖南大部(衡阳市、郴州市除外)；四川(成都市、德阳市、绵阳市、乐山市、眉山市、自贡市、内江市、资阳市、泸州市、广元市、遂宁市、宜宾市、南充市、广安市、达州市、巴中市)；陕西(西安市、渭南市、汉中市、安康市、商洛市)；河南大部(安阳市、鹤壁市、濮阳市除外)；贵州(遵义市、铜仁市、黔东南州)；福建(龙岩市、宁德市、南平市、三明市)；甘肃(陇南市)；山东(日照市)
Ⅳ	夏热冬暖地区	1 月平均气温>10 ℃；7 月平均气温为 25~29 ℃	年日平均气温≥25 ℃的天数 100~200 d	广东、广西、海南、台湾、香港、澳门全境；福建(厦门市、泉州市、福州市、莆田市、漳州市)；云南(玉溪市)
Ⅴ	温和地区	1 月平均气温为 0~13 ℃；7 月平均气温为 18~25 ℃	年日平均气温≤5 ℃的天数 0~90 d	贵州大部(遵义市、铜仁市、黔东南州除外)；湖南(衡阳市、郴州市)；云南大部(玉溪市除外)；四川(雅安市、攀枝花市、凉山州、阿坝州、甘孜州)

人工湿地主要设计参数应基于气候分区，通过试验或按相似条件下人工湿地的运行经验确定。在无上述资料时，各分区主要设计参数可参考表 4-6~表 4-10 确定。

表 4-6 人工湿地主要设计参数(Ⅰ区)一览表

设计参数	湿地类型		
	表面流人工湿地	水平潜流人工湿地	垂直潜流人工湿地
水力停留时间/d	3.0~20.0	2.0~5.0	1.5~4.0
表面水力负荷/[m^3/(m^2·d)]	0.01~0.1	0.2~0.5	0.3~0.8
化学需氧量削减负荷/[g/(m^2·d)]	0.1~5.0	1.0~10.0	1.5~12.0
氨氮削减负荷/[g/(m^2·d)]	0.01~0.20	0.5~2.0	0.8~3.0
总氮削减负荷/[g/(m^2·d)]	0.02~2.0	0.4~5.0	0.6~6.0
总磷削减负荷/[g/(m^2·d)]	0.005~0.05	0.02~0.2	0.03~0.2

表 4-7　人工湿地主要设计参数（Ⅱ区）一览表

设计参数	湿地类型		
	表面流人工湿地	水平潜流人工湿地	垂直潜流人工湿地
水力停留时间/d	2.0~12.0	1.0~4.0	0.8~2.5
表面水力负荷/[m^3/(m^2·d)]	0.02~0.2	0.2~1.0	0.4~1.2
化学需氧量削减负荷/[g/(m^2·d)]	0.5~5.0	2.0~12.0	3.0~15.0
氨氮削减负荷/[g/(m^2·d)]	0.02~0.3	1.0~2.0	1.5~4.0
总氮削减负荷/[g/(m^2·d)]	0.05~0.5	0.8~6.0	1.2~8.0
总磷削减负荷/[g/(m^2·d)]	0.008~0.05	0.03~0.1	0.05~0.12

表 4-8　人工湿地主要设计参数（Ⅲ区）一览表

设计参数	湿地类型		
	表面流人工湿地	水平潜流人工湿地	垂直潜流人工湿地
水力停留时间/d	2.0~10.0	1.0~3.0	0.8~2.5
表面水力负荷/[m^3/(m^2·d)]	0.03~0.2	0.3~1.0	0.4~1.2
化学需氧量削减负荷/[g/(m^2·d)]	0.8~6.0	3.0~12.0	5.0~15.0
氨氮削减负荷/[g/(m^2·d)]	0.04~0.5	1.5~3.0	2.0~4.0
总氮削减负荷/[g/(m^2·d)]	0.08~1.0	12.0~6.0	1.5~8.0
总磷削减负荷/[g/(m^2·d)]	0.01~0.1	0.04~0.2	0.06~0.25

表 4-9　人工湿地主要设计参数（Ⅳ区）一览表

设计参数	湿地类型		
	表面流人工湿地	水平潜流人工湿地	垂直潜流人工湿地
水力停留时间/d	1.2~5.0	1.0~3.0	0.6~2.5
表面水力负荷/[m^3/(m^2·d)]	0.1~0.5	0.3~1.0	0.4~1.5
化学需氧量削减负荷/[g/(m^2·d)]	1.2~6.0	5.0~12.0	6.0~15.0
氨氮削减负荷/[g/(m^2·d)]	0.08~0.5	2.0~3.5	2.5~4.5
总氮削减负荷/[g/(m^2·d)]	0.1~1.5	2.0~6.0	2.0~8.0
总磷削减负荷/[g/(m^2·d)]	0.012~0.1	0.05~0.2	0.07~0.25

表 4-10 人工湿地主要设计参数(Ⅴ区)一览表

设计参数	湿地类型		
	表面流人工湿地	水平潜流人工湿地	垂直潜流人工湿地
水力停留时间/d	1.2~6.0	1.0~0.3	0.6~2.5
表面水力负荷/[m^3/(m^2·d)]	0.1~0.4	0.3~1.0	0.4~1.5
化学需氧量削减负荷/[g/(m^2·d)]	1.2~5.0	5.0~10.0	6.0~12.0
氨氮削减负荷/[g/(m^2·d)]	0.1~0.5	2.0~3.0	2.5~4.0
总氮削减负荷/[g/(m^2·d)]	0.15~1.5	2.0~5.0	2.0~7.0
总磷削减负荷/[g/(m^2·d)]	0.015~0.1	0.05~0.2	0.06~0.2

人工湿地的表面积可根据化学需氧量、氨氮、总氮和总磷等主要污染物削减负荷和表面水力负荷计算,并取上述计算结果的最大值,同时应满足水力停留时间要求。

(1)采用污染物削减负荷(N_A)计算湿地面积:

$$A = \frac{Q(S_0 - S_1)}{N_A} \tag{4-1}$$

式中:A 为表面积,m^2;N_A 为污染物削减负荷(以化学需氧量、氨氮、总氮和总磷计),g/(m^2·d);Q 为设计流量,m^3/d;S_0 为进水污染物浓度,g/m^3;S_1 为出水污染物浓度,g/m^3。

(2)采用表面水力负荷(q)计算人工湿地面积:

$$A = \frac{Q}{q} \tag{4-2}$$

式中:q 为表面水力负荷,m^3/(m^2·d)。

(3)校核水力停留时间(T):

$$T = \frac{Vn}{Q} \tag{4-3}$$

式中:T 为水力停留时间,d;V 为有效容积,m^3;n 为填料孔隙率(%),表面流人工湿地n=1。

2. 几何尺寸

不同类型人工湿地几何尺寸设计应符合以下要求:

(1)水平潜流人工湿地几何尺寸设计,应符合下列要求:①单个处理单元面积不宜大于2 000 m^2,多个处理单元并联时,其单个处理单元面积宜平均分配;②长宽比宜小于3:1,长度宜取20~50 m;③水深宜为0.6~1.6 m,超高宜取0.3 m,池体宜高出地面0.2~0.3 m;④水力坡度宜选取0~0.5%。

(2)垂直潜流人工湿地几何尺寸设计,应符合下列要求:①单个处理单元面积宜小于1 500 m^2,多个处理单元并联时,其单个处理单元面积宜平均分配;②长宽比宜为1:1~3:1,可根据地形、集布水需要和景观设计等确定形状;③水深宜为0.8~2.0 m。

(3)表面流人工湿地几何尺寸设计,应符合下列要求:①单个处理单元面积不宜大于

3 000 m^2，由天然湖泊、河流和坑塘等水系改造而成的表面流人工湿地可根据实际地形，在避免出现死水区的前提下，因地制宜设计处理单元面积及形状；②长宽比宜大于 3∶1；③水深应与水生植物配植相匹配，一般为 0.3～2.0 m，平均水深不宜超过 0.6 m，超高应大于风浪爬高，且宜大于 0.5 m。

表面流人工湿地宜分区设置，一般分为进水区、处理区和出水区。处理区需设置一定比例的深水区，深水区水深宜为 1.5～2.0 m，一般控制在 30%以内。对形状不规则的人工湿地，应设置防止短流、滞留的导流设施，保证水力分配均匀。

3. 集布水系统设计

人工湿地应设置防止水量冲击的溢流或分流设施：

(1) 分区设计时，应考虑分水井、分水闸门、溢流堰等分流设施。

(2) 水量冲击时，应考虑水量调节或溢流设施。

(3) 为保证湿地水位可调性，出水处应设置可调节水位的弯管、阀门等。

(4) 为防止短流、集布水不均，集布水布置可考虑如下几种方法：①表面流人工湿地可采用单点、多点和溢流堰布水，也可采用类似折板的围堰或横向的深水沟进行导流，并通过控制底面平整性及植物密度来优化湿地的布水均匀性；②水平潜流人工湿地应采用多点布水，也可采用穿孔管或穿孔墙方式布水；③垂直潜流人工湿地布水和集水系统均应采用穿孔管；④湿地单元间宜设可切换的连通管渠；⑤湿地系统宜设置排空设施、拦水及超越管渠，防范雨水径流甚至洪水对湿地带来的短期冲击；⑥湿地出水量较大且出水与受纳水体的水位差较大时，应设置消能、防冲刷设施；⑦湿地总排水管进入地表水体时，应采取防倒灌措施。

潜流人工湿地采用穿孔管配水时应符合以下要求：

(1) 穿孔管应均匀布置于滤料层上部或底部，穿孔管流速宜为 1.5～2.0 m/s，配水孔宜斜向下 45°交错布置，孔径宜为 5～10 mm，孔口流速不小于 1 m/s。

(2) 穿孔管的长度应与人工湿地单元的宽度大致相等；管孔密度均匀，管孔尺寸和间距根据进水流量和进出水水力条件核算，管孔间距不宜大于 1 m，且不宜大于人工湿地单元宽度的 10%。

(3) 垂直流人工湿地配水管支管间距宜为 1～2 m。

(4) 穿孔管位于填料层底部时，周围宜选用粒径较大的填料，且粒径应大于穿孔管孔径。

4. 填料

填料的选择与铺设应符合以下要求：

(1) 填料应选择具有一定机械强度、比表面积较大、稳定性良好并具有合适孔隙率及表面粗糙度的填充物，主要技术指标应符合《水处理用滤料》(CJ/T 43—2005) 及《建设用卵石、碎石》(GB/T 14685—2022) 中的有关规定。

(2) 填料在保证处理效果的前提下，应兼顾当地资源状况，选用土壤、砾石、碎石、卵石、沸石、火山岩、陶粒、石灰石、矿渣、炉渣、蛭石、高炉渣、页岩或钢渣等材料，也可采用经过加工和筛选的碎砖瓦、混凝土块材料或对生态环境安全的合成材料。填料选择及布置应符合以下要求：①填料层可采用单一填料或组合填料，填料粒径可采用单一规格或多种规格搭配；②填料应预先清洗干净，按照设计级配要求充填，填料有效粒径比例不宜小于95%；③填料充填应平整，且保持不低于35%的孔隙率，初始孔隙率宜控制在35%~50%；④填料层厚度应大于植物根系所能达到的最深处；⑤采用矿渣、钢渣等作为填料时，应考虑其会引起锌、砷、铅等重金属物质溶出，在满足出水水质要求的情况下使用，同时钢渣、矿渣可能会引起水中pH升高，建议与其他填料组合使用，并设计防范措施。

(3)水平潜流人工湿地的填料铺设区域可分为进水区、主体区和出水区。

(4)垂直潜流人工湿地的填料宜同区域垂直布置，从进水到出水依次为配水层、主体层、过渡层和排水层。

(5)对磷或氨氮有较高去除要求时，可铺设对磷或氨氮去除能力较强的填料，其填充量和级配应通过试验确定，磷或氨氮的填料吸附区应便于清理或置换。

(6)在保证净化效果的前提下，水平潜流人工湿地填料宜采用粒径相对较大的填料，进水端填料的布设应便于清淤。

(7)人工湿地填料层的填料粒径、填料厚度和填装后的孔隙率，可按试验结果或按相似条件下实际工程经验设计，也可参照表4-11取值。

表4-11　潜流人工湿地填料层主要设计参数一览表

设计参数	湿地类型						
	水平潜流人工湿地			垂直潜流人工湿地			
	进水区	主体区	出水区	配水层	主体层	过渡层	排水层
填料粒径/mm	50~80	10~50	50~80	10~30	2~6	5~10	10~30
填料厚度/m	0.6~1.6	0.6~1.6	0.6~1.6	0.2~0.3	0.4~1.4	0.2~0.3	0.2~0.3
填料填装后孔隙率/%	40~50	35~40	40~50	45~50	30~35	35~45	45~50

注：气候分区Ⅰ区或Ⅱ区应结合当地工程区冻土深度适当增加填料厚度。

5. 湿地植物选择与种植

人工湿地植物的选择和种植应符合以下要求：

(1)人工湿地植物的选择应遵循以下原则：①宜选择适应当地自然条件、收割与管理容易、经济价值高、景观效果好的本土植物；②宜选择成活率高、耐污能力强、根系发达、茎叶茂密、输氧能力强和水质净化效果好等综合特性良好的水生植物；③宜选择抗冻、耐盐、耐热及抗病虫害等较强抗逆性的水生植物；④禁止选择水葫芦、空心莲子草、大米草、互花米草等外来入侵物种。

(2)人工湿地可选择一种或多种植物作为优势种搭配栽种，增加植物的多样性和景观效果。根据湿地水深合理配植挺水植物、浮水植物和沉水植物，并根据季节合理配植不同生长期的水生植物。

(3)应根据人工湿地类型、水深、区域划分选择植物种类。不同气候分区可选择的植物种类如表4-12所示。

表 4-12 不同气候分区可选择的植物种类一览表

气候分区代号	挺水植物	浮水植物		沉水植物
		浮叶植物	漂浮植物	
全国大部分区域	芦苇、香蒲、菖蒲等	睡莲等	槐叶萍等	狐尾藻等
Ⅰ	水葱、千屈菜、莲、蒿草、苔草等	菱等	—	眼子菜、菹草、杉叶藻、水毛茛、龙须眼子菜、轮叶黑藻等
Ⅱ	黄菖蒲、水葱、千屈菜、蔗草、马蹄莲、梭鱼草、荻、水蓼、芋、水仙等	菱、芡实等	水鳖等	菹草、苦草、黑藻、金鱼藻等
Ⅲ	美人蕉、水葱、灯芯草、风车草、再力花、水芹、千屈菜、黄菖蒲、麦冬、芦竹、水莎草等	菱、芡实、荇菜、莼菜、萍蓬草等	水鳖等	菹草、苦草、黑藻、金鱼藻、水车前、竹叶眼子菜等
Ⅳ	水芹、风车草、美人蕉、马蹄莲、慈菇、茭草、莲等	荇菜、萍蓬草等	—	眼子菜、黑藻、菹草、狐尾藻等
Ⅴ	美人蕉、风车草、再力花、香根草、花叶芦荻等	荇菜、睡莲等	—	竹叶眼子菜、苦草、穗花狐尾藻、黑藻、龙舌草等

注:湿地岸边带依据水位波动、初期雨水径流污染控制需求等选择适宜的本土植物。

(4)人工湿地植物种植应符合以下要求:①植物栽种以植株移栽为主,同一批种植的植物植株应大小均匀,部分沉水植物如菹草或地被花卉等亦可通过播种方式种植;②种植时间应根据植物生长特性确定,一般在春季或初夏,必要时也可在夏季、秋季种植,但应采取保证成活率的措施;③应根据植物种类与工艺类型合理确定种植密度,挺水植物宜为 9~25 株/m^2,浮水植物宜为 1~9 株/m^2,沉水植物宜为 16~36 株/m^2。在用地受限或进水悬浮物浓度较高时,可采取高密植单元,以节约用地空间、降低进水负荷,种植密度宜为前述密度最大值的 3 倍以上。

(5)人工湿地可选择多种植物分区搭配种植,增加植物的多样性及景观效果,但应避免后期植物生长串混或侵占。

6. 防渗层

防渗层的设计应符合以下要求:

(1)人工湿地建设时,应进行防渗处理,防渗措施应根据当地土壤性质和工程区地质情况,并结合施工、经济与工期等多方面因素确定。

(2)防渗层下方基础层应平整、压实、无裂缝或松土,表面应无积水、石块、树根和尖锐杂物,人工湿地开挖时应保持原土层,并在其上采取防渗措施。

(3)人工湿地防渗可采用黏土碾压法、三合土碾压法、土工膜法、塑料薄膜法和混凝土法等方法,并应符合下列要求:①黏土碾压法,黏土碾压厚度应大于0.5 m,有机质含量应小于5%,压实度应控制在90%~94%。②三合土碾压法,石灰粉、黏土、沙子或粉煤灰的体积比应为1:2:3,厚度可根据地下水位和湿地水位确定,但不得小于0.2 m。③土工膜法,采用二布一膜形式,膜底部基层应平整,不得有尖硬物,膜的接头应黏接,膜与隔墙和外墙边的接口可设锚固沟,沟深应大于或等于0.6 m,并应采用黏土或混凝土锚固;膜与填料接触面可视填料状况确定是否设黏土或砂保护层。④混凝土法,混凝土强度应大于C15,厚度宜大于0.1 m;防渗层面积较大时应分块浇筑,施工缝应大于15 mm,缝间应填充沥青防水。

(4)表面流人工湿地应根据进水水质和土壤渗透系数,采取必要的防渗设计。

(5)潜流人工湿地防渗设计应符合以下要求:①应在湿地底部和侧面进行防渗,防渗层渗透系数应不大于10^{-6} m/s;当黏土层渗透系数不大于10^{-6} m/s,且厚度大于500 mm时,可不另做防渗。②防渗层应足够坚固,防止植物根系穿透破坏。③防渗材料采用聚乙烯膜时,应由专业人员用专业设备焊接。④防渗层完工后应进行渗透试验。

(6)人工湿地内穿墙管、穿孔墙等部位应做局部防渗处理。

二、生态塘

生态塘是一种模拟自然生态系统的人工水体,它通过人工构建的生态系统来处理污水和改善水质。生态塘的设计和运行原理基于自然净化机制,如植物吸收、微生物降解和沉积作用,通过这些自然过程去除水中的污染物,实现水资源的净化和循环利用。

(一)生态塘的类型

(1)好氧塘。在好氧条件下,通过水生植物和微生物的作用去除有机物和营养盐。

(2)厌氧塘。在无氧或低氧条件下,利用厌氧微生物的代谢作用去除有机物。

(3)兼性塘。结合好氧塘和厌氧塘的特点,通过调节水位和曝气设备实现不同的处理环境。

(4)水生植物塘。种植特定的水生植物,利用植物的吸收和转化作用去除水中的营养物质。

(5)湿地塘。模拟自然湿地环境,通过湿地植物和微生物的协同作用进行水质净化。

(二)生态塘的设计原则

(1)自然净化。利用自然生态系统的自净能力,通过植物、微生物和底泥等生物化学过程去除污染物。

(2)多功能性。生态塘除具有污水处理功能外,还可以提供生态景观、休闲娱乐、生物多样性保护等多种功能。

(3)可持续性。生态塘的设计和运行应考虑长期的可持续性,包括系统的稳定性、抗冲击能力和维护的便捷性。

(4)环境友好。在生态塘的设计和运行过程中,应尽量减少对周边环境的影响,避免二次污染的产生。

(三)组成单元

生态塘宜由单个兼性塘或由兼性塘、好氧塘、水生植物塘等多类型塘串联组合而成,宜在前端设置兼性塘。生态塘建设内容包括护岸、导流设施、水生生物配置、水位控制设施等,宜在第一个塘前端设置沉淀段和格栅。

(四)工艺设计要求

1. 生物配置

塘内应种植多种水生植物,包括沉水植物、浮水植物和挺水植物,并搭配滤食性鱼类等水生动物。常水位以上的沟坡宜种植草本植物,以增强生态塘的自净能力和生物多样性。

2. 护坡材料

生态塘宜采用具有一定透水性的材料,如木排桩等建设护岸,应保证其稳定。塘底宜为土质。

3. 水位控制

兼性塘平均水深宜介于1.5~3 m,好氧塘、水生植物塘平均水深宜介于0.5~1.5 m。生态塘出水口处宜设置水位控制设施,雨量大时或排水量大时,应将水位调至要求最低水位处。

4. 进水和出水

宜利用自然地形高差进水和出水,塘底宜略带坡度,使污水在系统内自流顺畅。

5. 运行参数

兼性塘水力负荷宜小于0.3 $m^3/(m^2 \cdot d)$,好氧塘、水生植物塘水力负荷宜小于0.2 $m^3/(m^2 \cdot d)$;兼性塘、好氧塘和水生植物塘总氮面积负荷宜不大于8.0 $g/(m^2 \cdot d)$,总磷面积负荷宜不大于1.0 $g/(m^2 \cdot d)$。水力负荷和污染物面积负荷计算式如下:

$$q_{hs} = \frac{Q}{A} \tag{4-4}$$

式中:q_{hs} 为水力负荷,$m^3/(m^2 \cdot d)$;Q 为设计进水流量,m^3/d;A 为净化设施面积,m^2。

$$N_A = \frac{Q \times (S_0 - S_1)}{A} \tag{4-5}$$

式中:N_A 为污染物面积负荷 $g/(m^2 \cdot d)$,以总氮、总磷等计;Q 为设计进水流量,m^3/d;S_0 为进水污染物浓度,g/m^3 或 mg/L;S_1 为出水污染物浓度,g/m^3 或 mg/L;A 为净化设施面积,m^2。

三、农田退水循环利用

农田退水循环利用是一种有效的农业环境保护和水资源管理策略,旨在减少农业活动对水体的污染,同时提高水资源的利用效率。这一策略涉及从农田收集退水,并通过一系列的处理和循环过程,使得这些水能够再次用于农田灌溉或其他用途,从而实现水资源的可持续利用。

农田灌溉水循环利用系统主要包括水循环动力系统、循环调蓄湿地设计、调蓄湿地水质净化与保持、循环水配置系统等,见图4-16。

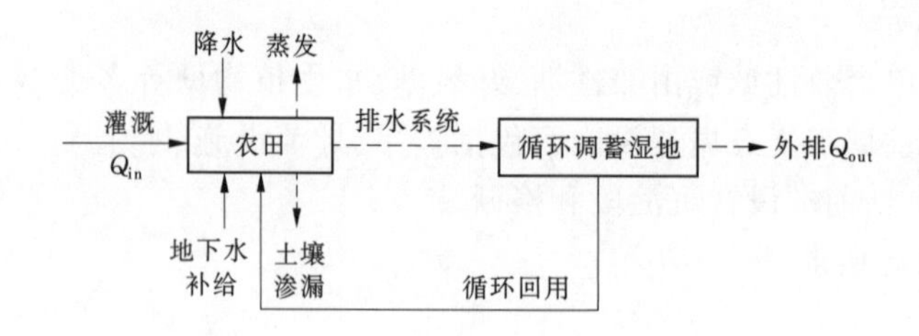

图 4-16　农田灌溉水循环利用系统

（一）水循环动力系统

农田灌溉的水循环动力系统，其规划设计与农田区域的地形地势密切相关。一般在地势平坦的平原地区和地势低洼的南方圩区，水循环调蓄湿地中收集的水体需进行泵站提升，输送到灌溉渠道，再次进入农田灌溉的系统中。而在有一定坡度的丘陵地区和梯田区，收集储存的雨水和退水，可借助地形高差，向下级渠道自流进行灌溉补充利用。

（二）循环调蓄湿地设计

调蓄湿地设计包括调蓄湿地形态、体积、循环水量确定等方面。设计时主要应考虑以下方面：①当现状条件下农田区域已存在一定面积的自然坑塘洼地时，尽可能地有效利用现有的洼地，因地制宜地进行调蓄湿地容积的核算、水面面积和平面形态的确定；同时在水质净化和保持时，保留现有洼地的自然水面，并应用人工湿地中潜流湿地的设计原理和方法，对调蓄湿地的进水和出水进行规划。②对没有坑塘洼地的农田区域，估算调蓄湿地体积，并根据人工湿地中的潜流湿地进行平面和形态设计，最后依据田块具体条件对调蓄湿地进出水进行设计。③对于用地比较紧张，或者冬季温度较低的北方地区，可采取挖深方式形成地下储水与地面养水的结合，使大部分水储存在地表以下，不仅可以实现节水，还能减少对农田的占用。

对循环调蓄湿地体积和循环水量进行确定，其调蓄湿地形态则依据当地的地势地形、土壤特性、田块形状及进出水位置因地制宜地进行规划设计。例如，在邻河流的农田中，可借助临河的自然坑塘，构建水生植物和多级透水丁坝组合的长条形净污湿地。在一些城市近郊的农田区域，也可采用人工湿地进行退水的水质净化和保持。

调蓄湿地体积设计与区域气象条件、降水量、土地利用情况和地形地势及水质情况等密切相关。根据这些主要影响因素，给出考虑区域降水量、灌溉水量、水量蒸发散失和渗漏损失、土地利用及水质保障的水力停留时间 5 个主要方面的调蓄湿地体积 V 估算方法：

$$V = Spt_1 + (Q_{in} - Q_{los})t_2 - Q_{out}t_3 \tag{4-6}$$

式中：S 为调蓄湿地所涉及农田区域的面积；p 为农田区域降水强度；t_1 为农田区域降水历时；Q_{in} 为单位时间的农田灌溉水量；Q_{los} 为单位时间的农田区域水量损失；Q_{out} 为单位时间的农田区域外排水量；t_2 为农田灌溉时长；t_3 为超额降水外排历时。

1. 降水强度

降水强度对农田灌溉影响最直接，能够显著影响农田水利工程提供的灌溉水量。降水量丰沛的地区，汛期时大气降水可有效作为灌溉水源；非汛期时可以通过农田灌溉系统的水循环调蓄工程，将雨季储存的水进行循环利用，减少农田灌溉新水量的需求，实现节约用水。对降水量缺乏的地方,有效地收集储存暴雨径流,减少降雨径流的外排损失,可实现水资源节约。另外,单位时间内的降水量越大,通过农田径流外排的水量损失越大,因此需要收集存蓄的水量越大,循环调蓄湿地体积需求也越大。

我国南方地区主要农作物水稻的生长期一般在4—10月;在华北地区,作物一年两季,夏收小麦,秋收玉米,其主要的生长期和降水量较大的时期也在4—10月。因此,降水强度可取当地每年4—10月的平均降水强度作为设计值。而在东北地区,作物一年一季,降水量集中在7月、8月,因此东北地区在设计循环调蓄湿地时降雨强度可根据7—8月的平均降水强度进行计算。

2. 净灌溉流量

循环调蓄湿地所涉及区域的农田净灌溉流量($Q_{in}-Q_{los}$)一般是综合考虑农田作物生长期需水量、区域降水量、蒸发量、渗漏及地下水补给等因素确定的,可通过农作物灌溉净需水量$W_{净}$来获得。

$W_{净}$主要与农作物种类、作物生长期、区域蒸发量、土壤渗漏量密切相关,同时也与作物的灌溉制度有关。如稻田灌溉需水量的确定,需考虑泡田期、返青期、分蘖期、晒田期、拔节期、乳熟期、黄熟期7个生长期对淹水层和淹水时长的要求,即根据不同时期灌水定额进行计算。$W_{净}$可根据作物的灌溉面积和灌水定额计算。

$$W_{净} = mS \tag{4-7}$$

式中:m为该作物灌水定额。

农田的净灌溉需水流量计算公式为

$$Q_{in} - Q_{los} = W_{净} / t_2 \tag{4-8}$$

3. 外排水量

外排水量Q_{out}是指循环调蓄湿地所涉及农田区域的单位时间外排水量,与降水量、灌水量、渗漏量、蒸发量和调蓄湿地储存水量的水量平衡直接相关。另外,因为水稻各生长期需要的淹水层厚度不同,因此稻田的外排流量在计算时需考虑不同作物生长期需要保持的淹水层厚度及淹水时长。一般循环调蓄湿地的外排流量与调蓄湿地的储水能力呈负相关,估算中可以通过试算确定。

4. 调蓄湿地水力停留时间

调蓄湿地水力停留时间t的取值与水池中储存的水量大小和水质净化及保持所需要的时间密切相关,同时也与调蓄湿地构筑物的设计形状有关,如水面面积与水深的比例大小影响着水体的溶解氧条件和氧化还原环境,对水质的保持和变化也有重要影响。实际上,在调蓄湿地应用时,为保持水体水质,设计时应根据水体水质条件,因地制宜地规划采用不同类型组合的人工强化净化等技术对污染物进行去除。

5. 调蓄湿地水面面积

调蓄湿地水面面积A主要受农田区域土地利用紧张度限制,过大的面积会占用紧缺的农田土地,影响作物产量和农民收入。因此,在确定调蓄湿地水面面积时,需要将储水水量最大、水质良好保持、土地利用效益等因素综合考虑,设计时需寻求最优。

(三)调蓄湿地水质净化与保持

调蓄湿地收集的水体,除大气降水外,灌溉后的农田退水中含有大量未被农作物吸收的氮、磷营养元素和除草剂、杀虫剂等污染物，这些物质在调蓄湿地中如果停留时间过长，会引起水体富营养化和水质恶化，从而使灌溉水循环系统遭受破坏。常用的调蓄湿地水质净化技术包括净水基质的选用、高效微生物筛选与附着、水生植物选配、调蓄湿地三维水动力微循环交换系统。

1. 净水基质的选用

依据人工湿地中各种基质材料的类型和特点进行净水基质的选用，如在氮、磷的去除方面，沸石对 NH_3-N 的吸附能力较强，红黏土、粉煤灰及活性炭对磷的吸附量较大，疏水性较高的有机磷农药容易被陶粒、砾石等基质吸附去除。生物炭与其他基质，如砾石、混凝土块等相比具有更强的污染物去除能力。

2. 高效微生物筛选与附着

微生物降解氮的主要机制是将水体中的氮经过硝化、反硝化、厌氧氨氧化等过程转化成气态氮进行去除。研究发现，人工湿地中的 NO_3-N 可以通过反硝化等途径去除 60.0%~95.0%。大部分 PPCPs 物质可以通过微生物降解作用去除，Blair 等研究显示微生物经过共同代谢作用，将药物等有机物进行分解或部分转化去除；Wang 等发现微生物可以将农药抗生素等视为碳源和能源将其完全矿物化。因此，通过驯化培养对目标污染物具有高效降解能力的微生物，并将其固定负载在调蓄湿地基质上，从而实现对循环水体中过量污染物的净化和水质保持。

3. 水生植物选配

常用于调蓄湿地系统的水生植物包括挺水植物（如芦苇、菖蒲、水葱等）、浮叶植物（如凤眼莲、浮莲等）和沉水植物（如金鱼藻、轮叶黑藻、马来眼子菜等）。一般在半自然半人工的湿地系统中，这三种类型的植物都有应用，而在以基质为主的人工湿地中，挺水植物应用较多。湿地植物对亲脂性农药（如毒死蜱）和硫磷等有较强的吸收能力，同时甲基对硫磷和谷硫磷等具有极性的农药还可以通过植物的蒸腾作用进行去除。由此，可根据农田排水的水质条件及污染物类型科学选取和配置水生植物。

4. 调蓄湿地三维水动力微循环交换系统

在调蓄湿地水体净化关键技术中，除基质吸附、微生物降解和植物吸收去除外，水池中上层水体和下层水体、中间区和四周区水体的全面交换净化，也是影响整个水池水质的重要因素。因此，借助风光电一体化驱动的微气泡强化溶氧的微循环交换系统，实现整个水池容积水质的净化与保持，是近年来被广泛关注的技术之一。该系统可以在实现污染水体局部溶解氧强化提升的同时，改善水池不同深度和区域水体的水动力条件，达到整个水池水质的高效改善。另外，也有其他类型的技术应用于水动力微循环和水质净化的耦合，如水景观浮岛和浮床，浮床植物可以吸收过量的营养物质和农药等污染物，植物根系的微生物可对污染物进行降解去除，同时通过太阳能提供动力，实现调蓄湿地水体垂向交换，从而达到整个水池水质的保持和改善。

（四）循环水配置系统

调蓄湿地一般位于农田中地势较低的区域，以利于通过自流进行径流水体的收集蓄纳。因此,一般农田灌溉水循环利用系统需设计循环水配置系统。该系统的主要构筑物包括调节池、进水口、水泵、回灌渠道系统,其中调节池体积和水泵选择均由设计的循环水流量估算和选取,回灌系统通常与现有灌溉渠道和排水沟道结合,或采用移动式地龙将循环水输送到渠首进行利用。另外,对于地形有统一坡度的农田区域,也可利用自然水头将循环水配送给下级田块进行回用。

四、生态净化联用技术

生态净化联用技术是一种基于生态学原理,以生物多样性构建和水力调控为主要手段,截留和去除水体氮、磷等污染物的方法。目前,我国应用的生态净化工程主要有人工湿地、生态浮床、生态沟渠、生态护坡、生态潜坝、生态缓冲带、植被缓冲带、植物篱、生态滤池、土地渗滤、稳定塘等。

对于复杂的农业面源污染来源和日益严格的环境质量标准,单一生态净化技术的去污效率很难达到要求,而生态净化联用技术作为一种综合应用多种生态工程技术,发挥不同生态工程的优势,并形成梯级净化系统,可实现对农田退水的自然净化,该技术对于复杂的农业面源污染适应性更强。针对农田退水时空分布分散的特点,采用多屏障生态拦截技术,主要处理思路为:生态沟渠和生态田埂作为田间首道拦截工程,处于水陆交错地带的生态缓冲带、人工湿地等作为进入自然水体前的最后拦截工程,见图 4-17。

图 4-17　农业面源生态处理的工艺联用体系

浙江省平湖市龙兴村、桐乡华台村,利用断头浜作为生态涵养缓冲区,采用“生态沟渠+节水灌溉+断头浜”全封闭型模式,配套灌排水阀,控制灌溉水层,减少肥药流失,提升肥药利用效率,除台风、暴雨等特殊天气外,基本实现了农田退水灌溉循环利用不外排;马厩村、桐乡红旗漾村、嘉善地甸村,利用农田周边自然状态的断头浜,形成“生态沟渠+生态塘+断头浜”的半封闭型模式,配套农田智慧灌溉系统,实现农田退水经滞留净化后部分外排,出水水质得以显著改善。

通过对农田退水规律、污染特征的分析,按照农田退水污染全过程控制治理的总体思路，在农田面源污染源头削减的基础上，采用适合河南省农田退水污染治理的先进技术，探索建立“控源减污-过程阻控-末端治理”的农田退水污染全过程防治技术模式，明确提出各环节具体措施，对于今后制定农田退水污染治理规划、提高农田退水污染防治水平、保障农业生态可持续发展具有现实意义。

参考文献

[1] 杨林章，施卫明，薛利红，等. 农村面源污染治理的“4R”理论与工程实践、总体思路与“4R”治理技术[J]. 农业环境科学学报，2013，32(1)：1-8.

[2] 汪珺，陈乃祥. 测土配方施肥技术应用现状与展望[J]. 农业开发与装备，2018，24(10)：201-202.

[3] 陈新平，张福锁. 通过“3414”试验建立测土配方施肥技术指标体系[J]. 中国农技推广，2006，22(4)：36-39.

[4] 张宁. 测土配方和土壤多参数分析系统的设计与实现[D]. 西安：西安科技大学，2018.

[5] 南洁. 化肥减量增效技术推广的意义及技术措施[J]. 现代农村科技，2023(7)：71-72.

[6] 梁嘉敏，杨虎晨，张立丹，等. 我国水溶性肥料及水肥一体化的研究进展[J]. 广东农业科学，2021，48(5)：64-75.

[7] 范妮. 我国缓/控释肥的制备及应用研究进展[J]. 陕西农业科学，2019，65(4)：92-94.

[8] 刘永红，郑文涛，张晋天，等. 缓/控释肥研究进展及其应用[J]. 华中农业大学学报，2023，42(4)：167-176.

[9] 谭海军. 中国生物农药的概述与展望[J]. 世界农药，2022，44(4)：16-27，54.

[10] 何雄奎. 中国精准施药技术和装备研究现状及发展建议[J]. 智慧农业，2020，2(1)：133-146.

[11] 张俊丽，索龙，梁建宏，等. 我国农用地膜应用趋势及残留特点分析[J]. 农业与技术，2023，43(24)：69-71.

[12] 严昌荣，刘勤. 生物降解地膜在我国农业应用中的机遇和挑战[J]. 中国农业信息，2017(1)：57-59.

[13] 刘玉含，张展羽，伊德里萨，等. 农田秸秆覆盖技术及其发展趋势分析[J]. 水利经济，2007(2)：53-56.

[14] 汤文光，唐海明，肖小平，等. 不同保水措施对南方季节性干旱区春玉米的影响[J]. 中国农业科技导报，2011，13(3)：102-107.

[15] 武继承，管秀娟，杨永辉. 地面覆盖和保水剂对冬小麦生长和降水利用的影响[J]. 应用生态学，2011，22(1)：86-92.

[16] 赵记军，于显枫，张绪成. 地膜源头减量化技术可行路径探讨[J]. 中国农学通报，2021，37(9)：57-63.

[17] 赵岩，陈学庚，温浩军，等. 农田残膜污染治理技术研究现状与展望[J]. 农业机械学报，2017，48(6)：1-14.

[18] 李东，赵武云，辛尚龙，等. 农田残膜回收技术研究现状与展望[J]. 中国农机化学报，2020，41 (5)：204-209.

[19] 中华人民共和国农业农村部. 残地膜回收机　作业质量：NY/T 1227—2019[S]. 北京：中国农业出版社，2019.

[20] 张旭，胡宝贵. 中国农业节水灌溉技术应用研究进展[J]. 中国农学通报，2021，37 (26)：153-158.

[21] 李侠. 高效节水灌溉技术在农田水利灌溉中的应用研究[J]. 河北农业,2024(2)：35-37.
[22] 赵波. 我国北方节水灌溉技术现状与发展策略[J]. 吉林水利,2012(12):54-57.
[23] 李广敏. 采取综合技术措施提高节水农业水平[J]. 华北农学报,2003(增刊)：14-16.
[24] 刘康,谢实勇,梅婧,等. 北京畜牧养殖节水技术概论及建议[J]. 中国畜牧业,2019(3)：26-27.
[25] 王莲花,王新慧,周旭东,等. 陕西畜牧业节水养殖现状及建议[J]. 畜牧兽医杂志,2024,43(2)：68-71.
[26] 莫伟,罗国栋,于兰萍. 浅析新时代下的循环水养殖技术[J]. 水产研究,2021,8(2):76-83.
[27] 张文晓. 山东省种养结合生态循环农业发展问题研究[D]. 哈尔滨:东北农业大学,2023.
[28] 李玉清. 发展高效生态循环农业的思考:以浙江省嘉兴市为例[J]. 农业网络信息,2013(9)：106-109.
[29] 陈思佳,马丽卿. 农业生态循环种养模式推广的初步研究[J]. 农村经济与科技,2017,28(9)：30-32.
[30] 顾文华. 利用生态循环农业综合治理农业污染[J]. 科技经济导刊,2018,26(18):112-115.
[31] 朱琳敏,王德平,邓楠楠. 四川省生态循环农业发展研究:以绵阳市为例[J]. 湖北农业科学,2017,56(23):4660-4663.
[32] 郑青焕,李拴柱,宋江春,等. 种养结合生态循环农业新模式探讨:以南阳市雅民农牧有限公司为例[J]. 畜牧兽医杂志,2023,42(6):106-109.
[33] 赵婉婷,蔡传江,张俊,等,种养循环农业发展现状与建议[J]. 畜牧兽医杂志,2023,42(4):30-34.
[34] 闫红果. 深化农业改革视域下生态循环农业模式探究:以湖州“水稻-水产”种养结合模式为例山[J]. 湖州职业技术学院学报,2016,14(2):91-94.
[35] 谯薇,王葭露. 我国现有生态循环农业发展模式及国际经验借鉴[J]. 当代经济,2019(3):108-111.
[36] 王晓鑫,陶永军. 浙江海盐县综合利用秸秆发展生态循环农业模式[J]. 农业工程技术,2019,39(26):52-53.
[37] 廖青,韦广泼,江泽普,等. 畜禽粪便资源化利用研究进展[J]. 南方农业学报,2013,44(2)：338-343.
[38] 刘春,刘晨阳,王济民,等. 我国畜禽粪便资源化利用现状与对策建议[J]. 中国农业资源与区划,2021,42(2):35-43.
[39] 刘程锦,缪畅,肖围,等. 农用塑料薄膜的资源化回收利用进展[J]. 应用化工,2020,49(增)：213-215.
[40] 李梅,周恭明,陈德珍. 中国废旧农用塑料薄膜的回收与利用[J]. 再生资源研究,2004(6):18-21.
[41] 黄兴元,安宁. 一种新型卧式热风熔融废旧塑料回收造粒机:201820600924. 4[P]. 2018-09-11.
[42] 刘贤响,尹笃林. 废塑料裂解制燃料的研究进展[J]. 化工进展,2008,27(3):348-351.
[43] 李传强,刘思媛,王东升,等,压力反应釜中低温热裂解废旧 LLDPE 塑料制备 PE 蜡[J]. 化工学报,2019,70(12):4856-4863.
[44] 中华人民共和国农业农村部. 生态稻田建设技术规范:NY/T 3825—2020[S]. 北京:中国农业出版社,2021.
[45] 任加国,范坤,陈清,等. 田埂在农业面源污染治理中的应用现状与展望[J]. 环境工程技术学报,2023,13(1):262-269.
[46] 浙江省市场监督局. 农田面源污染控制氮磷生态拦截沟渠系统建设规范:DB33/T 2329—2021[S]. 杭州:浙江省市场监督局,2021.

[47] 中华人民共和国生态环境部办公厅. 人工湿地水质净化技术指南:环办水体函〔2021〕173 号[A]. 2021.

[48] 王沛芳,钱进,胡斌,等. 农田灌溉水循环利用系统构建方法[J]. 河海大学学报(自然科学版),2022,50(4):7-12.

[49] Xu Dan, Xao Enrong, Xu Peng, et al. Performance and microbial communities of completely autotrophic denitrification in abioelectrochemically-assisted constructed wetland system for nitrate removal[J]. Bioresource Technology, 2017, 228:39-46.

[50] Blair B, Nikolaus A, Hedman C, et al. Evaluating the degradation, sorption, and negative mass balances ofpharmaceuticals and personal care products during wastewater treatment[J]. Chemosphere, 2015. 134:395-401.

[51] Wang Mo, Zhang Dongging, Dong Jianwen, et al. Application of constructed welands for treating agricultural runolf andagro-industrial wastewater: a review[J]. Hydrobiologia. 2017, 805 :1-31.

[52] 蒋昀耕,张静,卢少勇,等. 我国农村生活污水与农田退水面源氮磷污染生态净化技术现状与研究进展[J]. 农业资源与环境学报,2024,41(3):688-696.

第五章 典型农业面源污染控制技术及应用

第一节 省外典型农业面源污染控制技术案例

为加大农业面源污染防治力度，逐步建立农业面源污染防治的政策制度和技术体系，促进农业绿色发展，生态环境部、农业农村部制定了《农业面源污染治理与监督指导实施方案（试行）》（环办土壤〔2021〕8号）。方案旨在根据种植和养殖产业分布、污染防治工作基础，在典型流域、海域、区域开展农业面源污染治理监管试点示范，形成易复制、可推广的治理模式和管理措施，总结试点示范成果和各地经验做法，形成一批农业面源污染治理模式，由点及面，逐步形成产业化、规模化效应。结合全国26个“农业面源污染治理与监督指导试点改革”名单以及其他先行先试地区，从农业面源污染治理“源头减量-循环利用-过程控制-末端治理”方面，筛选出如下典型经验做法，如云南大理古生村片区农业面源源头防控措施及退水治理，湖南益阳南县稻虾绿色种养循环及末端治理，浙江嘉兴平湖市、江苏宜兴新庄、江苏徐州沛县等地农田退水“零直排”工程措施，为河南省提供宝贵的参考和借鉴。

一、云南大理古生村片区面源精控科技小院研究示范

本案例的选取是在课题组两次现场调研学习的基础上，结合相关研究成果确定的。

（一）基本情况

洱海是云南省仅次于滇池的第二大高原湖泊，也是大理的母亲湖，千百年来哺育着洱海周边的人民。习近平总书记曾分别于2015年和2020年两次来到大理市古生村了解洱海生态保护情况，并作出了“希望水更干净清澈”“守住守好洱海”的重要指示，为洱海流域面源的控制提供了强有力支撑。

2021年，大理市被列为全国26个农业面源污染治理监督指导试点之一，古生村为试点区域的重点。同年，中国农业大学张福锁院士带领团队驻扎古生村，在这里建立了科技小院，发起了“洱海保护战役”，致力于解决洱海流域农业绿色发展问题。2022年2月14日，由中国农业大学、云南农业大学与大理白族自治州人民政府，共同成立了洱海流域农业绿色发展研究院，同期挂牌成立了洱海古生村科技小院、蔬菜小院等多家涉农专业科技小院，并于2023年4月挂牌成立面源精控科技小院。科技小院的设立旨在破解洱海流域

面源污染、探索流域农业绿色高值生产模式，打造高原湖泊流域农业高质量发展的“大理模式”，创建生态保护、农民增收和乡村振兴协同共赢的国家样板，进而向全国推广。

古生村片区作为一个山水林田湖草各种类型全覆盖的片区，是洱海流域面源污染的一个典型缩影，面源精控科技小院选取古生村片区为研究单元有很好的典型示范作用。古生村片区位于湾桥镇，地理位置介于苍山与洱海之间。古生村片区作物种类主要为玉米、蔬菜、水稻、油菜等，自苍山至洱海土地利用类型和种植结构划分为坡耕田（山前）、旱-旱作物区、水-旱作物区。其中，旱-旱作物区种植玉米和蔬菜；水-旱作物区种植水稻和油菜。用地类型在农业面源防治中极具研究代表性，可作为河南省不同区域种植特点的农业面源污染防治的借鉴方案。

古生村片区面源精控科技小院紧紧围绕农业污染源精准防控开展污染源大数据分析、全覆盖监测等技术，并从农业种植结构、水肥施用、农田退水、生态塘深度治理与回用等方面开展全面研究，为落地面源污染精准治理、农业绿色产业高值发展等提供科技支撑。

（二）农业面源污染源头控制技术方案

1. 调整种植结构

为扎实推进洱海流域种植结构调整，有效削减农业面源污染，大理白族自治州人民政府办公室制定了《洱海流域“十四五”种植结构调整方案》（大政办通〔2021〕82 号）。方案旨在通过聚焦“减”，调“优”结构，按照洱海保护的要求，禁止种植大蒜，调减蔬菜播种面积，减少水果、地栽花卉和中药材种植等；紧扣“增”，调“好”结构，以大理市海西片区为重点，扩大水稻、烤烟两种作物种植面积，增大豆类、油菜两种作物种植规模；立足“链”，调“顺”结构。以“水稻-豆类、水稻-油菜、烤烟-豆类、烤烟-油菜”等作物轮作及水旱轮作为抓手，注重上下茬作物的生态“链接”；突出“绿”，调“深”结构，大力推广以有机肥替代化肥、病虫害绿色防控为主的绿色有机种植，以绿色为基础、有机为方向，建设一批绿色有机示范种植基地，新认证一批绿色有机农产品，主要农作物按绿色有机化模式种植；着眼“种”，调“细”结构，主推大春水稻、烤烟、玉米与小春蚕豆、油菜等轮作模式。

调整优化种植结构是控制洱海流域农业面源污染、保护洱海生态环境的有力举措。近年来，农业农村部指导洱海流域不断调优种植结构，调减高耗肥、高耗水大蒜种植面积 12 万亩，调低常规玉米等农作物结构比重，扩大豆类、油菜、中药材和绿肥间种覆盖的水果及园林苗圃等低肥水农作物种植，巩固提升优势特色产业，突出发展生态农业，以绿色粮油、绿色蔬菜、绿色中药材等为重点推进农业转型发展，结构调整取得初步成效。

2. 建立智能化监测系统

在精细化调查的基础上构建洱海流域古生村片区面源污染“六纵七横”智能化监测系统，设置面源污染产生过程纵线（“六纵”）、污染负荷水质响应横线（“七横”），涵盖面源污染排放—输移—入湖全过程，“六纵七横”的交叉点则形成了 21 个取样点（外加 1 个背景监测点），监测网络细致犹如“解剖麻雀”，关键节点配置自动在线水量水质监测设备，配套监测评估展示与智能决策平台，该平台利用现代信息技术，实现对洱海流域水质、水量、气象条件以及污染源的实时监测和数据分析，为科学决策提供支持。通过自动化取样装置和监测站点，实时收集和展示数据，使管理者能够及时了解洱海及其入湖河道的水质、水量变化情况。利用监测数据，对农田、村落等不同污染源的氮、磷负荷进行精准解析，评估它们对面源污染的相对贡献。平台能够对收集到的大量数据进行融合分析，识别水质的微观变化和宏观趋势，为洱海保护提供科学决策支撑。

自2022年4月至2023年4月，科技小院共开展了90多次水量水质同步常规监测，采集水样3 000余个，获取水质指标约2万个，监测数据5万余条。通过监测数据分析，得出农田对面源污染的贡献占比约为50%，而村落污染源如生活污水和垃圾渗漏液等之前被低估。通过监测，筛选出片区主要污染负荷集中在入洱海口，整个片区近一半的污染物通过其中的4号入湖口进入洱海，该排入口农田污染占比在35%~50%，村落污染占比在39%~51%，由此摸清该片区面源排污的主要来源及入湖路径。

3. 采用智能水肥一体化灌溉

古生村片区农田采用智能水肥一体化灌溉系统，设备及设施主要包括水源工程、水泵、过滤器、压力和流量监测设备、压力保护装置、施肥设备（水肥一体化机）、田间气候监测站和土壤墒情监测站、阀门控制系统、传感器、自动化控制设备、远程监控系统、输配水管网系统等。

智能水肥一体化灌溉系统临近一座提升泵站进行建设，方便采用收集的农田退水作为水源。过滤设备是水肥一体化系统中不可或缺的部分，用于去除水源中的粗砂、细砂和化学物质，防止堵塞滴头。水肥一体机是智能水肥灌溉系统的核心，通过计算机技术、传感检测技术、微处理器技术等信息化技术实现水肥供应的自动管理和分配。配套建设田间气候监测站和土壤墒情监测站，用于收集田间气候和土壤条件的实时数据。通过实时监测土壤墒情信息、小气候信息和作物长势信息，采用无线或有线技术完成阀门的遥控启闭和定时轮灌启闭。系统配备多种传感器，实时监测土壤水分、养分含量、环境条件等关键指标，以便系统可以准确判断植物的需水需肥情况。根据数据分析的结果，自动调整灌溉和施肥装置的工作状态，实现精确供水和施肥。可以通过手机或电脑等设备实时监测植物生长环境的状态，随时进行灌溉和施肥的调节。古生村片区田间已配套设置完善的水肥输配管道，管道基本使用PVC管材，可将水肥输送入田间。古生村片区水肥一体化灌溉设施见图5-1。

图5-1　古生村片区水肥一体化灌溉设施

4. 施用绿色智能肥料

绿色智能肥料是指根据作物-土壤-环境相匹配的植物营养调控原理，采用大数据智能算法进行有针对性的定向匹配设计,应用先进绿色制造工艺生产的具有作物根际效应激发、养分精准匹配和矿产资源全量利用的一类新型高品质肥料,具有养分高效、低碳环保,低排无废、资源全量利用的绿色特点;施用后具有能高效挖掘作物的生物学潜力、与根系"对话"激发根际效应、响应气候和土壤条件、精准匹配作物需求的智能特点。绿色智能肥料改变传统给土施肥的方式,注重调节和调动根系生长的能力,强调根际生命共同体养分高效的应答与生物互作级联放大效应,能够最大化作物生物学潜力,绿色智能复合肥是其产业化的高端物化产品。

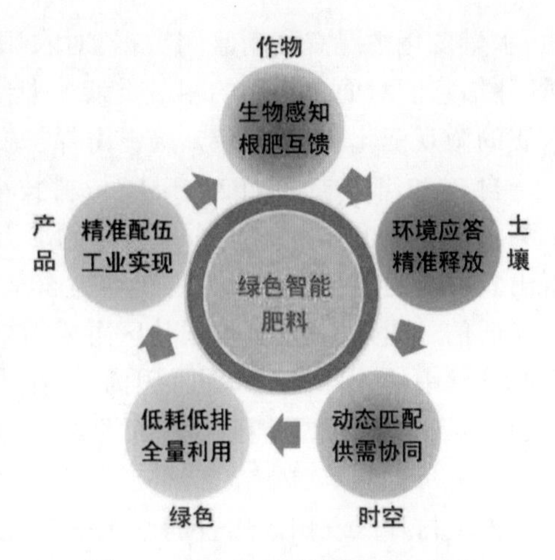

图 5-2　绿色智能肥料的主要构成因素与五大内涵

绿色智能肥料包括五大内涵,如图 5-2 所示。

1)作物:生物感知,根肥互馈

作物根系或土壤微生物可以强烈感知养分的供应,作物根系、根际效应与肥料能产生互馈增效作用,并通过根际生命共同体的级联放大效应最大化肥料的功能。例如,硝态氮能促进根系伸长,而铵态氮可促进根系分支,提高侧根数量和增生能力,从而大幅度提高作物生长。改变复合肥中的铵硝比,可有效调控作物的地上部与地下根系生长。磷肥中速效与缓效磷的匹配可显著影响植物的根系生长。

2)土壤:环境应答,精准释放

作物生命活动受环境条件的显著制约。低温条件下作物的生长发育速度显著降低,其养分吸收量和吸收速度均显著下降;土壤含水量显著影响根系发育以及养分迁移,几乎所有养分的有效性均受到土壤含水量的影响,对于硝态氮、磷、钾尤其如此。绿色智能肥料可根据环境条件的变化,自主调节养分释放的强度,以便与作物营养需求相匹配。

土壤是绿色智能肥料发挥最大作用效力的场所,设计的绿色智能肥料应当与特定的土壤理化性质相匹配,在此基础上,通过各种其他农学管理措施,如施用土壤调理剂、微生物制剂、生物刺激素等,优化土壤结构养分供应-生物过程之间的关系,强化肥沃根层、蓄水保肥、生物活力,增强土壤健康与整个系统的弹性,实现根层养分供应与高产群体的匹配,提高系统的可持续生产能力,如图 5-3 所示。

3)时空:动态匹配,供需协同

绿色智能肥料需要从时间上与空间上实现与作物需求的高度匹配。由于作物生长发育速率以及不同发育时期(营养生长与生殖生长)的动态变化,不同时期的养分需求差异很大,而肥料产品施入土壤后,养分释放规律也随着施肥时间和空间位置的变化而改变。因此,为了实现养分利用效率的最大化,需要考虑新型肥料产品的养分供应与根系发育,作物需求在时间、空间尺度上的动态匹配,同时也需要考虑土壤环境对养分转化、损失与植物生长速率的影响。另外,养分主要通过根系被作物吸收,但随着作物不断生长,其根系在土壤内的分布不断发生变化,同时,不同养分在土壤中的移动特征存在很大差异。肥

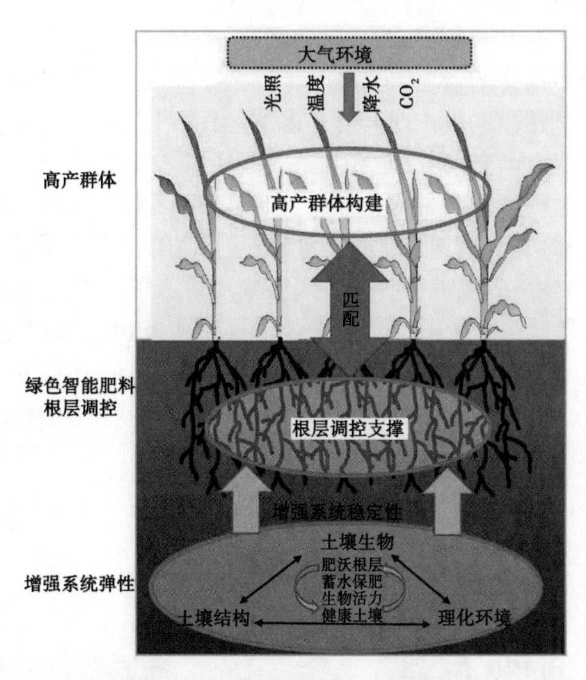

图 5-3　绿色智能肥料在土壤-植物系统综合管理中的作用示意

料施用需要结合机械化精准施用装备，将养分施用在根系分布区域，提高其空间有效性。绿色智能肥料的合理施用不仅能定向调控根系扩展空间、强化根际效应提升活化能力，而且还可以激发根际生物互作增效、级联放大的功能，高效活化利用土壤养分，如图 5-4 所示。

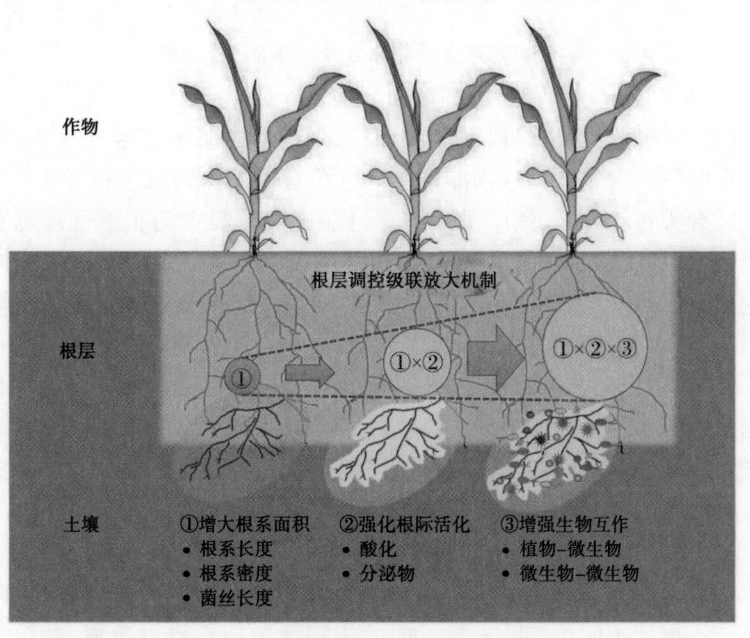

图 5-4　根层生物互作、级联放大示意

4) 绿色:全量利用,低耗低排

绿色智能肥料产品中的绿色主要是从产品全生命周期中资源利用和环境排放两个维度来考量的。全量利用指的是矿产养分资源的利用强度和效率,强调尽量保留原料中各种养分并高效利用;在原料开采和肥料制造过程中要求主要养分损失少、利用率高,其他养分如中微量元素也要通过各种途径加以利用,既可以直接将矿产资源中各种养分一次性保留在肥料产品中,也可以通过延长产业链,将各种副产品中养分资源通过二次或多次加工制成新的肥料产品,提高养分资源利用效率。矿产资源养分全量利用包括五大内涵,如图 5-5 所示。低耗低排是指肥料产品全生命周期中能源消耗和环境排放要低,首先在原料开采和产品制造过程中能耗低,温室气体和各种废弃物排放少;其次,在肥料施用后养分利用效率要高,有利于作物对养分的高效利用,土壤残存少,环境负效应低;最终实现绿色低碳、全量利用。

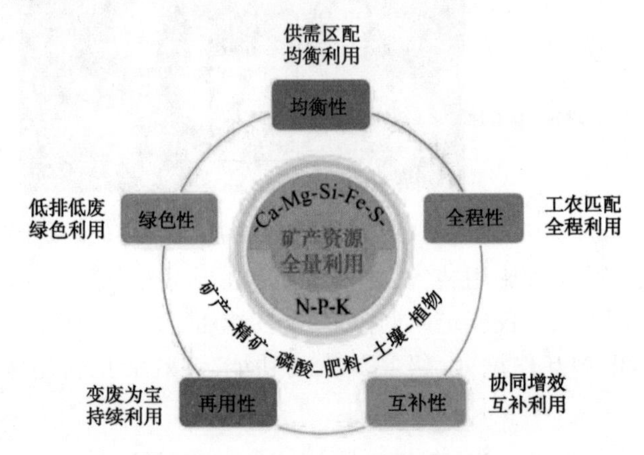

图 5-5　矿产资源养分全量利用的五大内涵

5) 产品:精准配伍,工业实现

作物对养分的偏好已被诸多研究证实,但由于精准配伍的难度及工业制造上的复杂性,有关理论在肥料科学领域的应用非常少。绿色智能肥料通过优化工业设计,尤其是通过造粒工艺、螯合等技术创新,使中量元素肥料在肥料颗粒中与水溶性磷肥实现分隔,使磷素与中量元素共存,从而提高钙镁缺乏地区(通常是酸性土壤)肥料的整体利用效率;如通过原位螯合中微量元素实现磷与中微量元素的协同,创制含中微量元素低 pH 的水溶性磷酸——铵,从而适应北方硬水条件下的碱性缺素土壤,提高磷与中微量元素的利用率。通过创新绿色生产工艺,实现肥料产品中养分形态的精准配伍和高稳定性。

目前,绿色智能水稻专用肥已在大理市洱海流域内进行了 2 万亩的推广。该智能肥料能与作物的生长周期相匹配,一次根部施肥可以提供满足作物全生长周期的养分需求。2023 年 1 月,绿色智能玉米专用肥和马铃薯专用肥也顺利投产。

5. 应用生物可降解地膜

目前,在大理洱海流域有机水稻高产示范田及烟叶种植中已进行全生物降解地膜覆盖综合栽培技术,该技术的最大特色是采用全生物降解地膜进行覆盖,开箱垄作,解决了高原地区水稻及烟叶生长早期限制的低温因素。该技术的应用,大大节约了灌溉用水,同时满足水稻、烟叶生长对温度的需求,且可以抑制病虫害和草类生长,节省有机种植中的人工除草成本和除草剂的使用,在种植周期内不需要再次追肥,减少肥料投入。全生物降解地膜的黑色膜身有助于根茎充分吸收养分,根茎粗壮,实现提前收割和增产、增收,而分解产物又能为土壤补充有机质,且不造成环境污染。

全生物降解地膜的主要成分为聚乳酸(PLA)和聚己二酸对苯二甲酸丁二醇酯(PBAT)等,地膜在作物生长后期或农收后可轻松犁入土壤,由土壤中的细菌和真菌类微生物降解,从根本上解决传统覆膜种植清理不干净、留下白色垃圾残留、微塑料污染等问题,可实现绿色发展和农民增收共赢。

(三)农业面源污染过程拦截及末端治理技术

农田退水治理整体思路为:首先小水(雨)量田埂截流不排放;其次大水(雨)量越过田埂排出的农田退水先通过生态沟渠收集拦截净化,最终通过提升泵站进入库塘净化回用。大理古生村片区面源污染防治与水资源循环利用示范项目的实施,对部分排水沟渠进行生态化改造,尽量在过程中形成对污染物的拦截功效。

1. 过程拦截

农田低洼区域设置灌排沟渠,共建设生态拦截沟渠 1 228 m,含生物强化廊道 250 m,深水区 6 个(共 70 m)和阶梯式生态沟渠 110 m。通过灌排沟渠,加强对农田退水中氮、磷的拦截净化以及田间初期降雨径流污染物促沉和消纳,可有效拦截消纳农田退水中氮、磷等污染物,通过生态沟渠的拦截净化,排水收集至处理设施,进入生态处理设施的径流污染物综合削减 40%。农田退水收集生态拦截沟渠见图 5-6。

图 5-6　农田退水收集生态拦截沟渠

2. 农田退水循环利用——回用系统

古生村每块农田的地头均已布设退水截流沟、截流闸以及回灌管道,农田退水首先通过地头截流沟汇入地块边界生态沟渠,生态沟渠中生长有芦苇等植被,可起到净化水质的作用,流经生态沟渠的农田退水最终汇入库塘。根据地块分布情况,每 0.33～1.00 hm^2 设置一个全旱作区微系统。每个微系统都设置一个埋于地下的蓄水池,降雨形成的地表径流可汇集到蓄水池再进行回用,蓄水池容积应满足地表径流产流初期 30 min 内高养分含量径流的蓄水要求。超过地下蓄水池容蓄能力的降雨径流,可通过沟渠(生态化的混凝土沟或生态沟渠)汇集到生态库塘。遇到强降雨时,可将经生态库塘净化达标后的低污染物浓度的农田尾水排入洱海,形成地下蓄水池与生态库塘结合的综合调蓄体。古生村片区设改调蓄净化设施 3 处,调蓄生态设施有效容积增至 4.22 万 m^3。

为实现高效节水灌溉,古生村片区建设有 1 根 DN315 PE 管 660 m、1 根 DN250 PE 管

393 m、12 根 DN160 PE 管 3 449 m、24 根 DN50 PE 管 3 168 m、233 卷微喷带 17 520 m、2 190 个微喷头、144 个喷头。

为实现地下蓄水池和生态库塘拦截的农田尾水的高效回用，构建如图 5-7 所示以地下蓄水池为核心的微回用系统和连接生态库塘与微系统的大回用系统。每个微回用系统由农户自建一套节水灌溉系统，每个系统都通过管道系统与生态库塘连接，形成大系统。当地下蓄水池的蓄水量不能满足灌溉要求时，可从生态库塘调水，生态库塘的水不能满足要求时可从洱海提水，实现微系统与大系统的联合调控。

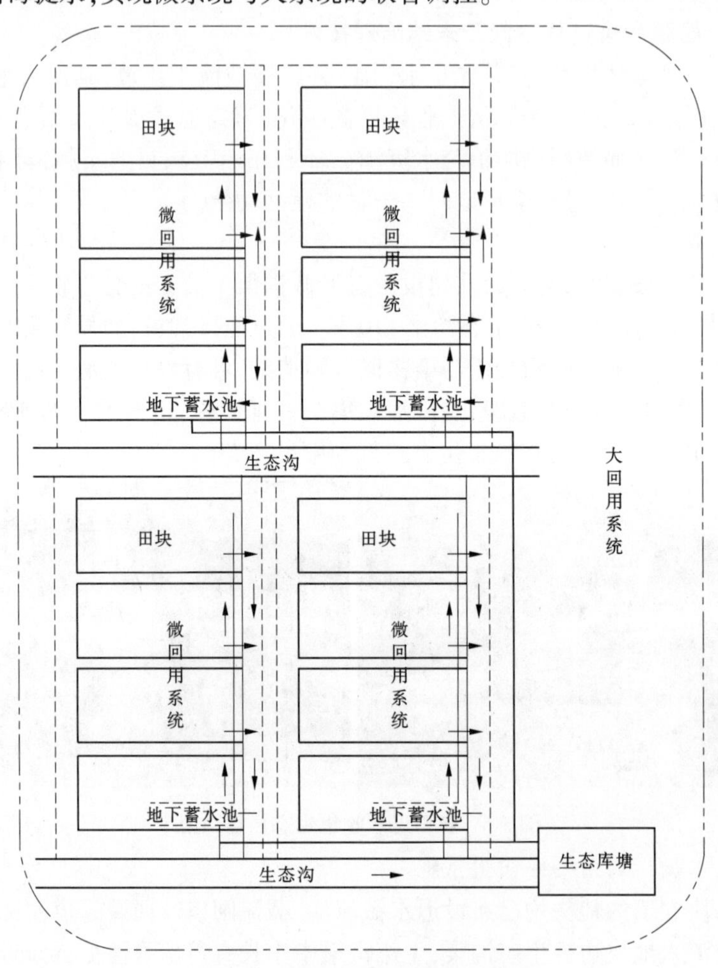

图 5-7　农田退水回用系统示意

3. 农田退水末端治理——生态库塘

古生村片区内有 2 个生态库塘，总容积 3.7 万 m^3，沟渠灌排两用，多为东西向的土沟。库塘分为南片区和北片区，库塘旁边均设有责任公示牌，并由专人负责管理，主要包括日常及时清理库塘水面、进出水口及周边垃圾杂草及死亡水草，对生长过密的水生、陆生植物及时进行梳理和清除；加强库塘进出水口管控，优先将库塘蓄水就近回用农田灌溉和生态廊道绿化用水，蓄水处置到最低水位时，根据库塘淤泥情况、运行状况、净化效果适时开展库塘分段清淤，扩容增蓄。现场安装水质自动在线分析仪，可在线监测库塘化学需氧量、总氮、总磷、氨氮、硝态氮等指标。古生村片区农田退水末端净化库塘及回用管道见图 5-8。

(a)调查期间在建的古生村片区库塘（南片区）

(b)安装水质自动在线分析仪

(c)库塘管理责任牌

(d)农田退水及初期雨水处理库塘（北片区）

(e)农田退水库塘曝气供电系统（北片区）

(f)穿插在田间的灌排沟渠及回用、配肥管道

图 5-8　古生村片区农田退水末端净化库塘及回用管道

另外，课题组在沿湖数千米的实地踏勘中发现，沿湖廊道两侧区域均依地就势建设了不同形状的湿地生态净化库塘（区），可谓星罗棋布。经调查了解，这些分散的湿地库塘（区）系统的主要作用是净化自苍山到洱海流经的地头、村庄的大小沟渠、（环湖）红线外侧漫流的面源以及区域雨水等。本质上属于“干-湿”交替表流湿地。

生态净化库塘（区）总面积占洱海红线与蓝线之间总面积的15%，采用乔灌草等自然净化方式，拦截并净化上游低污染水体。库塘中生长着茂盛的芦苇、紫花鸢尾、千屈菜等植物。沿线可看到多处通过生态净化库塘流入洱海的溪水，水质清澈，犹如刚出山涧的溪流。通过渗、滞、蓄、净、排等生态技术，构建了具有自然循环的“绿色海绵”雨水系统，在削减进入洱海的污染负荷的同时，也很好地补充了地下水。洱海沿线湿地生态净化库塘（区）现场见图5-9。

图5-9　洱海沿线湿地生态净化库塘（区）现场

大理市仅在2022年就循环处置农田尾水约656万 m^3。2022年，洱海27条主要入湖河流中未达到Ⅱ类的河流从8条减少至3条，水质优良率达100%。洱海水质连续3年为“优”，说明洱海流域采取的一系列农业面源污染防治措施得到了有效应用，打造出了洱海流域农业绿色发展的国家样板。

二、浙江嘉兴平湖稻田退水“零直排”模式

（一）基本情况

平湖市地处太湖流域、杭嘉湖平原腹地，水网密布、纵横交错，全市耕地面积44.72万

亩,粮食生产功能区面积 19.01 万亩,是浙江省粮食主产区之一,有“鱼米之乡”“天下粮仓”之称,农业产业占比巨大,尤其是广陈镇入选“国家级农业产业强镇示范建设”榜单。同时,平湖市地处长三角中间地带,在长三角一体化发展中区位优势明显。但根据第二次全国污染源普查数据,全市范围内农业源总磷排放量占总排放量近 2/3,总氮排放量占近 1/2,而以水稻种植为主的农业面源污染又占农业源排放量的 50%以上,农业面源污染治理任务艰巨。

近年来,嘉兴平湖市多项治水工作创出了特色、创出了经验,2022 年更是历史性首次实现了市控以上断面Ⅲ类水比例 100%,尤其是全力推进稻田退水“零直排”的探索与实践。稻田退水“零直排”平湖模式,也为周边乃至长三角地区生态环境提升和农业绿色一体化发展提供了参考。

(二)稻田退水“零直排”模式

稻田退水“零直排”指采用环境工程、生物工程、水利及建筑工程等技术手段,对稻田退水拦截降污,结合调蓄处理、循环灌溉等措施实现稻田退水的资源化利用,使之不排入或不直接排入周围收纳水体。为加快推进平湖市稻田退水“零直排”工程建设,平湖市率先编制《平湖市农业面源污染防治(稻田退水)规划(2021—2025 年)》(平农治污办〔2021〕129 号),优化稻田退水“零直排”空间布局,明确农业面源污染防治的近期和中远期目标任务;率先出台《关于推行稻田退水“零直排”全域防治农业面源污染的实施意见》(平政发〔2021〕20 号),建立 2021—2025 年平湖市农业面源污染防治责任清单;率先制定《稻田退水“零直排”工程建设规范》(DB 3304/T087—2022)和《平湖市稻田退水“零直排”工程建设技术导则》(平农〔2021〕129 号),并在嘉兴全域推广,截至 2023 年 3 月,全市稻田退水“零直排”区域面积已累计建成 5.33 万亩。

2020 年以来,平湖市大力实施稻田退水“零直排”工程,通过布设精准灌排系统、田间节水改造、水稻节水灌溉技术集成应用,形成了“田-沟-河-圩”节水减排模式,将稻田变身为“海绵农田”“生态湿地”。同时,在广陈镇龙兴村建立核心示范区,将灌片内 1 075 m 生态拦截沟渠、19 个生态塘串点连线,形成了典型的稻田退水“零直排”全封闭模式。所谓“零直排”,并不是不排水,而是有别于传统的稻田退水未经任何处理直接入河,需经过相应措施的沉淀、净化再排入河道。其核心在于解决退水过程中产生的农田氮、磷养分流失问题。

平湖从源头控制、过程拦截、末端治理方面“三管齐下”,寻求农田氮、磷流失问题的最优解。

1. 源头控制——“少排水”“少用肥”

在源头控制方面,首先紧盯“少排水”“少用肥”两个环节,一方面推进高标准农田提升改造,大力推广“节水薄露灌溉”技术,通过采用自动节水阀和强化放水员管理,精准管控水稻各生长期的实际水层深度,让“肥水不流外人田”;另一方面在稻田出水口安装双闸板溢流型“小闸门”,使稻田具备承载 50 mm 雨量的保水功能,实现“晴天不排水、雨天少排水”。同时,研究不同的施肥方案,在保证粮食产量安全的前提下,探索施肥与农田氮、磷流失的源头阻控技术。

2. 过程拦截——“蓄水截污”“生态消纳”

在过程拦截方面，依靠“蓄水截污”“生态消纳”两个手段，将污染留在沟里。将主干排水沟由 U 形槽改成生态氮、磷拦截沟，采取辅助工程措施提升稻田退水在沟渠中的滞留时间，控制养分流失，减少水体污染物；同时，在生态拦截沟内种植生长速度快、净化能力强的水生植物，吸附、降解、吸收水中的氮、磷等养分，并唤醒沟渠生态系统，强化对氮、磷等物质的拦截净化能力。

3. 末端治理——“生态沟渠+”

末端治理环节则是根据每个农田排口入河处的自然条件，因地制宜探索出三大“生态沟渠+”治理样板。生态治理沟渠塘，把好稻田退水治理最后一道关。积极探索和推进农田氮、磷拦截沟渠建设，根据区域地形地貌、基础条件，推行“生态沟渠+生态塘”“生态沟渠+断头浜”“生态沟渠+小河”“生态沟渠+圩区”等多种生态化治理模式，对溢流的农田退水，通过生态沟渠过滤、植物净化，以及圩内河道水生动植物修复等环节，有效降低圩内水体中氮、磷浓度。

(三)“零直排”建设模式

稻田退水“零直排”工程建设 3 种推荐模式为开放式(模式 1)、半封闭式(模式 2)和全封闭式(模式 3)。平湖稻田退水“零直排”工程建设模式见图 5-10。

1. 开放式模式

开放式(模式 1)宜在无河浜、退养水塘且无条件建设生态调蓄塘的地区建设，建设路线为农田—生态拦截沟—生态净化带—受纳水体。根据建设区域农田现状实际条件，在无断头浜、退养池塘和生态调蓄塘建设条件的情况下，通过在农田内部建设生态拦截沟，结合周边汇水小河道改造而成的生态净化带的水体生态修复作用，实现对稻田退水进行有效净化后，最终排入受纳水体。

2. 半封闭式模式

半封闭式(模式 2)宜在有退养水塘、河浜、周边小河道，或有条件建设生态调蓄塘的地区建设，建设路线为农田—生态拦截沟—生态调蓄塘—生态净化带—受纳水体。根据现场自然条件，在有断头浜、退养池塘或有生态调蓄塘建设条件的区域，通过在生态拦截沟末端建设生态调蓄塘，利用生态调蓄塘的净化和蓄水功能，实现对生态拦截沟出水进一步净化并经灌溉系统回用于稻田。当降水量过大时，超负荷的汇水进入周边小河道改造成的生态净化带，经水体自然修复后，最终排入受纳水体。

3. 全封闭式模式

全封闭式(模式 3)宜在有退养水塘、河浜、周边小河道的地区建设，建设路线为农田—生态拦截沟—生态调蓄塘—三池两坝(沉淀池—过滤坝—曝气池—过滤坝—净化池)—生态净化带—受纳水体。针对高标准要求的水环境功能区，在现状条件满足的情况下，可利用场地有利条件在生态调蓄塘的下游建设生态净化塘或湿地，构建三级联合处

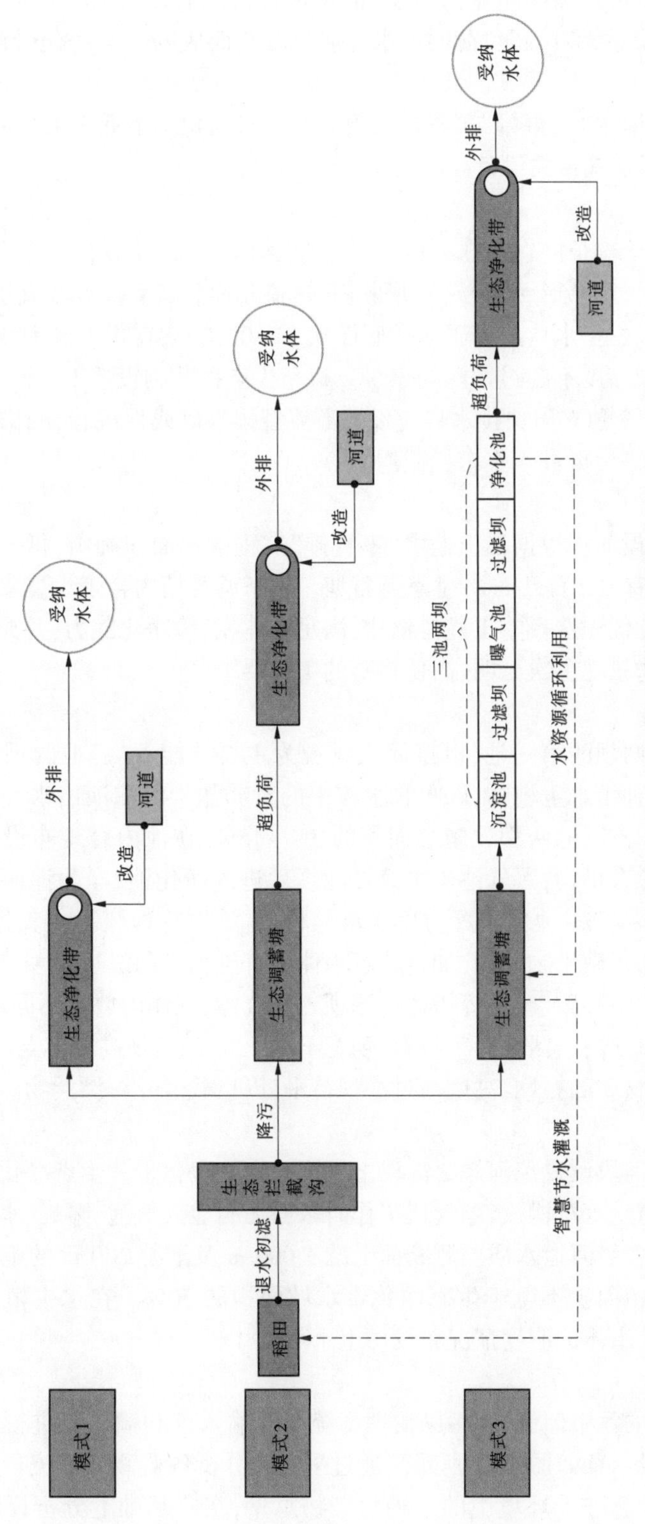

图5-10　平湖稻田退水“零直排”工程建设模式示意

理系统，对稻田退水进行深度净化，处理后的水进行循环利用，以达到局部地区的“零排放”标准。当降水量过大时，超负荷的汇水经河道改造而成的生态净化带修复后，排入受纳水体。

以上 3 种稻田退水“零直排”工程建设模式的汇水面积均不低于 150 亩。

(四)“零直排”模式相关设计要求

1. 生态拦截沟

生态拦截沟主干沟长度在 300 m 以上，具有承纳 10 hm^2(150 亩)以上农田汇水和排水的能力。主干沟采用梯形、矩形或 U 形断面，过流断面底宽和深度不宜小于 0.4 m。主干沟分段设置拦水坎，拦水坎应高于沟渠底面 0.15~0.20 m；在主干沟末端位置设置生态透水坝，生态透水坝高度不超过沟深的 30%。每条生态拦截沟设置 1 座以上底泥捕获井。稻田每 3~4 亩或每个独立田块排水口应设置溢流型排水口或促沉箱，稻田退水应流经溢流型排水口或促沉箱后再进入生态拦截沟。

2. 生态调蓄塘

生态调蓄塘建设面积根据稻田退水“零直排”工程汇水面积确定，每 150 亩汇水面积配置 300 m^2 以上、有效水深 1 m 的生态调蓄塘。生态调蓄塘内合理设置水生植物和生态浮岛，生态浮岛植物优先选择本土优势植物，满足水体氮、磷净化能力，并充分考虑植物物种多样性，满足植物景观主次分明、高低错落的美观要求。

3. 三池两坝

沉淀池为三池两坝的第一池，以沉淀大颗粒为主要功能，占三池两坝设施总面积的 40%~50%；池内宜种植水生植物，以吸收水体中的营养盐。沉淀池出水经过滤坝后流入曝气池，曝气池面积占三池两坝设施总面积的 5%~15%；在池内合理布设一定比例的仿生水草，以充分氧化有机物；曝气池出水经过滤坝后进入净化池，净化池面积占三池两坝设施总面积的 40%~45%；池内设置仿生水草等材料，为生物挂膜提供支撑；池内合理配置水生植物，配合加入微生物菌剂，加速分解水体中有机物。两级过滤坝分别设置在沉淀池和曝气池后，选用空心砖、碎石等搭建过滤坝外部墙体，坝体内放置不同粒级滤料，滤料可选择陶粒、火山石、碎石、活性炭等材料；坝宽不小于 0.2 m，坝高基本与相邻池高持平；坝前设置一道细网材质的拦网，高度与过滤坝持平，以拦截落叶等漂浮物。

4. 生态净化带

稻田退水受纳河段设置离河岸 2 m 以上宽度的生态净化带。生态净化带主要由曝气设施、水生植物或仿生水草构成，曝气机工作时水面无明显大气泡，曝气、水生植物或仿生水草设施不设置在各级河道水质监测断面上游 1 000 m 及下游 200 m 的范围内。生态净化带内沉水植物种植面积不低于生态净化带水域面积的 30%。在水生植物较难生长河段，根据河道水深及水体透明度情况布设仿生水草。

5. 监测布点

对于稻田退水的污染监测，在污染治理系统的各输入点和输出点进行污染负荷和径流量监测，点位布设示意如图 5-11 所示。通过采集和分析各监测断面流量和氨氮、总氮、总磷等水质数据，计算进入环境中的某种污染物总量，在此基础上分析评价污染物拦截效果。

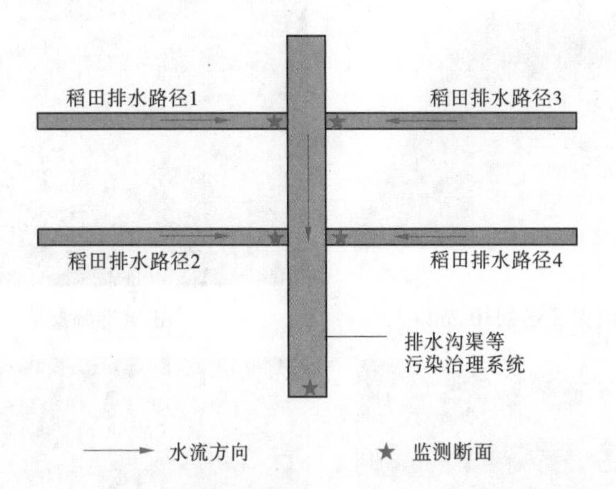

注：稻田排水路径1、2、3、4主要指不同的稻田田块排水。

图5-11　平湖稻田退水工程污染监测点位布设示意

（五）"零直排"模式建设实例

在平湖龙兴村、桐乡华台村，利用断头浜作为生态涵养缓冲区，采用"生态沟渠+节水灌溉+断头浜"全封闭型模式，配套灌排水阀，控制灌溉水层，减少肥药流失，提升肥药利用效率，除台风、暴雨等特殊天气外，基本实现了农田退水灌溉循环利用不外排。

在平湖马厩村、桐乡红旗漾村、嘉善地甸村，利用农田周边自然状态的断头浜，形成"生态沟渠+生态塘+断头浜"的半封闭型模式，配套农田智慧灌溉系统，实现农田退水经滞留净化后部分外排，出水水质得以显著改善。

在平湖钟埭村、桐乡新翁村、秀洲火炬村，利用水稻种植基地总排渠，将农田退水集中于一条主沟渠进行净化，末端利用河道建设生态缓冲带，形成"生态沟渠+生态缓冲带"的开放型模式，实现农田退水主要污染物出水浓度降低30%左右。

相关技术单位监测结果显示，平湖生态沟渠对总氮、氨氮和总磷的平均拦截率分别达到28.5%、32.5%和27.5%。2022年汛期（6—9月），平湖国控断面平均水质氨氮、总磷指标较2020年同期平均值分别降低42%和10%，河流水质改善效果明显。平湖市稻田退水"零直排"模式相关照片见图5-12。

(a)智能电动调节阀

(b)建设"四情"（墒情、肥情、地情、环情）监测系统

图5-12　平湖市稻田退水"零直排"模式相关照片

(c)田埂高度保证达到30 cm以上　　(d)生态调蓄塘

(e)生态净化塘　　(f)人工湿地

(g)生态净化带　　(h)生态拦截沟

续图 5-12

三、湖南益阳南县水产养殖尾水治理模式

(一)基本情况

南县位于湖南省北部,与湖北省接壤。全县辖 12 个乡(镇)132 个行政村,总面积 1 075 km^2,常住人口 48. 95 万人。属洞庭湖冲积平原,国家农业大县,生态农业示范县,有“鱼米之乡”的美誉。南县粮食种植以稻虾生态种养为重点,主要为一季稻套小龙虾模式。渔业是南县农业生产的三大支柱之一。南县地处长江中下游,属于典型的平原地形。南县位于洞庭湖腹部,境内河塘密布,水网勾连,可谓“水中之县”。

(二)水产养殖类型及尾水治理模式

1. 池塘养殖

池塘养殖的主要生产环节包括池塘准备、苗种放养、养成管理、捕捞收获和池塘清理。

池塘准备阶段包括晒塘和消毒等操作，排水量较少，水中污染物主要为未降解的消毒剂，经晒塘后污染物浓度较低；苗种放养阶段，池塘进水可能引入氮、磷等营养物质；养成管理阶段包括饲料投喂、水质调节等操作，水中会引入蛋白质、脂肪等有机物和氮、磷等营养物质，部分养殖品种会有少量换排水；捕捞收获后的池塘清理阶段，排水量较大，排水中主要含悬浮物、有机物、氮、磷等污染物。因此，池塘养殖尾水的主要污染物为悬浮物、化学需氧量、氮、磷等，其中以池塘清理阶段的排放量为最大。池塘养殖生产过程与产排污环节示意见图5-13。

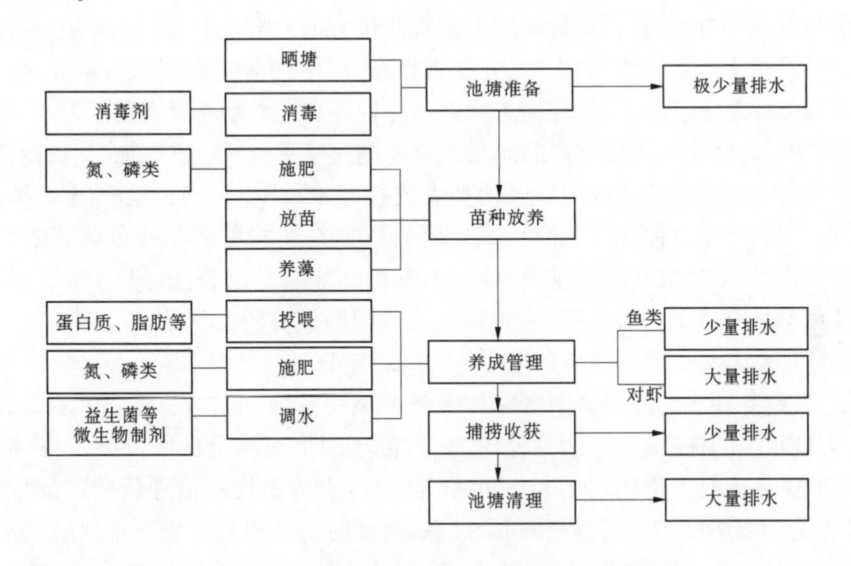

图5-13　池塘养殖生产过程与产排污环节示意

2.“稻虾生态种养”模式

虾在稻中游，稻在虾田长。湖南省南县依托湖乡优势，推广“稻田生态种养”模式，打造稻虾产业链，不仅使“南县小龙虾”“南县稻虾米”荣获地理标志保护产品称号，畅销全国及世界40多个国家和地区，更为南县推进乡村振兴奠定了坚实的基础。近年来，南县大力推广“稻虾生态种养”模式，成为全省最大的稻虾米生产基地和小龙虾养殖中心，稻虾产业规模和影响力已跻身全国三强。

至2021年，全县稻虾种养面积增长到60万亩，占全县耕地面积的68.5%；共创建全国绿色标准化生产基地30万亩，打造7个高标准集中连片万亩稻虾示范基地、22个千亩稻虾产业示范园，创建南县稻虾现代农业特色产业集聚区。为了保证小龙虾健康成长，有毒、有残留的农药和化肥被稻农主动放弃。南县通过实施绿色防控技术，稻虾生态种养较普通稻田每年减少化肥、农药施用量50%以上，既提高了小龙虾和稻虾米品质，又减少了农业面源污染，保护了生态。

南县县委县政府一直将地理标志产品保护工作作为“品牌兴县、质量强县”“生态优先、绿色发展”战略的重要抓手，出台扶持地理标志保护产品开发的规范性文件，县政府更是每年投入2亿元资金，在地理标志保护产品基地建设、龙头培育、市场拓展、科技研发等方面给予扶持，并统筹安排地理标志保护工作的组织协调、监督检查以及专用标志申报工作，共同营造“创建地标、服务地标、保护地标”的良好机制，为具有地域特色的优质产品的推广竭尽全力。于是，作为实施地理标志产品保护工作的前提和基础的标准，《国家地理标志保护产品“南县小龙虾”》《湖南好粮油“稻虾米”》《南县稻虾米》《稻虾生态种养技术规程》等地方和团体标准得到迅速建立和发布，用最为严格的标准体系确保小龙虾和稻虾米实现“高产、优质、高效、生态、安全”。

“南县小龙虾”“南县稻虾米”获得地理标志保护产品后，全县都强化了标准化生产和质量安全监管。一方面，县、乡、村成立了监管队伍，加强田间投入品管理，落实投入品登记制度。对水稻主产区的水源、土壤、大气进行布点，定期取样监测。构建县、乡、村三级种养技术服务体系，确保每个地理标志保护产品种养户技术指导全覆盖。另一方面，针对稻虾主导产业，建立了南县稻虾产品质量安全追溯监管平台，从生产、加工、储运全程实行可视化监控，把生产者、监管部门以及消费者连接起来。以“三确二检一码”（确品种、确地块、确投入品，企业自检、部门抽检，赋二维码）的方式，构建产品质量监管防伪追溯功能。通过平台赋码，生成动态二维码，置于南县稻虾产品专用袋，做到“一物一码”“一袋一码”，让南县稻虾产品拥有专用“身份证”，有效阻断假冒伪劣产品。

3. 养殖尾水末端治理与循环利用——“三池两坝一系统”

近年来，南县在全县养殖集中区，以“三池两坝一系统”的方式，建立了多个养殖尾水治理点，实现水质的提质达标，达到外封闭、内循环的生态养殖良性目标。“三池两坝一系统”是2021年南县为优化农业生态环境引进的一套养殖尾水治理新模式，通过建立沉淀池、曝气池、生态净化池“三池”和两个过滤坝，及时对周边农业生产排放的尾水进行拦截净化处理后，再次循环利用水源养殖水产，全程采用可视化系统监控，科学管控，实现了短期经济效益“减法”向长期综合效益“加法”的蝶变。

工艺流程：首先将养殖尾水汇集至沉淀池，养殖尾水在沉淀池中进行沉淀处理使尾水中的悬浮物沉淀至池底，并利用网格栅格阻隔过滤或吸附尾水中的杂质。尾水经过打捞坝分隔后流入曝气池，在水体中加入光合细菌等微生物制剂化解污染物达到净化，随后流入生物池在生物池中种植水草、浮床等吸收水体中的氨、磷等养分，最后通过过滤坝处理后用于池塘养殖和农田灌溉，实现养殖尾水生态循环利用。近年来，南县共完成精养池塘生态化改造5万亩，完成率50%；推广稻虾生态种养面积62万亩；建设“三池两坝”系统3套、生态沟渠100 km、生态湿地1万亩。其中，沙港村养殖尾水治理示范点有280余亩，能够满足周边1 000余亩养殖尾水的净化，真正实现生态效益和经济效益双赢。养殖尾水治理示范点现场照片见图5-14。

四、江苏宜兴新庄农田退水治理新实践

（一）基本情况

宜兴市新庄街道紧邻太湖，境内河网密布，有大小河道121条，总长约217 km。其中，市级以上河道9条，街级河道12条，过境水量约占太湖上游入湖水总量的40%，是名副其实的入太湖“客水走廊”。新庄街道地处太湖平原，地势平坦。粮食作物以水稻、小麦为主。主要经济作物有百合、花卉等。畜牧业以饲养生猪、家禽为主。渔业以常规鱼、

(a)养殖尾水治理示范点现场照片

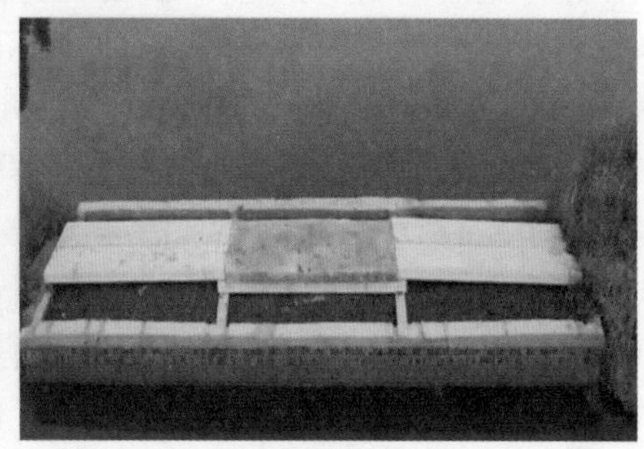

(b)生物池水草　　(c)过滤坝

图 5-14　养殖尾水治理示范点现场照片

银鱼、白虾、河蟹养殖为主。

水稻、蔬菜、瓜果等生产过程产生的农田退水俗称“肥水”，其中的肥料溶解水、秸秆浸泡水、土壤浸泡水等氮、磷含量较高，是引发农业面源污染的主要原因。如果不实施有效的农田退水治理，极易造成肥水通过密布的河道迅速扩散，影响入湖水质安全。新庄街道结合实际、创新探索、综合施策，采取建设高标准农田生态净化灌排系统、河岸共治、尾水循环利用、实施源头减量等措施，有效净化了农田退水，为保护入太湖水质作出了积极贡献。

（二）农业面源污染源头控制措施——变小田为大田

新庄街道在宜兴经开区的支持下，结合农村道路交通安全整治和高标准农田建设工作，由村民委托村（社区）集中流转了农户原来种植的一批分布在道路两侧小而散的田块，变小田为大田，并租赁给优质农业经营主体进行经营；同时，通过实施促进农业高质量发展的一系列配套激励政策，激发了村（社区）和经营主体的动力。在 2020—2022 年中，全街道共集中流转农田 1.5 万余亩，其中已完成高标准农田建设 9 000 多亩，2023 年完成新建和提升改造高标准农田 6 300 亩。

（三）农田退水拦截、净化——生态净化灌排系统

曹家村配合新庄街道新建了生态沟渠、农田退水净化池，形成集生态沟渠吸收、农田退水净化、池塘净化、生态支浜净化于一体的农业生产退水氮、磷梯度降解系统，有效处理农田退水，形成了“高标准农田-生态沟渠-净化池塘-生态支浜-主干河道”一套完整的高标准农田生态净化灌排系统，为太湖一级保护区农田退水的有效治理作出了成功探索。得益于高标准农田的生态化改造，2022 年村里在近千亩高标准农田里种的“富曹”牌大

米,凭借优良的品质获得了不错的收益。

改造后,灌溉期、泡田期排水闸被关闭,农田退水不再外流河道,而是经生态导流渠收集后进入生态池塘和支浜后进行净化储存,下次灌溉施肥时再取用,实现循环利用。近年来,新庄街道结合高标准农田建设,配套完善提升了融泵站、生态排水沟渠、生态池塘、生态支浜、排水涵闸等为一体的高标准农田生态化灌排系统。在排水沟渠与生态池塘间建设水闸,在每条灌排支浜与主干河道的交汇处建设一座泵站,使各泵站相关联的支浜、净化池塘和农田之间形成封闭水体。利用泵站从支流取水,先灌入生态池塘,再通过水闸的开闭使尾水从生态池塘重新返田灌溉,实现农田退水自然回用。

茭渎村改建的面积约 1 亩的生态池塘,可吸纳处理周边约 300 亩农田的退水;洪巷村正在改建的面积约 15 亩的生态池塘,可吸纳处理周边正在推进的一期 600 多亩“退渔还田”后的高标准农田的退水;核心村已建面积约 580 亩的生态湿地,可吸纳处理周边 1 500 多亩农田的退水;新庄社区利用高标准农田建设区的断头浜进行生态池塘改造,可以吸纳周围 400 多亩农田退水。

其中,核心村为在原废弃鱼塘旧址上进行湿地修复项目,已经形成了一套完整的“田-库-塘-渠-滩-河-湖”农田退水水质净化体系,从污染源成为了净化水质的“滤芯”,能够最大限度地收集周边农业种植退水,再经由人工湿地多级处理,让水中的有机物及其他污染物被湿地逐步吸收或降解。第三方专业机构的监测数据显示,现在从湿地出口处流出的水与湿地入口处相比氨氮含量削减超 40%,不仅使东横河乃至社渎港水质逐步得到有效提升,更为太湖治理提供了科学示范。新庄农田退水治理现场照片见图 5-15。

(a)曹家村改建的生态池塘

(b)核心村湿地公园

图 5-15　新庄农田退水治理现场照片

(四)河岸共治:重构提升水生态系统

要实施农田退水的有效治理,确保农业排口安全,确保街域入太湖水质安全,必须河里岸上一齐抓,对河道支浜及两岸进行环境综合整治,重构水生态系统,提高河流净化地表径流功能,恢复河流生命力,进一步提升农田退水治理水平。

近年来,新庄街道结合农村人居环境整治提升、河道环境综合整治等工程,在实施河道清淤的基础上,在河道内种植了两种及以上水生植物或实施生态浮岛,并实施生态护坡和植绿复绿工程,取缔了河岸边的涉水养殖。下一步,新庄街道将在高标准农田试点安装“智慧大脑”,在灌排沟渠和支浜试点安装传感器,在无人值守的情况下,通过感应田间水层深度,自行控制灌排设备开启关闭,实现水稻田自动灌溉、排涝,从而通过源头控制用水量,进而减少末端排放量。

(五)重点区域农田退水治理先行先试

2024年1月,为进一步加强宜兴市农田退水治理、有力削减农业面源污染负荷、持续改善区域水生态环境质量,根据《江苏省重点区域农田退水治理先行先试工作方案》(苏污防攻坚指办〔2023〕145号)相关要求,宜兴市政府办公室印发了《宜兴市重点区域农田退水治理先行先试工作方案》(宜政办发〔2024〕5号),方案指出太湖一、二级保护区内秸秆离田率2025年分别达到35%、30%,其他区域秸秆离田率达到20%。因地制宜、多措并举,加快推进太湖一、二级保护区农田退水治理任务,创造条件消除、调整或规范管理主要入太湖河道农田退水直排口;在滆湖上游区域划定农田退水污染核心防控区,稳步推进农田退水治理。2024年完成一批农田退水治理示范项目建设,新庄街道力争建成农田退水治理全域示范区。

1. 推进农田排灌系统生态化改造

按照"退水不直排、肥水不下河、养分再利用"原则,结合高标准农田建设(2024—2026年新建、提升改造高标准农田10.62万亩),因地制宜推进重点区域排灌系统生态化改造。有条件的地方要充分利用农田周边现有沟渠、支浜、天然河荡、退养鱼塘等,建立退水收集调蓄池,增设提升泵站,构建相对循环系统。沟渠内积存的夏季栽插期首轮和次轮退水应尽量回用。充分利用周边沟渠建设生态拦截设施,减少汛期农田溢流退水污染排放。

2. 打造农田退水治理示范区

把握核心关键,以滆湖上游、新庄街道、丁蜀镇渎边公路以东、丁蜀镇莲花荡、周铁镇横塘河以东、周铁镇沉塘湖、周铁镇浯溪荡、芳桥街道阳山荡、芳桥街道西村荡等区域为重点,系统推进区域农田退水综合治理,打造农田退水治理示范区。

3. 推进秸秆离田综合利用

多年来,秸秆综合利用以还田方式为主,即秸秆由农机翻入土壤后腐熟成肥料。农技专家表示,秸秆还田时最好深翻至土壤20 cm以下,否则秸秆挟带的病菌、虫卵易滋生,管理不当会影响土壤肥力;碎秸秆随雨水、农田尾水入河还会造成水体污染。但由于深翻成本高、时间长,普通农户不愿多花钱,大户又因粮田面积大、人力有限、等不起,深翻难以大面积推广。随着保护生态、保障粮食安全深入推进,秸秆收集后离田、开展资源化利用的方式也得到有力推广。

市级编制夏季、秋季秸秆离田综合利用工作方案,推动国家级、省级考核断面所在的主要入太湖河道以及其他骨干河道两侧500 m,其余国家级、省级考核断面上溯2 km两侧500 m范围内基本实现秸秆全量离田利用。完善秸秆离田全链条收储运体系,继续按照80元/t执行市级奖补,加快推进秸秆高值高效综合利用项目建设,早日发挥市公用环保集团在秸秆离田利用工作中的主力军作用;市农业农村局发挥好农机补贴在秸秆离田工作中的作用,支持市场主体购买适合本地使用的大型秸秆收集打包机械,每台套按照不高于60%奖补(每台套不超过15万元);各镇、街道要科学布局,建设临时堆场、过渡堆场,注重发挥市场作用,鼓励经纪人参与秸秆离田工作。拓宽秸秆离田利用渠道,坚持能源化、肥料化、饲料化、基料化、原料化等多措并举,市农业农村局、财政局要另行制定政策,支持具备有机肥登记证的企业利用本地秸秆等有机废弃物生产的有机肥在农业生产中推广使用,强化对秸秆离田和减肥减药工作支撑,切实践行习近平总书记关于环太湖地区城乡有机废弃物处理利用的有关指示精神。

4. 推进农田退水口规范管理

全面排查主要入太湖河道两侧农田退水口,建立管理名录,明确责任主体,树立标志牌,标注基本信息。充分考虑农业生产实际,在具备条件的地方,科学调整退水口设置,减少农田退水直排主要入太湖河道的情况,同时加强退水口维护管理,降低灌溉水漏损率。

以上实践均有力推动了农田退水的污染治理工作,有效削减了农业面源入河污染负荷。

五、江苏徐州沛县五段镇农田退水治理

(一)基本情况

江苏省徐州市沛县五段镇位于沛县东南部,与二省三县四镇毗邻。东靠“日出斗金”的微山湖,“黄金大道”京杭大运河穿境而过,全镇总面积49.77 km^2,人口40 814人(2017年),可耕地面积6万亩,滩涂和浅水面积近4万亩。五段镇河道纵横,水丰草茂,且水陆交通便利,是优质大米、高产小麦、特种蔬菜、特种水产品的重要产区,素有苏北“鱼米之乡”的美称。五段镇的养殖业较为发达,麻鸭、蛋鹅养殖是传统项目。农业水利灌排渠系配套,水浇地面积占耕地面积的85%以上,基本达到旱涝保收、稳产高产。

沛县五段镇入湖路片区农田作为五段河、顺堤河流域交叉区重要的沿湖洼地排涝通道,距离京杭大运河仅175 m,毗邻微山湖湖西湿地(沛县)风景名胜区,是上述两处省级生态空间管控区域的重要生态屏障。

2023年1月,徐州沛县五段镇入湖路片区农田面源污染治理案例成功入选江苏省农田退水循环生态化治理典型案例。

(二)农田退水治理技术——“生态拦截沟-生态净化塘-生态河道湿地”

五段镇入湖路片区农田面源污染治理项目,采用“生态拦截沟-生态净化塘-生态河道湿地”治理技术,服务农田面积约1 700亩,总投资429万元,亩均投资约2 300元。项目改善了河道水质,实现了对京杭大运河清水通道维护区的生态缓冲功能。该项目建造生态拦截沟1 755 m,生态净化塘8 900 m^2,生态河道湿地11 700 m^2,并将这些环节组合成为一个生态处理系统,通过逐级净化、自然生态净化等手段净化农田退水,通过生态河道湿地末端节制闸建设,实现部分农田退水循环回用。五段镇农田面源污染治理项目工艺流程见图5-16。

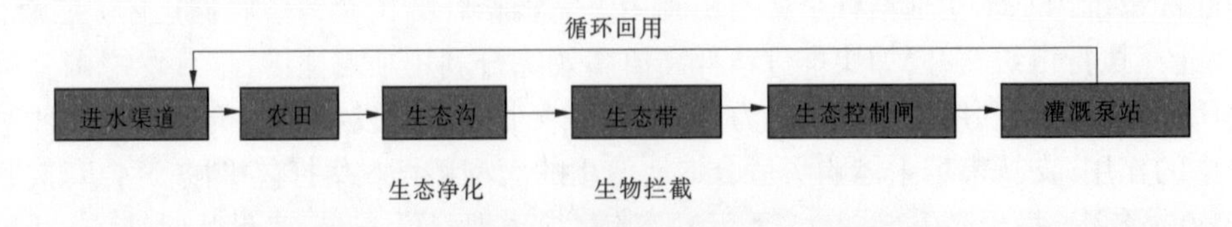

图5-16　五段镇农田面源污染治理项目工艺流程

该项目通过农田退水净化再利用,减少了顺堤河和五段河周边五段镇入湖路片区农

田面源污染,削减了入河入湖污染物,大力改善了五段河、顺堤河及相连通的京杭大运河和微山湖水质,全面提升了区域水环境质量。此外,利用退水进行灌溉回用,年可节省翻水费用60余万元,具有一定的经济效益。五段镇农田面源污染治理项目现状照片见图5-17。

图5-17　五段镇农田面源污染治理项目现状照片

第二节　河南省典型农业面源污染控制技术案例

河南省是粮食生产大省,也是畜禽养殖大省,农业面源污染不仅来源于种植业,同时养殖业粪污的不规范利用和排放也是造成区域地表水污染的主要原因之一。近年来,国家高度重视畜禽粪污资源化利用,出台了一系列政策文件,旨在加快畜禽粪污废弃物的资源化利用,促进农业可持续发展和环境保护。首先,畜禽粪污全量利用有助于解决畜禽养殖业带来的环境污染问题,畜禽粪便如果未经处理直接排放,会对水体等造成严重污染,影响生态环境,但通过全量利用,可以减少污染物的排放,改善地表水环境;其次,畜禽粪污是一种宝贵的资源,通过科学地处理和转化,畜禽粪便可以转化为有机肥料、生物能源等,用于农业生产,为农作物提供养分和有机质,提高土壤肥力,减少化肥的使用,促进农业可持续发展;最后,畜禽粪污是宝贵的资源,通过资源化利用,可以提高资源的循环利用效率,减少浪费,资源化利用畜禽粪污,可以促进种植业和养殖业的有机结合,形成生态循环农业,提高农业生产的整体效益。

河南省种植业、养殖业点多面广,全面治理难度大。根据全国第二次农业污染源普查、环境敏感区、种植养殖业规模等基础数据,将全省划分为30个优先治理、60个重点治理、102个一般治理3种类型县(市、区),实施差异化目标和治理措施。本书课题组重点选取已列入《河南省农业面源污染治理与监督指导实施方案(试行)》中的“优先”或“重点”治理类典型县、市或区域作为本次的调查重点,主要包括国家级试点示范县——南乐县、邓州市及河南省重点治理类型和区域罗山、内乡等,主要针对粪污资源利用、可降解地膜使用、农业安全生产及农田退水污染防治、绿色种植等典型经验进行总结推广。

一、南乐县示范引领、推广“南乐样板”

(一)基本情况

南乐县位于河南省东北部,地处黄卫冲积平原,地势平坦,常年农作物播种面积65万亩。近年来,南乐县积极践行新发展理念和“绿水青山就是金山银山”理念,通过推行3个“全覆盖”,整县推进畜禽粪污资源化利用,大力实施农作物病虫害绿色防控,加强绿色食品原料标准化生产基地建设,有效促进了农业面源污染治理,推动生态农业质效双升。南乐县在全省率先实施面源污染信息化监测预警、畜禽粪污资源化利用整县推进等项目,建立生态农业信息化平台,推进现代农业绿色高效发展。荣获全国畜禽粪污综合利用整县推进县、国家园林县城、全国绿化模范县、全国村庄清洁行动先进县、国家级农业面源污染治理与监督指导工作试点县。河南省生态环境厅联合河南省农业农村厅,组织调研专班,实地考察调研,研究挖掘南乐县在推进农业面源污染治理工作中的亮点及有效做法,发挥示范引领作用,在全省推广“南乐样板”。

(二)推进农业生态环境监测全覆盖

在南乐县马颊河流域及周边建设农业面源污染监测预警项目,是南乐县推进农业面源污染治理的创新举措,也是河南省首个面源污染监测预警项目。建设面源污染监测预警系统和农业信息化监管平台,建立“查、测、溯、管”体系,依据各监测点数据进行分析研判,动态掌握面源污染和监测点各项数据信息,对全县农业系统从生产到销售各环节全程监管,及时发布数据异常信息预警,为面源污染防治提供科学依据。

南乐县在全县12个乡(镇)共布设45个水土环境监测点位、400个土壤样品采集点,其中以马颊河湿地为中心、河流沿岸及支沟入河口的种植区、生活聚集区作为重点监测对象,布设30个水土环境监测点位。整合全县14个空气环境监测站,马颊河、卫河、徒骇河3条河流7个水质环境监测站及农业信息化建设项目78个监测点位等监测数据,在线监测与人工监测相结合,动态监测与定时监测相结合,集成水土环境监测与信息化,结合时空地理信息云平台与大数据分析等先进手段,覆盖全县60万亩耕地,构建全县域信息化环境监测预警网络。该项目建成后,将实现农田径流、快速检测和面源污染的关键数据因子的采集、传输、处理和预警,并提供“环境监测网”及“监测信息智能化管理与决策平台”应用端技术,对项目范围内的土壤、水质等面源环境进行实时监控,将有效保障全县人民群众“粮袋子”“菜篮子”的安全。南乐农业生态环境监测预警大数据中心现状照片见图5-18。

(三)推进农业废弃物资源利用全覆盖

在全县建设2个区域性畜禽粪污处理中心,每个处理中心可资源化利用半径7.5 km内的畜禽粪污和5 km内的农作物秸秆。整县推广应用可降解农用地膜,可降解农用地膜试验示范扩大至10乡(镇)15个村15种农作物,示范面积增加至1 960亩。

1.推广应用可降解农用地膜

抢抓国家发展战略性新兴产业机遇,大力发展可降解材料产业,培育了全国两家之一、全省唯一重点支持的生物基材料产业示范集群。先后引进可降解材料产业企业16家、项目19个,形成了以玉米秸秆或淀粉为原料,经过从液化制糖、L-乳酸、聚乳酸或聚

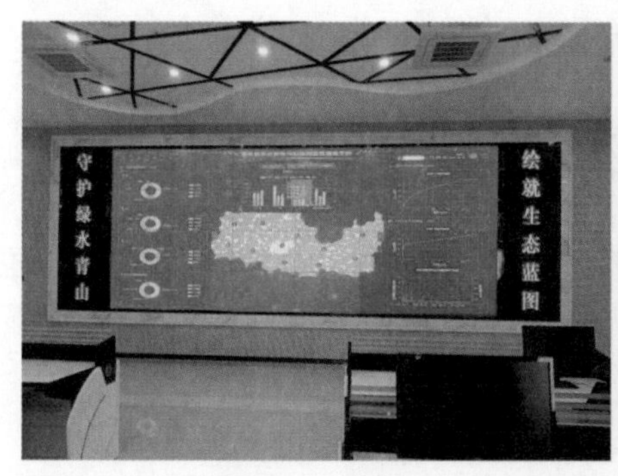

图 5-18　南乐农业生态环境监测预警大数据中心现状照片

乳酸共聚物、聚乳酸改性材料，到可降解购物袋、一次性餐具、薄膜、水稻育秧盘等终端产品的完整产业链条。目前，可降解材料产业产能规模达到 50 万 t。与中国农业科学院、新疆生产建设兵团合作开展可降解地膜中试项目，与中国水稻研究所合作水稻育秧盘中试项目，生产的可降解育秧盘和地膜可在自然条件下实现 6 个月左右完全降解，并已在全县范围内推广使用。南乐县可降解农用地膜现状照片见图 5-19。

(a)杨村乡袁庄村可降解地膜现场

(b)生物降解育秧盘——地膜

(c)国家生物基材料产业园

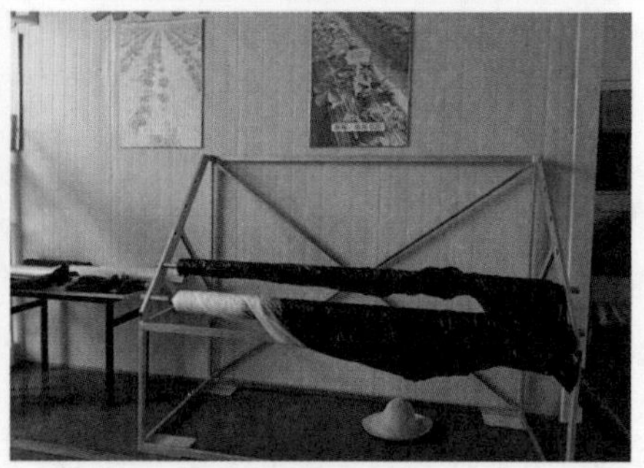

(d)生物降解地膜

图 5-19　南乐县可降解农用地膜现状照片

2. 畜禽粪污处理中心

采用“分散式收集、集中化处理、资源化利用”模式，通过畜禽粪污收集车，定时输送到处理中心集中处理，容量 3 万 m^3，日处理能力 2 000 t，通过厌氧发酵等工艺，对周边半径 7.5 km 内的畜禽粪污、农村生活污水（主要是黑水）和 5 km 内的农作物秸秆进行处理，主要生产沼渣、沼液、沼气。产生的沼渣做成无土栽培基质；产生的沼液可加工成液体水肥、杀虫剂等，用于有机蔬菜、水果等种植；产生的沼气可用于周边农村集中供气、提纯生物质天然气等。配套建设高效生态农业、标准化养殖场、农产品加工厂、有机肥加工厂和部分休闲观光项目，最终形成集“农废处理、资源循环、种养一体、生态农牧、有机食品、休闲观光”于一体的现代农业综合体。南乐畜禽粪污资源化利用后孙黑处理中心现状照片见图 5-20。

图 5-20　南乐畜禽粪污资源化利用后孙黑处理中心现状照片

（四）推进化肥农药减量增效全覆盖

建设智慧水肥系统，推广应用测土配方施肥、有机肥有序替代化肥、物理防治、农作物病虫害专业化统防统治等绿色技术，精准施肥施药，提升化肥、农药使用效率，减少水土药肥污染增量。

通过开展农业面源污染信息化智能监管、畜禽粪污资源化利用整县推进、化肥农药减量增效等工作，2021 年全县畜禽粪污综合利用率达 92%，化肥农药利用率达 40.8%，绿色统防统治面积约 40 万亩，农作物病虫害绿色防控覆盖率提高到 33.3%。发展绿色有机农产品种植超 1 万亩，“三品一标”认证农产品 27 个。

二、邓州市畜禽粪污处理利用模式

（一）基本情况

邓州市是河南省南阳市的市辖县级市，是具有 161 万人口的农业大县。因南阳市有全国养猪行业的龙头企业——牧原集团（牧原股份），邓州市也成为牧原股份的一个重要的养殖基地。截至 2022 年末，全市畜禽规模养殖场 228 家、畜禽养殖户 385 家，大型规模养殖场 120 家，全市畜禽规模养殖场与畜禽养殖户生猪存栏量 68.71 万头、奶牛存栏量 0.63 万头、肉牛存栏量 1.42 万头、山羊存栏量 0.37 万只、家禽存栏量约 185.32 万羽。全市畜禽规模养殖场与畜禽养殖户存栏畜禽当量总数 85.21 万头，规模养殖场占比 93.67%，畜禽养殖户占比 6.33%。多年来，邓州市养殖业造成的水体面源污染十分突出。

邓州市属于长江流域，主要河流有湍河、刁河、排子河等。其中，排子河在邓州市境内 44.49 km，流域面积 496 km^2，主要支流有冢子河、小草河、王良西沟、都司南人工渠等。排子河流域大型规模化畜禽养殖场 39 家，存栏生猪达 66 万头，奶牛、肉牛存栏达 1 万头，占全市畜禽存栏数的近 80%。“十三五”期间，排子河一直是Ⅴ类水质，2021 年邓州市被确定为国家级农业面源污染治理与监督指导试点市，压力巨大。进入“十四五”时期，邓州市编制了《邓州市畜禽养殖污染防治规划（2021—2025 年）》，作为“十四五”时期全市畜禽养殖污染防治工作的重要依据。近年来，邓州市委、市政府致力优化养殖空间布局，构建绿色养殖发展格局，明确工作重点，加强粪污处置综合利用的设施建设与运行管理。2022 年在保持湍河、刁河Ⅲ类水质的基础上，排子河实现了全年累计Ⅲ类水质的突破，2023 年 1—10 月保持在Ⅲ类。在畜禽养殖规模不变、存栏量不减的情况下，水环境明显改善，实现了环境效益与经济效益的双赢，受到南阳市委、市政府的表彰，其经验在南阳市得到推广。

（二）加强粪污利用设施建设

“一场一策”，规范处置养殖粪污。邓州市生态环境和农业部门按照统一模式的治理方案，督促养殖企业建设与养殖规模相匹配、粪便存量至少超过 6 个月的粪污储存发酵池。先进行固液分离，分离后的固体放在发酵棚，转运至有机肥厂，液体进入调节池均衡水质后厌氧发酵，产生的沼气用于饲料厂等沼气锅炉。截至 2023 年 11 月，全市养殖场（户）配套建设粪污收集、存储设施 200 余万 m^3，其中储粪场 23.8 万 m^3、储污池 178.6 万 m^3，规模养殖场粪污处理设施配套率达到 100%，畜禽粪污资源化利用率达 92%以上。大型养殖企业牧原集团，采用干清粪工艺，沼气池覆膜，污水好氧厌氧加膜处理后回用。黄志牧业采用流转土地沼渣沼液还田，解决粪污处置难题。

铺设管网，科学消纳有机肥料。粪污发酵是很好的有机肥料，我国的传统农业都是依靠有机肥种植，现代农业大量使用化肥农药，对土壤和农作物的面源污染和危害日益凸显。邓州市政府为了消纳养殖行业经过科学发酵的有机肥料，联合牧原股份投资 1 500 余万元，铺设消纳管网 230 km，将每家规模以上养殖业发酵池的有机肥料，直接输送到田间地头，可用于消纳有机肥的土地达 4.5 万亩。在每年麦收至秋种、秋收至种麦两个时段，指导养殖场（户）实施粪污集中土地消纳，作为农作物的底肥进行灌溉，农作物生长中期进行滴灌和固定式、移动式喷灌，用沼液有机肥代替化肥，既保证了粮食和蔬菜安全、农民增产增收，又减少了养殖业的粪便污染。为确保畜禽养殖粪污充分消纳，各养殖场分别建立了“明白卡”制度，对粪污产量、粪污去向、土地消纳协议、沼肥施用情况实施台账管理，有效解决了养殖废水对河流水质的影响。

邓州市为加强对排子河水质的监管，建立了完善的监管平台。责成重点畜禽养殖场的粪污处理区、沼液存储池、雨水外排口等位置，分别安装了监控装置，实施全天候在线监控。

（三）畜禽粪污处理及资源化利用

目前，畜禽粪污处理及资源化利用常用模式有两种：模式一采用固液分离的处理模式，经干清粪工艺收集的固体粪污转运至有机肥厂，通过堆肥快速发酵处理后用于制作有机肥，液体粪污由收集池进入自然氧化塘或黑膜沼气池内进行进一步的厌氧处理，该模式主要应用于养殖规模较大的大型养殖场；模式二采用固液混合的处理模式，畜禽养殖产生的粪便污水混合在一起，经集污池收集后进入储存池，通过 6 个月以上的自然发酵，而后由专用车辆运输至田间喷洒还田。该模式主要用于中小养殖规模并建设有配套粪污储存池的养殖场（户）。

以上两种模式产生的有机肥可远距离运输至外地还田,而液体粪肥全部本地消纳。邓州市作为农业大市,积极探索液体粪肥处置“种养结合”模式,建立畜禽粪污的储存、运输、消纳体系,探索解决粪污消纳“最后一公里”难题。第一种是规模化养殖场采用“管道模式”,沼液管输灌溉目前约占30%,均为牧原集团自建,将主管道铺设到地头,再用可移动管道喷洒到田间,并通过配套建设大型中间储存池延伸输送距离扩大利用范围。第二种是“车辆模式”,约占70%,主要针对现下养殖场(户),沼液通过车辆运输到地头,利用路边沟道铺设临时储存池,再抽到喷洒车进行喷洒,大部分由第三方运营。主要施用对象为小麦、玉米等大田以及林果、药材类用地。根据初步统计,粪尿还田每亩可节省化肥10%~20%,节省化肥的同时也改良了土壤,提高了肥力。邓州市畜禽粪污利用现场调研照片见图5-21。

(a)大型覆膜储池

(b)沼液输送管道

(c)小型养鸡场粪液储存池

(d)养殖粪肥喷洒前边沟临时储存

图5-21 邓州市畜禽粪污利用现场调研照片

(e)养殖粪肥机械还田利用模式

(f)粪污利用第三方服务

续图 5-21

邓州市通过综合施策，从源头控制农业面源污染，推动了农业绿色转型，为实现乡村振兴战略和生态文明建设作出了积极贡献。通过加强监管、推广新技术、完善政策支持和加大资金投入，邓州市的农业面源治理工作为其他地区提供了可借鉴的经验。

三、内乡县畜禽粪污资源化利用模式

(一)基本情况

2023 年 4 月 10 日，《中共河南省委、河南省人民政府〈关于做好 2023 年全面推进乡村振兴重点工作的实施意见〉》(2023 年河南省委一号文件)公布，畜禽养殖污染防治“内乡模式”写入该文件第三大项“提升农业科技和装备水平”，第十二小项“加快化肥、农药等农业投入品减量化使用，推动农业清洁生产。内乡县整县推进畜禽粪污资源化利用，推广畜禽养殖污染防治‘内乡模式’”，赢得社会各界普遍关注。

内乡县是国家现代农业(生猪)产业园、全国生猪调出大县。为持续推动畜牧业高质量发展，近年来，内乡县以“绿色崛起、美丽富民”为目标，通过建立专班，畜牧、生态环境等部门联动，协同作战。编制养殖污染防治规划，出台奖惩政策，实施目标考核和完善乡镇粪污资源化利用网格化监管制度，创新探索畜禽粪污收储利用长效运营机制等，累计投入财政奖补资金 1 000 余万元，安装玻璃钢发酵罐 1 451 台、建设牛储粪棚 129 座，带动社会资金 7 000 余万元投入小散养殖户污染防治，走出一条规模以下畜禽养殖粪污“产量清、去向明、全利用”的新路子，实现了畜禽粪污收集、运输、消纳利用等全链条智能化管理，畅通了粪污资源化利用的“最后一公里”。截至 2023 年 4 月，内乡县共整治小散养殖户 1 288 家，畜禽养殖粪污综合利用率达到 99. 4%，规模养殖场配套率达到 100%，形成了畜禽粪污全量收集、资源化利用的绿色种养循环“内乡模式”，受到了中华人民共和国农业农村部、中华人民共和国生态环境部、河南省农业农村厅和南阳市农业农村局领导的充分肯定，并列入南阳市委改革办第三季度改革典型案例红榜表扬通报，同时被南阳市推荐至河南省委改革办红榜。

(二)规范小养殖户，提高粪污综合利用率

内乡县针对规模以下养殖户数量多、分散广、难监管的实际，按照“狠抓三个环节，健

全一个机制”的工作思路,走出一条小散养殖户粪污“产量清、去向明、全利用”的路子。

一是在粪污收集上,规范治污设施。制定《规模以下养殖户粪污全量收集设施建设规范》,统一进行粪污全量收集和封闭暗储肥化。根据生猪日排泄粪尿量、小散养殖户饲养量,综合发酵腐熟时间、还田利用季节等因素,逐户测算厌氧发酵池容积,帮助小散养殖户制定改造方案,逐户登记造册,宣传政府补贴优惠政策,促进设施建设。通过规范治污设施等措施,养殖户粪污实现了封闭收集,暗储肥化。

二是在粪污运输上,规范运行监管。全县统一购置粪污运输车辆 37 辆,全部安装北斗定位系统,对粪污运输过程中严格做到“清、明、准、实”。粪源清:核实小散养殖户养殖量、清粪方式、储存地点,核算粪污产生量。去向明:吸污车依据月度转运计划合理规划转运路线,将养殖户收集的粪污转运至收储中心,收储中心对吸污车转运的数量及车次签字核实确保闭环运行。管理员定期对小养殖户粪污收集设施进行检查,确保各种设施正常使用、无溢流、无偷排粪污行为。轨迹准:通过 GMS6 交管平台准确掌握粪污运输车辆动态,严格管控吸污车运行轨迹、车辆去向,判断是否把粪污运往不该运的地方。档案实:各乡镇建立完善粪污消纳档案,县畜牧局定期检查档案填写是否规范、准确,确保有据可查,数据真实。

三是在粪污利用上,规范台账管理。在粪污资源化利用化利用过程中,确立了专职、闭环、市场化的运行思路,全县探索出了 3 种粪污资源化利用模式。同时,依据《河南省畜禽粪污资源化利用设施建设指南》《河南省关于加强畜禽粪污资源化利用计划和台账管理的通知》的相关要求,严格落实台账管理制度,管理员每月 1—5 日制订上报本乡镇当月转运计划,养殖户和收储中心规范填写“乡镇畜禽粪污运行台账”“乡镇收储中心粪污资源化利用台账”,确保吸污车转运次数和三联单相对照、运行台账和消纳台账相对照、消纳台账和还田面积相对照。

为打通粪污还田利用“最后一公里”问题,根据全县土地承载力核算,探索 3 种粪污资源化利用模式:

一是分散收集、集中储存利用模式。凡就近利用的,按面积和种植作物给出施用液态粪肥明白卡,剩余消纳不完的,由乡镇粪污收储利用中心免费收集处置利用。

二是自行消纳、种养循环利用模式。凡能自行消纳的,按照一户一策、种养结合的工作思路,推广自行消纳模式。即针对不同养殖规模、防疫要求、地域环境、配套消纳土地等情况,以完善设施、配套装备为重点,打通液态粪肥还田利用渠道。

三是市场运作、托管服务模式。构建全托管服务模式,发挥第三方公司消纳能力强的优势,畅通还田利用渠道,科学施用粪肥,减少化肥施用量,提升耕地地力。譬如,依托河南辉之映农业发展公司,在高标准农田集中区域建设智能化种养循环示范区,周边小散养殖户集中托管该公司消纳粪污,通过集中托管土地,打破了一家一户分散种植的土地边界,可将土壤、粪肥质量实时监测判断、液态粪肥与清水自动化调控,实施数字化施肥管理。

根据以上方案,全县规模以下养殖场(户)粪污治理设施配套率达到 95%以上,粪污综合利用率达到 99.41%,昔日全县养殖引起的粪污直排、出境水水质断面超标等突出环境问题得到彻底改观,农村人居环境焕然一新,县域 5 条主要河流水质监测断面常年监测保持在Ⅲ类水质以上,2021 年畜牧业生产产值 44.33 亿元,实现了环境保护与畜牧业发展的双丰收、双促进。

内乡县统一筹建乡镇粪污收储利用中心，对乡镇粪污收储利用中心玻璃钢罐购置财政进行全额补贴，同时每安装一个100 m^3 的玻璃钢罐财政补贴1 000元。此外，对粪污运输车辆财政补贴50%，免费安装车载北斗定位装置，确保粪污资源化利用的长效机制正常运行。

(三)规模化养殖场产业链融合发展及种养循环示范模式

1. 建立生猪养殖全产业链融合发展

内乡县牧原全产业链融合发展示范区建设项目占地面积4.8万亩，紧紧围绕猪产业发展，形成"1+X"产业体系，实现产业集聚、产业完善、三产融入、研究领先、技术高端，成为引领全球猪产业的创新高地项目。

综合体养殖区域猪舍整栋楼是一个自循环体，粪污通过密闭管道统一收集后，经地下泵进行固液分离，固体加工成有机肥；液体的一部分将会加工成液态肥，为周围的农田施肥灌溉，为农户减投增收，发酵过程中产生的沼气作为清洁能源，用于智能工料中心的原粮烘干，另一部分则经过深度处理中水返到猪舍用于冲刷猪圈和顶层的除臭用水，这样可做到60%~70%的回用率。中水回用的主要工艺流程：粪污收集—固液分离—A/O—深度处理—臭氧消毒—中水回用，固体则制成肥料外售。

2. 建立数字化种养循环示范模式

内乡县数字化种养循环示范区依托内乡县国家现代农业(猪)产业示范园和牧原集团特色产业集群，通过实施"十三化"改提升工程，建立种养循环、良田粮用、注重质量、节水节肥、生态修复、土壤碳汇的高标准农田。

项目的实施主要有以下特色：

一是实现节水节肥。种养循环水肥中心沼肥、水肥一体化节水灌溉系统采用以色列控制技术，系统共包含叠片过滤器5组、沙石过滤器2组、水肥控制系统1套(包括沼液和氮、磷、钾微肥添加系统)，在施肥阶段、灌溉阶段和元素添加阶段三阶段把控水肥一体化设备运转。实现"水肥一体化、管理精细化"，地表水利用率、水肥一体化覆盖率、灌溉智能化率全部达到100%，可节水40%，减化肥、减农药50%，节省人工95%，有力地见证了科技创新、藏粮于技的虹吸效应。示范区全部采用喷灌形式，可更有效节水和减少营养流失，同时也避免传统漫灌形成径流从而污染地表水体。

二是实现种养循环。通过与牧原集团产业融合发展，实现"种养循环化、建设标准化"，示范区周边年可出栏180万头生猪，可产有机肥6 800 t、沼液200万t、每亩消纳30 t，畜禽粪污在前端的环保区处理好做固液分离，液态通过地埋管道送到灌溉首部；同时项目区内良田粮用，生产的高品质原粮供应饲料加工以及粮食生产加工企业，达到了"猪养田、田养猪"的生态模式。

三是实现数字一体化。通过农用飞机、现代化农机、变量施肥、精准喷药、仓储烘干、冷链保鲜和大数据运算、5G应用，运用无人机多光谱扫描数据、卫星遥感数据和农田信息监测系统数据，对农作物的长势进行立体的把控，实现"控制智能化、装备现代化、耕作机械化、服务规范化"。

四是实现土壤生态化。通过畜禽粪污资源化利用+秸秆碳基有机肥还田技术，实现

“农田生态化、监测科学化”,可使土壤有机质含量提高1%,耕地质量改善1级,有效探索了“农田地力提升、农业固碳增汇“的关键路径。

内乡县畜禽粪污利用现状照片见图5-22。

(a)畜禽粪污收储利用中心

(b)内乡县水肥一体化设备

(c)内乡县数字化种养循环示范区

图5-22　内乡县畜禽粪污利用现状照片

四、罗山县农业标准化安全生产模式

(一)制定管理标准,落实农产品质量安全

2017年,农业部认定罗山县为第二批国家农产品质量安全县创建试点单位。创建农产品质量安全县主要从以下4个方面落实。

1.加强组织领导,落实属地管理责任

(1)强化工作保障。罗山县成立了以县长为组长、相关部门和20个乡(镇、街道)主要负责人为成员的罗山县农产品质量安全县工作领导小组,并印发了《罗山县国家农产品质量安全县创建工作方案》。

(2)强化目标责任。制定发展规划和具体措施,健全农产品质量安全监管政府考核体系、绩效考核机制和责任追究制度，将年度工作目标纳入政府目标考评体系，实行网格化管理，层层签订农产品质量安全监管责任书，明确相关单位和责任人的责任，落实监管责任。

(3)强化宣传教育。广泛利用报纸、电视、网络、展板、堵体标语、高塔板面等各类媒介，大力开展国家农产品质量安全县创建工作宣传。

2. 加强源头管控，落实生产经营主体责任

(1)严格生产经营过程管理。与全县所有农业生产主体签订了农产品质量安全承诺书和监管责任书，落实从业人员培训、生产过程管控、全程生产档案记录。

(2)完善农产品质量自检制度。要求生产企业配备必测设施，对生产销售的农产品进行自检或委托检验，建立台账，坚决杜绝不合格产品进入市场，做到进出有台账、流向有记录、使用有记录。

(3)实行监管名录和“黑名单”制度。县农业、畜牧、水产、林业等单位分别建立了行业监管名录和农业生产经营主体监管“黑名单”制度，把全县265家农业生产经营主体纳入监管名录，对所有农产品生产销售企业、专业合作组织、家庭农场实行动态监管，将违法违规的生产经营主体纳入“黑名单”。

3. 加强监测执法，落实行业监管责任

(1)完善监管体制机制。树立全程监管理念，建立农产品生产过程管控制度和农业投入品经营主体索证索票、经营诚信档案、购销台账等基本规章制度，推进高毒农药定点经营和实名购买制度，探索建立农业行政执法与刑事司法相衔接的信息平台，制定《罗山县农产品质量安全事故应急预案》，最大限度地减少农产品质量安全事故危害。

(2)加大监测力度。以粮食、蔬菜、茶叶种植基地、规模标准化畜禽养殖场、标准化水产健康养殖场为重点，持续加强对农业投入品和农产品质量监测，分别制定《关于开展农产品质量安全例行监测工作的通知》《关于开展畜禽产品质量安全监管和瘦肉精检测的通知》《关于罗山县水产品质量安全监管和检测工作方案》等行业监管规范。

(3)加强联合执法。县农业、工商质监、食药监、公安等部门根据《中华人民共和国食品安全法》《中华人民共和国农产品质量安全法》等法律法规所赋予的职责，各司其职、相互配合，坚持“产”出来和“管”出来两手硬。

4. 加强示范引导，推进农业标准化生产

(1)大力推广绿色生产技术。推进农产品质量安全监管的重心前移，加强农业标准化生产新技术培训与推广，开展产地环境重金属污染监测，示范推广统防统治、绿色防控、配方施肥、化肥农药减量使用和高效低毒农药使用等绿色无公害农产品生产技术。

(2)开展标准化生产。以推进农产品标准化生产为突破口，积极开展茶叶、蔬菜标准园示范创建，制定了涵盖优质水稻、有机茶叶等主导产业的质量标准和生产技术规程20多项，推广国家、行业标准50多项，标准入户率达到100%。

(3)建立质量追溯体系。积极引导建立农产品质量安全追溯体系，加大扶持力度，实施“以奖代补”政策，对成功建立二维码追溯体系的给予奖励。

(4)推广实施食用农产品合格证制度。积极推动落实农产品生产基地产品合格证制度,加强基地自检和质量安全控制,实行产地农产品合格证使用试点工作。

(5)2019 年罗山县农业农村局发布《农产品生产经营主体监管名录制度》,主要包括农业投入品管理制度、农业产地环境保护制度以及农药包装废弃物收集处理管理制度等 23 项制度,进一步加强罗山县农产品安全监管工作。

罗山县通过农业标准化安全生产,主要在农业面源污染的源头控制和减排方面发挥了重要作用,具体体现在以下几个方面:一是通过标准化管理,严格控制农药的采购渠道,确保农药来源的合法性和安全性,从而减少对农产品和环境的潜在危害。二是标准化生产要求农业生产者按照规定的剂量、时间和方法使用农药,避免滥用和过量使用,减少农药残留和对环境的污染。三是实现了农药和化肥的精准施用,以及高效低毒农药的使用,减少了化肥农药的使用量,降低了农业生产对环境的影响。四是对农业生产过程中的安全措施的规范,如农药的安全储存、使用和废弃物的处理,确保农业生产过程的安全,减少对农业生产者和消费者的风险。五是通过控制农药来源和使用过程,提高了农产品的质量,减少了农药残留,提升了农产品的市场竞争力,通过二维码等技术手段,实现农产品从生产到销售的全程可追溯,增强消费者对农产品质量的信任。

总之,罗山县通过农业标准化安全生产,从源头控制了农药的安全性和使用过程的规范性,实现了农药使用的减量化和农业面源污染的减排,为农业可持续发展和农产品质量安全提供了有力保障。

(二)稻虾共养技术

罗山县林道静种植农民专业合作社现有稻渔综合种养面积 3 000 亩,结合企业实际,开展稻渔综合种养生态健康模式推广行动。稻渔综合种养是在传统稻田养鱼的基础上发展起来的一种新型稻田养殖技术模式,该模式充分利用生物共生原理,种植和养殖相互促进,在保证水稻不减产的前提下,能显著增加稻田综合效益和生态效益。稻渔综合种养生态效益显著。小龙虾、河蟹、鱼等水生动物以稻田中杂草、稻秸腐殖质、稻田虫类为饵料,水稻秸秆成为饲料,充分利用了秸秆,解决了秸秆焚烧问题;达到了生物灭虫和除草目的,可减少 70%以上的农药用量;小龙虾、河蟹、鱼等水生动物排泄物可以为稻谷生长提供有机肥料,可减少 0~50%的化肥使用量(其中稻虾共生不施用化肥),生产出品质优良的产品。稻渔种养产出来的“渔稻”和“生态水产品”都是安全放心产品,深受广大消费者青睐,实现了稻稳产、田增收,提高了农民种田积极性,又丰富了优质农产品供应。

合作社为进一步开展绿色健康养殖,采取措施有:一是不施用化肥、除草剂,采取生物防虫,大幅度减少农药施用量,保证了渔稻米的质量。二是减少科学规划水产苗种投放量,适时捕捞,种好水草,保持养殖水体水质清新,降低了养殖水产品的发病率,减少了水产用药量,所养殖的水产品质量安全可靠。同时,坚持以防为主、防治结合的原则,通过项目实施,渔药使用量减少 10%以上。三是对养殖尾水进行沉淀处理排放。对养殖尾水全部通过沉淀池的沉淀处理后排放,减少养殖废水对环境的污染。

罗山县稻渔米标准化生产基地现状照片见图 5-23。

(a)稻渔米标准化生产基地(一)

(b)稻渔米标准化生产基地(二)

(c)稻渔米标准化生产基地(三)

(d)稻渔米标准化生产基地(四)

图 5-23　罗山县稻渔米标准化生产基地现状照片

参考文献

[1] 大理白族自治州人民政府办公室. 洱海流域“十四五”种植结构调整方案:大政办通〔2021〕82 号[A]. 2021.

[2] 张福锁,申建波,危常州,等. 绿色智能肥料:从原理创新到产业化实现[J]. 土壤学报,2022,59(4):873-887.

[3] 张福锁,黄成东,申建波,等. 绿色智能肥料:矿产资源养分全量利用的创新思路与产业化途径[J]. 土壤学报,2023,60(5):1203-1212.

[4] 王晓玲,李建生,李松敏,等. 生态塘对稻田降雨径流中氮磷的拦截效应研究[J]. 水利学报,2017,48(3):291-298.

[5] 朱金格,张晓姣,刘鑫,等. 生态沟-湿地系统对农田排水氮磷的去除效应[J]. 农业环境科学学报,2019,38(2):405-411.

[6] 陈丽红. 洱海流域海西片区农田尾水回用与管控模式探析[J]. 南方农业,2023,17(4):227-230.

[7] 大理市推进洱海流域农业面源污染治理[N]. 云南日报,2023-07-18(3).

[8] 平湖市农业面源污染防治工作领导小组办公室. 平湖市农业面源污染防治(稻田退水)规划(2021—2025 年):平农治污办〔2021〕1 号[A]. 2021.

[9] 嘉兴市农业标准化技术委员会. 稻田退水“零直排”工程建设规范:DB 3304/T 087—2022[S]. 嘉兴:嘉兴市市场监督管理局,2022.

[10] 平湖市稻田退水“零直排”工程建设技术导则(试行):平农〔2021〕129 号[A]. 2021.

[11] 生态环境部. 地方水产养殖业水污染物排放控制标准制订技术导则:HJ 1217—2023[S]. 北京:生态环境部环境标准研究所,2023.

[12] 宜兴市重点区域农田退水治理先行先试工作方案:宜政办发〔2024〕5 号[A]. 2024.
[13] 罗山县人民政府. 关于呈报罗山县 2021 年绿色种养循环农业试点项目实施方案的报告:罗政文〔2021〕82 号[A]. 2021.
[14] 罗山县人民政府. 关于印发《罗山县农业标准化体系建设工作方案(试行)》的通知:罗政〔2021〕4 号[A]. 2021.
[15] 罗山县农业农村局. 关于印发《农产品生产经营主体监管名录制度》等二十三项制度的通知:罗农字〔2019〕16 号[A]. 2019.
[16] 罗山县农业标准化体系建设工作领导小组. 关于印发《罗山县农产品质量安全监管标准化实施方案(试行)》的通知:罗农建〔2021〕4 号[A]. 2021.

第六章 河南省农业面源污染防治对策与建议

第一节 农业面源源头防治对策建议

一、深入推进化肥农药减量增效活动

调研发现，河南省部分地区化肥农药使用量仍呈增长趋势，滥用现象依然存在。农业生产中化肥、农药用量大，流失风险高，污染负荷大。因此，建议深入推进化肥农药减量增效活动，减少污染负荷。

加强农业投入品规范化管理，健全投入品追溯系统，全面普及化肥减量增效技术模式，在粮食主产区、果菜茶优势产区等重点区域，分区分类推进科学施肥，集成推广测土配方施肥、水肥一体化、机械深施、增施有机肥等技术，示范推广缓释肥、水溶肥等新型肥料，改进施肥方式。探索畜禽粪肥还田利用模式，大力发展生态循环农业，支持沿黄地区率先打造农业绿色发展示范区。推进新型肥料产品研发与推广，提高缓释肥料等新型氮肥施用比例。探索建立农业面源污染防治技术库。

推行生物防治、物理防治及生态防控等绿色防控技术，持续开展高效低毒低风险农药示范和推广，推广喷杆喷雾机、植保无人机等先进的高效植保机械。支持新型经营主体、社会化服务组织等开展肥料统配统施、病虫害统防统治等服务，开展绿色防控示范县和统防统治百县创建活动，引导各地整县推进绿色防控和统防统治，提高农药利用率。

二、推广环境友好型生物可降解农膜应用，强化农膜回收

调研发现，目前使用的地膜绝大多数抗拉能力差、易碎、不易回收，导致耕地遭受不同程度的“白色污染”“黑色污染”。省内及省外田间地头均有废弃地膜乱丢乱弃现象，整体缺乏科学使用及地膜回收体制机制，农民回收意识淡薄。因此，建议推广环境友好型生物可降解农膜应用，强化农膜回收，减少农膜污染。

在发展扩大可降解地膜生产规模、降低农业使用成本的前提下，示范推广环境友好型可降解地膜使用，鼓励优先使用全生物降解农用地膜，从源头避免农膜残留污染。南乐县生物基材料产业园已规模化生产出生物可降解地膜并在南乐县整县试点使用。生物可降解地膜最终可分解为二氧化碳和水，无须回收，还具有保温、保墒、保肥、抑制杂草、防止病害等优点，可根据南乐县经验在全省推广使用可降解地膜，减少农膜对环境的影响。

强化农膜使用、回收、再利用等环节管理,强化农膜回收利用。农膜使用集中的乡镇建设废旧农膜回收工程,设置废旧农膜回收网点,集中回收废旧农膜,有条件地建设废旧农膜利用工程。建设农药包装废弃物回收站(点),并定期清运至专业机构处理。《河南省禁止和限制不可降解一次性塑料制品规定》(河南省第十四届人民代表大会常务委员会公告第 21 号)的出台,对于推动可降解地膜的生产和使用将起到重要作用,有利于推动废旧农用薄膜回收、处理和再利用。

三、落实农药包装废弃物回收责任

调研发现,多地存在农药包装废弃物随意丢弃的问题,如农药包装袋、包装瓶未进行统一回收,而是直接丢弃在田间地头或地表水体,农药包装废弃物随意丢弃不仅污染水体也会造成新化学污染物的排放。因此,建议加强农药包装废弃物收集处理,减少对土壤、地表水生态环境或人体健康的污染风险。

农药生产者、经营者按照“谁生产、谁经营、谁回收”的原则,落实农药生产者、经营者包装废弃物回收处置责任。农药经营者在其经营场所设立农药包装废弃物回收装置,不得拒收其销售农药的包装废弃物。农药经营者和回收站点应加强设施设备、场所的管理和维护,对收集的农药包装废弃物进行妥善储存,及时清运,安全处置,不得擅自倾倒、堆放或遗撒。农药使用者及时收集农药包装废弃物并交回农药经营者或农药包装废弃物回收站(点),不得随意丢弃。有关部门可采取加大资金投入、给予补贴、优惠措施等,支持农药包装废弃物回收、储存、运输、处置和资源化利用活动。鼓励对可资源化利用的农药包装废弃物进行回收再利用,对于不可资源化利用的废弃物,则应依法依规进行无害化处理,如填埋、焚烧等。

四、多途径开展秸秆综合利用

为了推进农作物秸秆综合利用,河南省颁布了诸多政策。据 2018—2020 年统计台账,河南省 2018—2020 年秸秆平均产生量为 9 730. 88 万 t,见表 6-1。2018—2020 年河南省秸秆综合利用率分别为 88. 4%、90. 9%、91. 8%,其中 2021 年河南省秸秆综合利用率达 92. 4%。

表 6-1　河南省 2018—2020 年秸秆综合利用情况一览表

年份	秸秆理论资源量/万 t	可收集量/万 t	可收集率/%	利用量/万 t	综合利用率/%	肥料化利用量/万 t	饲料化利用量/万 t	燃料化利用量/万 t	基料化利用量/万 t	原料化利用量/万 t
2018	10 131. 74	7 500. 27	74	6 632. 38	88. 4	4 845. 71	1 194. 09	259. 02	114. 48	219. 09
2019	9 423. 9	8 173. 4	86. 7	7 429. 9	90. 9	6 166. 7	828. 6	187. 2	46. 1	44. 1
2020	9 637	8 170	84. 8	7 500	91. 8	5 990	996	145. 4	37	62

目前,河南省大部分地区秸秆采取破碎直接还田的形式,但打碎的秸秆掩埋深度不够或过量填埋,也会增加来年病虫害的危害风险,进而会增大来年农药使用量。目前,尚未

开展相关监测，有待进一步开展研究。因此，建议多途径开展秸秆综合利用。

坚持农用优先，推广秸秆科学还田和青贮实用技术，发挥好秸秆耕地保育和种养结合功能，因地制宜科学推进以秸秆“五料化”利用技术模式，推进秸秆收储体系建设、开展耕地地力监测试点、重要农机具购置项目，提高秸秆综合利用率。秸秆还田应保证秸秆粉碎粒度，秸秆旋耕还田应保证耕深，各乡镇配置秸秆粉碎机、开沟深埋还田机等相关农机设备，建设不同规模的秸秆中转收储场（站），配备打捆机等设备，推进秸秆饲料化、基质化利用。健全秸秆收储供应体系，提升秸秆“五料化”利用水平。培育壮大一批秸秆产业化利用主体，打造产业化利用典型模式。抓好秸秆综合利用示范县建设，强化各级政府秸秆综合利用责任，推动秸秆禁烧和综合利用常态化。

五、推广精准高效节水灌溉技术

《第二次全国污染源普查公报》显示，2017 年度农业源污染中，由种植业形成的水污染物排放（流失）量为氨氮 8.30 万 t、总氮 71.95 万 t、总磷 7.62 万 t，分别占农业源水污染物排放量的 38.4%、50.9%、35.9%。农业灌溉是农田来水的主要来源之一，也是形成农田退水污染的重要因素。

节水灌溉技术的应用有助于减少农田退水量，从而降低氮、磷等营养物质的流失，减轻水体富营养化的压力。推广喷灌、滴灌、微灌以及绿色一体化精准高效灌溉技术，提高农业灌溉效率与效益；加强农田土壤墒情监测，实现测墒灌溉。借助各类传感器、控制器、智能灌溉系统等现代化设备，对农田进行实时监测和数据分析，从而精确掌握农田的水分状况和需水量，实现精准高效的灌溉。政府可出台相关政策，鼓励农民采用节水灌溉技术，并提供一定的资金支持和技术培训。科研机构和企业加强技术研发和创新，不断改进和完善节水灌溉设备和技术，提高其适应性和可靠性。

另外，对于沿河区域无田埂农田，为防止灌溉及雨水径流直接入河污染水体，相关部门应组织或引导农户自行修建沿河田埂，从源头减少农田退水入河量，或修建排灌系统，将农田的水分引入沟渠中，退水沟渠配套建设植物吸附生态过滤系统，避免直排入河。

六、加强养殖污染防治，严控过度消纳及偷排漏排

畜禽及水产规模养殖场（户）治理设施、消纳土地规模及消纳配套设施与养殖规模不配套、治理设施建设标准不高，规模以下养殖场（户）由于投资能力有限，主体责任意识不强，建设畜禽粪污处理利用设施装备水平低，这都将会导致养殖业污染控制断面水环境总磷、总氮超标。因此，建议加强畜禽及水产养殖污染防治，增设必要的监控点位及监测断面，严控过度消纳及偷排漏排。

大力推广干清粪、粪污全量收集、发酵制肥、固体粪便堆肥利用、液体粪肥机械化还田、畜-沼-菜（果、茶、粮）等新工艺、新技术、新装备、新模式，努力构建“政府支持、企业主体、市场化运行”的社会化服务新机制，加快打通粪肥就近还田利用“最后一公里”。选择畜禽养殖大县散养密集区，推广“截污建池、收运还田”等畜禽粪污治理模式。推进规模以下、规模以上养殖企业（户）学习“内乡模式”。建设田间固体粪肥、肥水和沼液田间储存利用设备及管网设施，配备粪污转运车、还田管网、田间密闭储存设施等，促进畜禽粪肥

就近就地还田利用。严格畜禽养殖环境监管执法,加强畜禽养殖场、养殖小区规模标准备案工作,严查偷排、漏排。加强环境监测,建立完善的监测网络和监测体系,及时了解养殖场的污染情况和治理效果。

七、提升监测能力,健全监管体系

在畜禽养殖密集、农田退水、农田径流、淋溶等易产生农业面源污染问题且地表水、地下水环境质量超标的典型区域内,合理布设地表水监测断面或地下水监测点位,同时在流域内种植业、养殖业等农业面源污染较重的重点区域,分区分类增设重点监测断面。根据水污染物的季节性变化特征,加强在高发月份的水质监测和污染防控工作。

建立重点流域水环境保护协调合作机制,建立健全与流域相关省级人民政府及其有关部门、流域管理机构的联动工作机制,加强水污染联合防治。严格环境执法监管,坚持日常监管和专项整治相结合,严厉打击环境违法行为。重点加强畜禽粪污、农作物秸秆、废弃农用薄膜、农药包装废弃物等农业固体废物在田间地头或河道及近岸堆存、畜禽养殖废水废液和水产养殖尾水乱排乱放等执法监管。

第二节　农田退水污染防治对策建议

目前,河南省对于农田退水的工程治理才刚起步,需要在前期污染测评及工程谋划的基础上,加快推进治理项目的实施落地。

一、建设生态拦截沟渠、库塘等净化和循环利用设施

通过借鉴省内外经验,采取对河南省旱田设置生态拦截沟渠过程控制农田退水排放,末端通过设置生态库塘进一步净化农田退水,经库塘处理后的农田退水回用于农田灌溉。对于水稻田农田退水通过生态拦截沟渠、生态塘串点连线,净化后的退水回用于水稻田,形成典型的稻田退水"零直排"全封闭模式。对流域底泥污染状况开展系统评估进行清淤疏浚。

结合高标准农田建设,规范设计沟渠结构,合理配置水生植物群落,提升沟渠生态功能,降低农田退水氮、磷等污染物含量。在坡耕地区域,建设生物拦截带、径流集蓄与再利用工程。

二、统筹农业面源治理工程占地

建议各级政府部门及相关部门统筹规划农业面源治理工程,考虑工程占地问题,充分利用已有库塘、沟渠规划建设相应的农田退水治理工程。在可能的情况下,利用现有的农田水利设施和农村基础设施进行改造和升级,而不是占用新的土地。在划定基本农田、建设用地等时,可考虑预留农业面源治理配套工程用地,进一步做好农业面源治理工作。政

府应制定科学的土地利用规划,在乡镇总规中应预留生活污水治理设施建设工程用地及生活垃圾暂存转运用地,并确保预留用地的合理布局和有效利用;同时,还应加大资金和技术投入,推动相关设施的建设和运营。通过预留用地,建设污水处理厂(站)和垃圾转运站,减少污染物的排放,保护农村人居环境。

第三节　农村生活污染防治对策建议

地表水体的污染不仅仅是农田退水单一方面的贡献,现场调查发现,粪污过度消纳、农村生活源排放等人类生产活动产生的各种排放也是造成地表水体氮、磷污染的重要因素,农业种植业、养殖业面源治理的同时应协同治理乡镇与农村生活源。

目前,河南省已有部分区域建设了农村及乡镇生活污水治理设施,但由于管网覆盖度不够、二三级管网不健全、管网老化损毁、运行监管机制不健全等情况,多数农村污水处理设施呈现建而未运的“晒太阳”状态。乡镇污水处理厂也因管理不到位而未能有效运行,存在乡镇污水未被有效处理而直排入河造成污水入河浓度高等问题。仍有大部分农村区域未建设污水治理设施,存在生活污水平时“藏污纳垢”,雨天集中冲刷直排入河的情况。且农村生活垃圾收集运送不及时或管理不到位,存在于河道及河边随意倾倒等问题,也是造成小流域水环境污染的原因之一。

一、加强农村生活污水治理设施的建设与维护

为进一步加强农村生活污水治理设施的建设与维护,确保设施的高效运行,为农村环境质量的提升奠定坚实基础,必须从以下几个方面着手:首先,加大投入力度,确保设施建设的资金来源。各级政府应加大对农村生活污水治理设施的财政投入,同时积极引入社会资本,形成多元化的投资体系。其次,优化设施布局,提高治理效率。在设施建设过程中,充分考虑地形、气候、水资源等自然条件以及农村人口分布、生活习惯等因素,合理规划设施布局。同时,加强设施之间的互联互通,实现资源共享,降低运行成本。还应注重设施的智能化改造,利用现代信息技术提高治理效率。最后,加强设施的日常维护与管理,建立健全设施运行维护制度,明确责任主体,加强监督考核。定期对设施进行检查、维修和保养,确保设施的正常运行。

人口集中或相对集中的村庄,因地制宜采取集中式或者相对集中式处理模式。对于居住分散的农户,可采用化粪池、净化槽等进行初步收集和处理,发酵后就地予以菜地或农田综合利用减少直接排放对水环境的影响。要以采取集中式或相对集中式处理模式、资源化利用模式治理农村生活污水的村庄为重点,按照相关技术规范标准要求,做好农村生活污水治理相关工程设计、建设,严把材料质量关,采用地方政府主管、第三方监理、群众代表监督等方式,加强施工监管、档案管理、竣工验收及后期运营。

二、持续推动农村黑臭水体治理

目前,河南省的农村黑臭水体已得到有效控制,但应采取措施进一步保持水体环境不再恶化、反弹。首先,通过控制生活污水无序漫流入地表水体,对农村生活垃圾进行收集治理等来控制地表水体外源排入污染。其次,对黑臭水体底泥的污染程度、分布情况以及清淤的必要性和可行性,制订详细的清淤方案,定期清淤。最后,采用生态工法建设护岸,如使用植物、木桩、石笼等自然材料,代替硬质护岸,以增强岸线的稳定性和生物多样性。建设人工湿地、生态浮岛、水生植物区等生态净化系统,利用植物和微生物的自然净化作用,去除水体中的污染物。

通过河长制、湖长制,明确各级河长、湖长的责任区域和职责,确保每个水体都有明确的负责人;河长、湖长应制订具体的工作计划和目标,包括水质监测、污染源治理、生态修复等,并定期检查和评估执行情况;河长、湖长需要协调各级政府、相关部门和社区资源,形成合力,共同推进水体治理和保护工作。通过宣传教育活动,提高村民对水环境保护的意识,让村民在水体治理中发挥更大的作用。建立定期巡查制度,对水体进行定期检查,及时发现和解决污染问题。

三、及时清运农村生活垃圾、加强垃圾分类回收

在农村地区合理设置垃圾收集点,提供足够数量的垃圾桶、垃圾袋等收集设施,确保村民能够方便地丢弃垃圾;配备专业的垃圾清运车辆和人员,确保垃圾运输车辆符合环保要求,防止在运输过程中发生垃圾散落或渗漏,及时清运农村生活垃圾,防止垃圾在收集桶中腐化造成渗滤液外流。推广垃圾分类制度,引导村民将可回收物、有害垃圾、厨余垃圾等进行分类投放;提供分类指导和设施,如设置不同颜色的垃圾桶,分别收集不同类型的垃圾,加强垃圾的回收,降低生活垃圾处理负荷。

第四节 高位推动、示范带动、做好农技指导

一、建立机制,示范推动

充分发挥典型区域农业面源源头防控及农田退水治理工程先进引领及示范带动作用。选取具有典型示范作用的县市,在已有突出优势的基础上进一步强化优势,完善配套,打造明星品牌,推动引领学习。

进一步理顺农业面源污染监管体制机制,明确各部门、各乡镇工作职责,建立区域和部门联防联动机制,坚持问题导向,及时研究落实监管职责,共同促进农业面源污染问题整治。

充实农业执法队伍力量,配备专职人员,开展全方位的农业面源污染监测,强化农业

环保执法监督,完善网格化监测管理体系,打击粪污偷排、漏排环境违法行为。

加大项目资金整合力度,多渠道争取农业装备及环保污染治理经费,逐步建立政府资金引导、社会资金参与、农民自主投入的多渠道筹资机制,不断提升农业生产现代化水平及农业清洁生产水平,实现农业绿色发展。

二、专人负责,高位推动

农业面源治理在农业绿色发展中占据着举足轻重的地位。这一任务的完成,需要我们以坚定的决心和持久的耐心,以钉钉子精神,持续推进,久久为功。地方主要领导必须发挥引领作用,牵头成立专门的工作组织。这个组织应包括环保、农业等部门,并吸纳科研机构、社会团体等各方参与。通过高层推动,形成合力,建立有效的工作组织和推动机制,确保治理工作的有序开展。

三、做好农技指导,提高种植户环保意识

强化种植户面源防治意识,重视对种植户的教育和培训工作,通过多种渠道向种植户普及现代农业知识,引导种植户转变传统观念,积极采用现代农业技术。建立健全农业技术指导体系,建立专家咨询队伍,加大技术扶持力度。通过专业技术人员对种植户进行一对一的指导与服务,帮助种植户掌握先进的农业技术与科学的管理方法,加强技术跟踪帮扶,建立分级负责、多方协作的工作机制,指导化肥农药施用,强化环境保护跟踪督导。政府和社会组织还应加大对农业技术指导的投入,提高指导人员的专业素质与能力,确保技术指导工作的效果。

参考文献

[1] 郭平,黄子琪. 河南省农作物秸秆综合利用现状及对策分析[J]. 河南农业,2023(16):14-15.

第七章 农业面源污染防治技术展望

第一节 面临的形势与挑战

一、面临的形势

(一)政策导向明确

随着国家对生态文明建设的重视程度不断提高,全社会对环境保护的认识日益加深,绿色发展理念已经深深植根于各个领域,尤其是在农业领域。农业绿色发展不仅是应对环境挑战、保障粮食安全、改善农村生态环境的战略选择,更是落实新发展理念、推动经济社会高质量发展的内在要求。

近年来,我国出台了一系列诸如《中华人民共和国土壤污染防治法》《畜禽规模养殖污染防治条例》《农药管理条例》等相关法律法规和政策文件,以及各级政府制定的农业绿色发展规划、行动计划、技术指南等政策文件,共同构建起一个较为完整的农业面源污染防治法规体系。这些法规政策不仅规定了污染治理的目标、任务和责任主体,还提供了具体的政策工具和激励机制,如财政补贴、税收优惠、绿色金融支持、环境污染责任保险等,以引导和推动各类农业经营主体主动参与污染治理,实现农业生产的绿色转型和清洁生产技术的全面提升。

(二)科技支撑增强

科技支撑在农业面源污染治理中的作用日益凸显,技术创新和国际合作为解决这一问题提供了强大动力和有效途径。

随着科技的不断进步,精准农业、生物技术、新材料等领域的研究为农业面源污染治理带来了新的解决方案。例如,精准农业技术通过GPS、遥感、物联网等技术手段,实现了对农业生产的精确管理,优化了化肥和农药的使用,减少了农业生产对环境的影响。生物技术的应用,如生物肥料、生物农药等,提供了更为环保的农业生产方式,有助于减少化学肥料和农药的使用,从而降低面源污染。新材料的研发,如可降解地膜,可以有效减少农田废弃物的产生,减轻对土壤和环境的负担。

面对全球性的农业环境问题,国际的交流与合作也变得越来越重要。通过引进发达国家在农业面源污染治理方面的成功经验和先进技术,发展中国家可以加快自身的技术进步和治理能力提升。同时,国际合作项目和多边环境协议的实施,如联合国可持续发展目标(SDGs)中的相关目标,也为全球范围内的农业环境保护提供了合作框架和行动指南。此外,国际组织和非政府组织在推动农业环境保护、技术转让和知识共享方面也发挥着重要作用。

二、面临的挑战

农业面源污染治理面临严峻形势,既有来自环境污染压力、政策要求的外部驱动,也有科技发展、国际合作带来的机遇。但同时,其治理工作还面临污染源分散复杂、技术转化与推广困难、经济与社会制约以及气候变化影响等多重挑战。

(一)分散性与复杂性

农业面源污染的分散性与复杂性是其治理过程中面临的重大挑战。这种分散性和复杂性主要体现在以下几个方面:

(1)污染源源头众多且分布广泛。农业面源污染的来源包括但不限于化肥、农药的使用,畜禽粪便的排放,以及农田径流等。这些污染源遍布广大的农村地区,涉及面广,数量众多,且往往缺乏有效的监测和管理措施,使得监管难度加大。

(2)污染物种类繁多。农业面源污染不仅包括传统的氮、磷等营养物质,农药残留等化学物质,还涉及新兴污染物,如抗生素、内分泌干扰物、微塑料等。这些污染物在环境中的行为和生态效应各异,需要采取不同的治理策略和技术手段。

(3)治理需兼顾多种污染物。由于农业面源污染涉及的污染物种类多样,治理措施需要综合考虑各种污染物的特性和环境行为。这要求在制定治理策略时,既要考虑污染物的单一效应,也要评估其复合效应,确保治理措施的有效性和科学性。

(二)对农药化肥的高度依赖

在农业面源污染治理中,技术转化与推广所面临的核心难题,即高产目标下种植户对农药化肥的高度依赖、先进技术普及率低和农民环保意识与能力参差不齐。

1. 高产目标下种植户对农药化肥的高度依赖

(1)农业生产习惯。长期以来,为了追求高产,农户习惯于大量使用农药和化肥,形成了一种对这些投入品的依赖性。

(2)缺乏环保意识。部分种植户对农药化肥滥用所带来的环境问题认识不足,缺乏足够的环保意识和行动。

(3)技术推广难度。环保型农业技术的推广存在难度,因为新技术需要农户改变传统的种植习惯和方法,这在实际操作中可能会遇到阻力。

(4)经济成本问题。环保型农药和有机肥料往往成本较高,农户出于经济考虑可能更倾向于使用传统农药化肥。

(5)政策和市场因素。市场和政策对于农药化肥的依赖也起到了一定的推动作用,例如补贴政策可能间接鼓励农药化肥的使用。

(6)技术模式创新不足。缺乏创新的技术模式,现有技术可能无法满足高产目标下的实际需求,导致农户难以放弃传统的农药化肥。

2. 先进适用技术普及率低

(1)成本因素。许多先进的污染治理技术设备或产品初期投资较高,运行维护成本也不菲，这对于经济条件相对较弱的农户来说可能构成较大负担。

（2）技术认知不足。农民可能对新技术的功能、效果、操作方法等缺乏清晰了解，存在认知误区或疑虑，导致其对采用新技术持观望态度。

（3）配套服务欠缺。新技术的推广往往需要完善的售后服务和技术支持体系，包括安装调试、维修保养、技术培训等。缺乏这些服务可能导致农民在实际应用中遇到困难，从而影响技术的采纳和持续使用。

（4）政策支持与市场机制不健全。政府补贴、金融支持、保险保障等政策配套不足，或者市场对环保农产品的价格激励不足，可能降低农民采用新技术的积极性。

3. 农民环保意识与能力参差不齐

（1）教育水平差异。不同农民的教育背景和知识结构各异，导致他们对环保知识的理解和接受程度不同。

（2）传统观念束缚。一些农民可能仍沿袭传统的农业生产方式，对新理念、新技术持保守态度，缺乏主动寻求改变的动力。

（3）信息获取渠道有限。农村地区信息传播渠道相对较少，农民获取环保知识和技能的途径可能受限。

（4）缺乏示范引领。成功的环保农业案例和模式在当地推广不够，缺乏看得见、摸得着的示范效应，影响农民的模仿学习和实践意愿。

（三）经济与社会制约因素

经济与社会制约因素主要体现在经济效益与环保效益冲突和基础设施落后两个方面。

经济效益与环保效益冲突面临的问题主要在于：

（1）短期成本增加。采用环保措施，如有机肥替代化肥、生物农药替代化学农药、改进灌溉方式、建设农田防护设施等，通常会带来初始投资和运营成本的上升。这些额外成本可能直接影响到农民的短期经济效益，使得他们在经济压力下对环保行动产生犹豫。

（2）收益回报期长。许多环保措施的环境效益（如土壤改良、水源保护、生物多样性恢复）虽长期显著，但显现周期较长，而农民更关注眼前作物产量和市场价格，导致他们对环保投资的回报预期不确定，进一步削弱其积极性。

基础设施落后面临的挑战主要在于：

（1）污水处理设施匮乏。农村地区普遍缺乏完善的污水收集、处理设施，导致生活污水和少量农业废水未经处理直接排放，加剧水体污染。

（2）废弃物处理设施不足。农业废弃物（如秸秆、畜禽粪便）处理设施不足，造成废弃物随意堆放、焚烧，不仅污染空气，也浪费宝贵的资源。

（3）收集运输网络不健全。农村地域广阔，废弃物分散，缺乏有效的收集、运输网络，使得即使有处理设施，也无法高效利用。

（4）缺乏有效持久的管护机制。农村基础设施规划和建设标准不统一，投资和运维机制不完善，在建设过程中存在重建设轻管理且缺乏有效的监督和管理，监督和责任机制不明确，技术和运维能力不足，政策支持和激励不足等。

（四）气候变化影响

气候变化影响主要体现在两个方面：极端天气事件增多对农田径流及污染物迁移的影响，以及农业生产模式调整压力下的粮食安全与面源污染控制之间的平衡挑战。

极端天气事件增多对农田径流及污染物迁移的影响面临的问题在于：

（1）农田径流剧增。极端降雨事件导致短时间内大量雨水无法被土壤有效吸收，形成过量径流，冲刷农田表层土壤，不仅可能造成水土流失，还可能挟带着农药、化肥残留物等农业面源污染物进入水体，加剧水环境污染。

（2）污染物迁移加速。暴雨条件下，农田中的氮、磷等营养物质更容易被冲刷至河流及湖泊等水体中，导致富营养化问题加重。

农业生产模式调整压力下的粮食安全与面源污染控制之间的平衡挑战面临的问题在于：

（1）种植结构调整。应对气候变化可能要求培育出适应新气候条件的作物品种，这些品种能够抵抗干旱、洪涝、高温等极端天气，同时保持或提高产量和品质。随着作物种类或品种的改变，可能会出现新的病虫害问题。需要加强对病虫害的监测和研究，发展有效的防治策略，包括生物防治、化学防治和农业防治等综合管理方法。

（2）生产方式转变。转向气候智慧农业、循环农业等新型生产模式，可能涉及大规模的技术更新、基础设施改造、农民培训等，对短期粮食生产稳定性和农民生计带来压力。

综上，要确保在保障粮食安全的同时有效控制农业面源污染，需从基础设施建设、农艺措施优化、精准农业技术应用、监测预警体系建设、科技创新、政策引导、教育培训、区域协作与风险管理等多个层面综合施策。

第二节　污染防治的发展趋势

农业面源污染防治的未来发展趋势将呈现科技创新引领，生态农业和有机农业的推广，循环经济与资源化利用，可持续水资源管理，监测网络与智慧监管，政策引导力增强、社会共治深化以及国际合作加强的特征，旨在构建清洁、高效、绿色、可持续的现代农业生产体系，有效应对农业面源污染挑战，保护和改善农村生态环境。

一、精准农业技术的应用

精准农业技术通过使用先进的信息技术，如卫星遥感、地理信息系统（GIS）、物联网（IoT）和大数据分析，实现对农业生产的精确管理。这些技术有助于优化施肥和灌溉，减少化肥和农药的过量使用，从而降低面源污染。同时，研发和推广新型环保肥料、生物降解农药、高效固氮菌剂等产品，以及农田土壤修复、污染物降解的生物技术，替代传统高污染产品和技术。

二、生态农业和有机农业的推广

生态农业和有机农业注重农业生态系统的健康和生物多样性的保护，通过自然方法控制病虫害和提高土壤肥力，减少化学投入品的使用，从而减少面源污染。

三、循环经济与资源化利用

畜禽粪污、秸秆、农产品加工副产物等农业废弃物的资源化利用技术将得到大力发展，通过厌氧发酵、堆肥化、能源化等方式转化为肥料、燃料或生物基材料，减少废弃物直接排放。同时，推广种养结合、生态沟渠、湿地净化等生态农业模式，通过自然生态系统服务功能减少污染物排放，提升农田生态系统健康和生物多样性。

四、可持续水资源管理

随着水资源短缺问题的日益严重，可持续的水资源管理成为农业面源污染防治的重要方向。这包括改进灌溉技术、雨水收集和利用以及减少农田排水等措施。

五、监测网络与智慧监管

未来农业面源污染监测体系进一步升级，建立和完善农业面源污染监测网络，运用遥感、无人机、地面监测站等多元手段，实现实时、动态、精准的污染源识别、污染负荷估算和污染扩散模拟。建设智慧监管平台，依托云计算、大数据分析等技术，构建农业面源污染智慧监管平台，实现数据集成、风险预警、决策支持等功能，提高监管效能。

六、政策法规和标准的完善

未来，政府将进一步加大对绿色农业的支持力度，通过财政补贴、税收优惠、生态补偿等方式，鼓励农民采用环保型农业生产技术和管理措施。将来会有更多针对性的法规、标准和指南出台，对农业面源污染物排放进行严格管控，强化法律责任追究，形成更为完善的法治环境。

七、公众参与与社会共治

通过教育培训、示范项目、宣传引导等方式，提升农民的环保意识和绿色生产技能，使其成为农业面源污染防治的积极参与者。政府、科研机构、企业、农民、非政府组织等多元主体也将更紧密地协同合作，形成共建共享的农业面源污染治理体系，共同推动污染治理目标的实现。

八、国际合作与经验交流

在全球环境治理框架下，各国将加强农业面源污染治理的经验分享、技术转移和联合研究，共同应对跨境污染问题。国内农业生产和农产品也将逐步与国际环保标准和绿色认证体系接轨，提升我国农产品的国际竞争力，同时推动国内农业面源污染防治水平提升。

第三节　未来研究重点及技术展望

未来农业面源污染研究将更加注重科技创新与跨学科融合，聚焦精准管理、生态调控、新型污染物防控、政策优化等方向，同时，新兴技术如纳米技术、数字孪生、人工智能等将在农业面源污染防控中发挥越来越重要的作用，助力实现农业可持续发展与生态环境保护的双重目标。

一、未来研究重点

（一）精准农业与智能化管理

（1）大数据与遥感技术应用。利用卫星遥感、无人机监测、物联网传感器等手段实时获取农田环境数据，实现农业面源污染的精确监测和预警。

（2）精准施肥、靶向用药。研发更精细的土壤养分诊断方法和作物需肥模型，推广精准施肥设备，减少化肥过量施用；推广靶向农药、低量精喷等精细化施药技术和病虫害的生态防治技术。

（3）智能灌溉。推行农田节水技术发展智能灌溉、精细化用水管理系统，降低农田径流产生的氮、磷流失。

（二）生态农业与循环农业模式

（1）生物多样性与生态调控。研究植物间作、轮作、覆盖作物等种植模式对减少面源污染的作用，优化农田生态系统结构与功能。

（2）有机废弃物资源化利用。开发高效、低成本的畜禽粪便与秸秆等有机废弃物处理及肥料化技术，构建农业废弃物循环利用体系。

（三）新型污染物监测与控制

（1）抗生素、微塑料等新兴污染物。关注新型污染物在农业中的产生、迁移规律及其对环境健康的影响，制定相应的减排策略和检测标准。

（2）重金属污染防控。加强农田土壤重金属污染源解析、风险评估及修复技术研发，尤其是针对特定地区（如矿产周边农田）的综合治理措施。

（四）政策法规与经济激励机制

（1）绿色农业政策研究。探讨和完善农业补贴、排污权交易、环保税等政策工具，引导农民采用环保生产方式，推动农业绿色发展。

（2）社会参与与公众教育。研究如何提升农民环保意识，鼓励社区参与农业面源污染治理，构建政府、企业、农户多方合作的治理体系。

二、未来技术展望

（一）纳米材料与生物技术的应用

1. 纳米缓释肥料

缓控释肥是一类采用物理、化学或物理化学的方法对速效性化肥进行改性，从而实现养分缓慢释放,可满足作物整个生长期养分需求的一种新型肥料,为解决肥料损失、农业面源污染等问题提供了有效途径,对促进农业绿色发展具有重大意义。

纳米材料是指在三维空间中至少有一维处于纳米尺度范围(1~100 nm)的材料或由它们作为基本单元构成的材料。纳米材料种类繁多,按照成分可分为纳米碳、纳米氧化物、纳米黏土、纳米纤维素以及纳米聚合物等。纳米材料具有尺寸小、表面积大与界面效应显著等共性特点,但不同材质的纳米材料又各有性能特点,如纳米氧化物材料拥有优异的机械性和热稳定性,而纳米碳材料则具有较好的吸附性和传输性。这样,纳米材料既可以单独应用于缓控释肥中,又可以制成复合物应用于缓控释肥中,为微观结构优化及宏观性能改善提供了新思路,成为当前的研究热点。应用于缓控释肥中的纳米材料及特性见图 7-1。

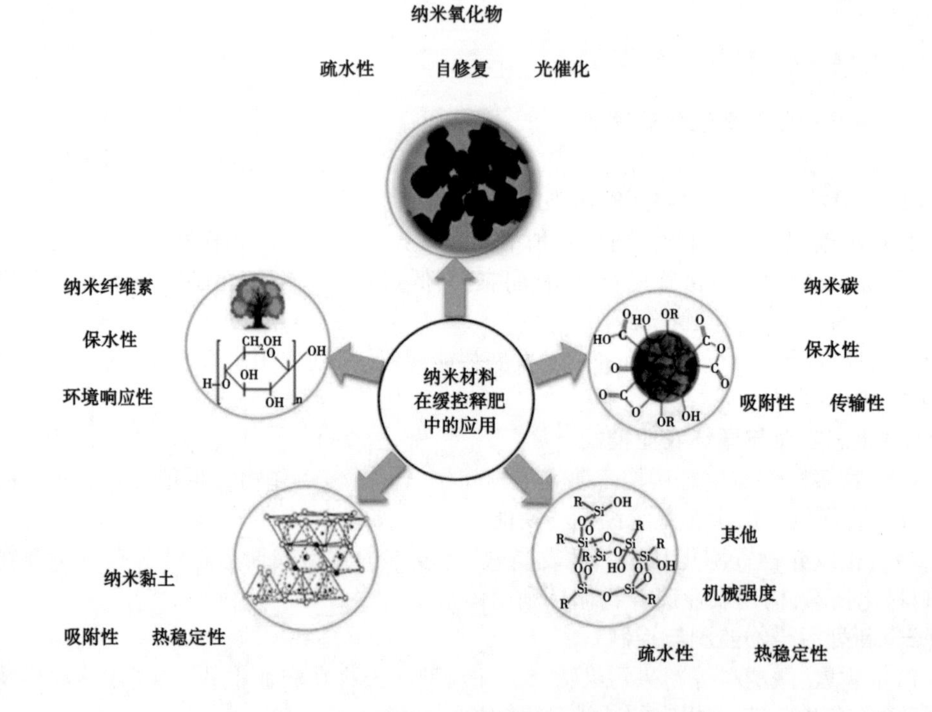

图 7-1　应用于缓控释肥中的纳米材料及特性

从目前的应用文献总结得出,纳米材料发挥的最重要功能是疏水性、吸附性、保水性、环境响应性和自修复性。物理共混、化学接枝、浸渍吸附是当前纳米材料改性缓释肥料的重要技术手段。虽然纳米材料在缓控释肥制备和性能研究中已取得了一定的进展,但仍存在一些问题亟待解决:

(1)作用机制研究不够深入。纳米材料在缓控释肥中的应用研究已经取得了一些成果,但缺乏纳米材料对肥料性能调控和缓控释机制方面的系统研究。不同纳米材料的性质存在很大差异,纳米材料引入后肥料微观结构和养分释放特性具有的构效关系等有待进一步探究。因此,机制研究将会是未来的研究重点,要通过对缓控释材料的微观结构进行表征,配合检测其宏观性能,建立构效关系,探明缓控释肥的养分释放及性能调控机制。

(2)天然有机纳米材料研究缺乏。天然有机纳米材料如纤维素等,材料来源广泛、功能多样,且具有可再生性和生物降解性,在当前农业绿色发展的大背景下已成为农业领域的研究热点。但天然有机纳米材料在缓控释肥中的研究有限,有必要加强对此类材料的研究力度,拓展种类及其改性方法,为开发性能优异的功能型缓控释肥提供理论及技术支撑。

(3)产业化生产困难。纳米材料易团聚,在用于制备或改性缓控释肥时,大多需要进行前处理或化学改性改善其分散性,生产过程复杂,因此目前仍停留在试验研究阶段,难以实现批量化生产。寻找更简单的改性及前处理技术,使纳米材料的特性得以充分发挥,以促进纳米材料在缓控释肥中的应用及其商品化。

2. 生物降解剂与微生物菌剂

生物降解剂和微生物菌剂是两种不同类型的生物技术产品,它们在环境管理和污染控制方面发挥着重要作用。两者也有一定差异性,生物降解剂更侧重于有机污染物的降解,而微生物菌剂则可能同时关注土壤健康和污染物的去除。微生物菌剂的应用范围可能更广,包括促进植物生长和改善土壤质量。

生物降解剂是一种含有生物活性物质的制剂,能够促进有机污染物的分解和转化。它们通常包含酶或微生物,这些生物活性成分能够催化特定有机化合物的分解,如水解酶、氧化酶等。主要用于农业土壤修复,以降解农药残留、除草剂和其他有机污染物。未来发展趋势有:

(1)高效性与专一性提升。随着基因工程和分子生物学的进步,未来生物降解剂的研发将更加侧重于提高其对特定污染物的降解效率和选择性,如针对难降解塑料、农药残留、石化污染物等。

(2)环境友好性增强。研究将更注重生物降解剂的环境相容性和无害性,确保其在完成降解任务后能自然降解,不造成二次污染。

(3)复合降解体系。组合不同类型的微生物或酶,形成协同作用的降解体系,以应对复杂污染环境下的多污染物同时降解问题。

微生物菌剂是一种含有特定微生物的制剂,这些微生物能够改善土壤结构、促进植物生长或降解污染物。微生物菌剂中的微生物通过其代谢活动,如生物转化、生物固定或生物吸附,来减少土壤中重金属的毒性和移动性。除了土壤修复,微生物菌剂还广泛应用于农业,以提高作物产量和质量,以及在废水处理中去除重金属和其他污染物。未来发展趋势有:

(1)农业应用深化。在国家政策推动下,微生物菌剂作为生物肥料的核心,在提高作物产量、改善土壤结构、增强植物抗逆性等方面的应用将更加广泛。

(2)精准农业匹配。结合大数据、物联网技术,开发个性化、地域化的微生物菌剂配方,实现精准施用,提高农业生产的效率和效益。

(3)环境修复领域拓展。微生物菌剂在水体净化、固废处理、土壤修复等方面的应用将进一步深化,特别是针对重金属污染、石油污染等复杂环境问题。

(4)技术创新与新产品开发。利用合成生物学、代谢工程等前沿技术,开发具有新功能的微生物菌剂,如低温高效降解菌剂、多功能环境适应菌种。

(二)数字孪生与人工智能

1. 农业面源污染数字孪生系统

农业面源污染数字孪生系统是一种融合了物理世界与虚拟世界的高级智能化管理工

具,它通过集成物联网、大数据、云计算、人工智能、地理信息系统(GIS)和建模技术,为农业面源污染的监测、预警、模拟及治理提供了一个全方位、精细化的解决方案。

它的主要特点有:①实时监测与数据采集。利用部署在田间的各类传感器(如水质传感器、土壤湿度传感器、气象站等),结合无人机和卫星遥感技术,实时收集农田水文、水质、气象和土壤参数,形成连续的数据流。②高精度模型构建。基于收集的大量数据,运用先进的算法和模型(如SWAT、DRAINMOD等)构建农田生态系统数字模型,模拟氮、磷等污染物的迁移转化过程,预测污染趋势。③可视化管理平台。通过数字孪生技术,创建一个与实体农田对应的虚拟镜像,使管理者能够直观地看到农田污染状况,包括污染物分布、流动路径等,实现污染源的快速定位。④智能预警与决策支持。系统能根据模型预测结果,提前发出污染风险预警,同时提供基于数据分析的决策支持方案,指导农民合理施肥、用药,减少污染排放。⑤效果评估与优化策略。对实施的污染控制措施进行模拟评估,分析其对环境改善的效果,不断调整优化管理策略,实现农业生产的环境友好和可持续发展。

未来的应用前景有:①精准农业。数字孪生系统能够促进精准农业实践,通过精确施肥、灌溉等措施,减少不必要的资源浪费和污染排放。②政策制定与执行。为政府和环保部门提供科学依据,辅助制定更为有效的农业面源污染控制政策,并监测政策执行效果。

2. AI辅助决策支持系统

AI辅助决策支持系统是一种利用人工智能技术,特别是机器学习算法,为农业生产提供精准建议的系统。它通过分析大量的农业数据,包括土壤类型、气候条件、作物历史表现等,为每块农田量身定制管理方案。

(1)AI系统能够分析历年气候数据、土壤条件和作物生长周期,预测出最适合播种的时间。这不仅能够提高作物生长效率,还能避免因气候变化带来的不利影响。

(2)通过分析土壤成分和作物对养分的需求,AI系统可以计算出最佳的施肥量。这有助于减少过量施肥造成的资源浪费和环境污染。

(3)AI辅助系统可以监测农田中的病虫害趋势,并基于当前作物的生长阶段和所处的环境条件,提供最合适的防治措施。这不仅可以减少化学药品的使用,降低环境污染,还可以保护有益生物,维护生态平衡。

(4)利用AI对降水数据和灌溉历史的分析,可以优化灌溉计划,提高用水效率,减少水资源的浪费。

(5)通过精准管理,AI系统有助于减少化肥和农药的过量使用,从而降低农业活动对环境的污染排放。

在实施这些决策建议时,AI系统还可以通过无人机、传感器和其他物联网设备实时收集数据,不断优化其算法,使建议更加精准和实用。此外,AI辅助决策支持系统还可以帮助农民更好地理解市场动态,优化销售策略,提高整个农业生产链的效率。

当前,AI辅助决策支持系统的发展得到了政府的大力支持,并在农业科技领域取得了显著进展。例如,中国农业大学发布的神农大模型1.0和中国农业科学院研发的AI大模型等,都是该领域的重要突破,它们为中国智慧农业的发展提供了强有力的技术支撑。

3. 3D 荧光指纹图谱监测溯源技术

3D 荧光指纹图谱监测溯源技术是一种基于水体中荧光有机物的荧光特性进行污染监测和来源识别的技术。其原理是利用不同污染源排放的废水具有独特的三维荧光光谱，这些光谱可以作为水质的“指纹”，通过与已知污染源的水质指纹库比对，快速识别出污染源。这种技术为农业面源污染防治提供了一种高效、灵敏、无损的监测手段，有助于实现对污染物来源、迁移路径及污染程度的快速、准确监测与溯源支持精准治理决策。

水体(湖库、河流等)污染源荧光指纹图谱库的建设技术框架，主要包括环境调查与分析、污染源荧光指纹图谱库构建、基于污染源荧光指纹图谱库的污染源追溯。水体荧光指纹图谱库技术构建流程见图 7-2。

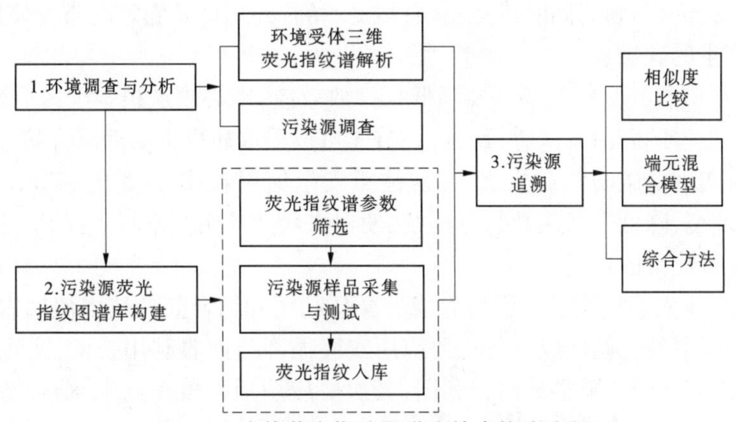

图 7-2　水体荧光指纹图谱库技术构建流程

(三)低碳农业技术

低碳农业技术是一种旨在减少农业生产过程中的温室气体排放、提高土壤碳汇能力、促进农业可持续发展的一系列技术措施。低碳农业技术将有助于实现国家“双碳”目标，即碳达峰和碳中和，通过集成创新和科技示范，推动绿色低碳技术的广泛应用。同时，需要加强绿色生态种植、生态养殖、绿色食品生产等方面的技术创新，以促进农业的绿色转型和可持续发展。

构建农业低碳技术，需要从低碳耕种、低碳灌溉、低碳施肥、低碳打药、低碳农膜使用、秸秆资源的利用等方面着手，以点带面，最终实现低碳农业。

(1)实现低碳耕种。耕种过程中，其方式与使用都会对碳排放量产生影响，所以首先应当开展保护性土壤耕作技术，为了加强对土壤的保护，降低耕作的次数、深度以及范围，原则上土壤耕作应当以免耕、少耕、深松和浅耕为主，尽量避免翻耕和旋耕等传统的耕作方式；其次要采取间作、套作和轮作的种植模式，以达到提高土地资源以及水肥利用效率的目的，将耕作程序尽量减少，从而提高土壤和农作物的固碳能力；最后要应用能效高的机械设备进行耕作，诸如深松耕机和浅耕除草机等设备应当广泛使用，在降低人工消耗的同时还能够有效减少化石能源的消耗量。

(2)实现低碳灌溉。灌溉能够从多个方面对土壤碳效应产生影响。相对于漫灌而言，滴灌、渗灌和沟灌等方式都会提高土壤的固碳量，此外灌溉的频率、时间也都会直接影响碳排放量，长期淹灌的碳排放量高于间歇性灌溉。所以，低碳灌溉首先需要将现有的漫灌方式改变,积极采用喷灌、滴灌、根系分区灌溉、渗灌以及沟灌等多种节水灌溉方式,在减少水资源消耗的同时也加强对土壤层的保护;其次积极应用低碳灌溉农艺技术,灌溉时间、次数以及灌溉的方式都应当根据农作物的生长习性来确定,以达到提升灌溉水资源的利用效率的目的;最后要积极应用节能的灌溉设备与技术,通过使用节能机械设备,降低灌溉过程中对于能源的消耗,实现低碳灌溉。

(3)实现低碳施肥。由于施肥的方式、种类、施肥量和施肥能耗等都会对碳排放产生影响,所以首先需要应用灌溉施肥技术和深施技术,尽量避免土壤表施,结合施肥、耕作和灌溉技术,在减少肥料损失和避免破坏土壤层结构的同时,也提升了肥料的利用效率,使得碳排放量明显减少;其次推广测土配方施肥和合理搭配使用化肥及有机肥,按照作物需求以及土壤缺失进行施肥,同时将化肥、有机肥、秸秆还田以及农家肥搭配使用,从而降低化肥使用所产生的碳排放。

(4)实现低碳打药。打药环节要降低碳排放效应,则必须从根本上减少农药的使用,对当前应对病虫害的防治方式进行改进。首先可以采取病虫害物理综合防治技术和生物农药的方式来实现低碳防治病虫害;其次注重安全使用农药,此举能够降低农药被浪费量,保护生态环境,降低打药次数与打药量,使得农药的使用效率得到提升,达到减少农药使用过程中碳排放量的目的。

(5)实现低碳农膜使用。加强对农膜的循环利用和结合其他技术使用农膜可以降低农膜所产生的温室气体的排放。首先要应用农膜循环与回收利用技术,实现对农膜的长期利用,对于被淘汰的地膜尝试回收利用;其次要应用地膜覆盖技术,结合垄作、免耕、施肥和滴灌等技术提高土壤的固碳能力。

(6)实现秸秆资源的利用。综合化处理秸秆资源,例如将其进行饲料化、能源化和还田处理,能够使得碳排放量显著下降。对于秸秆的能源化处理方面,可以将其用于沼气发酵;对于秸秆的饲料化技术,使用秸秆替代部分饲料用于动物的饲养;对于秸秆的还田处理,可以将秸秆粉碎还田、堆肥还田、深翻还田、生物降解还田等多种方式,来提高整体的固碳效率。

低碳农业技术具有减少化学农药和化肥的使用,降低对环境的污染;通过循环利用和精准农业技术,提高水、肥、种子等农业资源的利用效率;通过固碳减排,提升土壤质量和农业生态系统的稳定性;推动农业向绿色、循环、高质量的方向发展等优点。但仍存在初期可能需要较大的投入用于技术研发和设备更新,并且由于不同地区农业条件差异大,需要因地制宜地开发和调整技术。同时,需要对农民进行培训和教育,以提高他们对新技术的接受度和使用能力。

参考文献

[1] 庞敏晖,李丽霞,董淑祺,等.纳米材料在缓控释肥中的应用研究进展[J].植物营养与肥料学报,2022(9):1708-1719.

[2] 白小梅,李悦昭,姚志鹏,等.三维荧光指纹谱在水体污染溯源中的应用进展[J].环境科学与技术,2020(1):172-180.